建筑与市政工程施工现场专业人员职业标准培训教材

# 机械员通用与基础知识
## （第三版）

中国建设教育协会　组织编写

胡兴福　申永强　主　编

中国建筑工业出版社

图书在版编目（CIP）数据

机械员通用与基础知识 / 中国建设教育协会组织编写；胡兴福，申永强主编. — 3版. — 北京：中国建筑工业出版社，2023.1（2024.6重印）
建筑与市政工程施工现场专业人员职业标准培训教材
ISBN 978-7-112-28298-2

Ⅰ.①机… Ⅱ.①中…②胡…③申… Ⅲ.①建筑机械—职业培训—教材 Ⅳ.①TU6

中国版本图书馆CIP数据核字（2022）第243550号

本书是建筑与市政工程施工现场专业人员职业标准培训教材之一，按照《建筑与市政工程施工现场专业人员职业标准考核评价大纲》编写。本书分为上下两篇，上篇为通用知识，下篇为基础知识。本书主要内容有：建设法规，工程材料，工程图识读，建筑施工技术，施工项目管理，工程力学的基本知识，机械设备的基础知识，施工机械常用油料，工程预算的基本知识，常见施工机械的工作原理、类型及技术性能。本书可供相关专业工程技术人员学习使用。

责任编辑：杜　川　李　明　李　杰
责任校对：张惠雯

建筑与市政工程施工现场专业人员职业标准培训教材
## 机械员通用与基础知识
（第三版）
中国建设教育协会　组织编写
胡兴福　申永强　主　编

\*

中国建筑工业出版社出版、发行（北京海淀三里河路9号）
各地新华书店、建筑书店经销
北京红光制版公司制版
北京圣夫亚美印刷有限公司印刷

\*

开本：787毫米×1092毫米　1/16　印张：16½　字数：410千字
2023年3月第三版　　2024年6月第三次印刷
定价：59.00元
ISBN 978-7-112-28298-2
（40671）

版权所有　翻印必究
如有印装质量问题，可寄本社图书出版中心退换
（邮政编码100037）

# 建筑与市政工程施工现场专业人员职业标准培训教材
## 编 审 委 员 会

主　　任：赵　琦　李竹成

副主任：沈元勤　张鲁风　何志方　胡兴福　危道军
　　　　尤　完　赵　研　邵　华

委　　员：（按姓氏笔画为序）
　　　　王兰英　王国梁　孔庆璐　邓明胜　艾永祥
　　　　艾伟杰　吕国辉　朱吉顶　刘尧增　刘哲生
　　　　孙沛平　李　平　李　光　李　奇　李　健
　　　　李大伟　杨　苗　时　炜　余　萍　沈　汛
　　　　宋岩丽　张　晶　张　颖　张亚庆　张晓艳
　　　　张悠荣　张燕娜　陈　曦　陈再捷　金　虹
　　　　郑华孚　胡晓光　侯洪涛　贾宏俊　钱大治
　　　　徐家华　郭庆阳　韩炳甲　鲁　麟　魏鸿汉

# 出版说明

建筑与市政工程施工现场专业人员队伍素质是影响工程质量和安全生产的关键因素。我国从 20 世纪 80 年代开始，在建设行业开展关键岗位培训考核和持证上岗工作。对于提高建设行业从业人员的素质起到了积极的作用。进入 21 世纪，在改革行政审批制度和转变政府职能的背景下，建设行业教育主管部门转变行业人才工作思路，积极规划和组织职业标准的研发。在住房和城乡建设部人事司的主持下，由中国建设教育协会、苏州二建建筑集团有限公司等单位主编了建设行业的第一部职业标准——《建筑与市政工程施工现场专业人员职业标准》，已由住房和城乡建设部发布，作为行业标准于 2012 年 1 月 1 日起实施。为推动该标准的贯彻落实，进一步编写了配套的 14 个考核评价大纲。

该职业标准及考核评价大纲有以下特点：(1) 系统分析各类建筑施工企业现场专业人员岗位设置情况，总结归纳了 8 个岗位专业人员核心工作职责，这些职业分类和岗位职责具有普遍性、通用性。(2) 突出职业能力本位原则，工作岗位职责与专业技能相互对应，通过技能训练能够提高专业人员的岗位履职能力。(3) 注重专业知识的完整性、系统性，基本覆盖各岗位专业人员的知识要求，通用知识具有各岗位的一致性，基础知识、岗位知识能够体现本岗位的知识结构要求。(4) 适应行业发展和行业管理的现实需要，岗位设置、专业技能和专业知识要求具有一定的前瞻性、引导性，能够满足专业人员提高综合素质和适应岗位变化的需要。

为落实职业标准，规范建设行业现场专业人员岗位培训工作，我们依据与职业标准相配套的考核评价大纲，组织编写了《建筑与市政工程施工现场专业人员职业标准培训教材》。

本套教材覆盖《建筑与市政工程施工现场专业人员职业标准》涉及的施工员、质量员、安全员、标准员、材料员、机械员、劳务员、资料员 8 个岗位 14 个考核评价大纲。每个岗位、专业，根据其职业工作的需要，注意精选教学内容、优化知识结构、突出能力要求，对知识、技能经过合理归纳，编写为《通用与基础知识》和《岗位知识与专业技能》两本，供培训配套使用。本套教材共 28 本，作者基本都参与了《建筑与市政工程施工现场专业人员职业标准》的编写，使本套教材的内容能充分体现《建筑与市政工程施工现场专业人员职业标准》的要求，促进现场专业人员专业学习和能力的提高。

第三版教材在上版教材的基础上，依据考核评价大纲，总结使用过程中发现的不足之处，参照最新法律法规及现行标准规范，结合"四新"内容，对教材内容进行了调整、修改、补充，使之更加贴近学员需求，方便学员顺利通过培训测试。

我们的编写工作难免存在不足，因此，我们恳请使用本套教材的培训机构、教师和广大学员多提宝贵意见，以便进一步的修订，使其不断完善。

**建筑与市政工程施工现场专业人员职业标准培训教材编审委员会**

# 第三版前言

本书于 2017 年 7 月第二版出版发行以后,受到了广大建筑与市政工程专业人员的普遍好评,很好地满足了行业现场专业人员的需要,也帮助专业人员有力提升了专业基础知识和技能水平,更好地满足了专业岗位职业能力要求。

经过 5 年多的发展,这期间国家先后修订了一批法律、法规,发布、修订了一批新标准、规范,为了更好地保持本书内容的先进性、适用性、权威性,由中国建筑工业出版社组织行内专家,对第二版进行了修订,完成了本书的第三版。

本书上篇的建设法规、施工项目管理内容由四川建筑职业技术学院胡兴福教授进行了修订。本书上篇的工程材料、工程图识读、建筑施工技术;下篇的工程力学的基本知识、机械设备的基础知识、施工机械常用油料、工程预算的基本知识,常见施工机械的工作原理、类型及技术性能由四川建筑职业技术学院申永强教授级高级工程师进行了修订。本次特别修订了建设法规、施工机械常用油料、工程预算的基本知识等内容,增加了市政工程施工中常用的盾构机等内容。

修订中,长期从事本专业职业教育培训工作的四川建筑职业技术学院唐子雷、廖丽平、丁雅萍等老师提出了宝贵意见,对她们表示衷心的感谢。

虽然编者努力使修订工作尽量完善,但限于水平,书中难免有不足或疏漏之处,欢迎使用本书的机构、教师和广大学员提出宝贵意见!

# 第二版前言

本书是为了满足建筑与市政工程专业现场专业人员全国统一考核评价机械员考前培训与复习的需要，在2013年11月第一版基础上修订而成的。本次所作的修订主要有：(1) 严格按照住房和城乡建设部人事司颁布的《建筑与市政工程施工现场专业人员考核评价大纲》，对全书内容进行了增删和重组，使之完全符合考评大纲；(2) 根据有关最新标准、法规和管理规定对全书内容进行了修改，保持了内容的先进性。

本书具有以下特点：(1) 权威性。主编和部分参编参加了《建筑与市政工程施工现场专业人员职业标准》《建筑与市政工程施工现场专业人员考核评价大纲》的编写和宣贯，同时聘请了业内权威专家作为审稿人员，使本书能够充分体现职业标准和考核评价大纲的要求。(2) 先进性。本书按照有关最新标准、法规和管理规定编写，吸纳了行业最新发展成果。(3) 适用性。本书内容结构与《建筑与市政工程施工现场专业人员考核评价大纲》一一对应，便于组织培训和复习。

本书分为上下篇。上篇为通用知识，包括建设法规、工程材料、工程图识读、建筑施工技术、施工项目管理。下篇为基础知识，包括工程力学的基本知识、机械设备的基础知识、施工机械常用油料、工程预算的基本知识、常见施工机械的工作原理、类型及技术性能。

本书上篇由四川建筑职业技术学院胡兴福教授主编，深圳职业技术学院张伟副教授、天津市建设工程质量安全监督管理总队及天津市工程机械行业协会陈再捷教授级高级工程师参加编写，张伟副教授编写建筑施工技术部分，陈再捷教授级高级工程师编写工程图识读部分内容，其余部分由胡兴福教授编写。下篇由陈再捷教授级高级工程师主编。

北京建筑机械化研究院孔庆璐副编审担任本书主审。

限于编者水平，书中疏漏和错误难免，敬请读者批评指正。

# 第一版前言

《建筑与市政工程施工现场专业人员职业标准》JGJ/T 250—2011 于 2012 年 1 月 1 日正式实施。机械员是此次住房和城乡建设部设立的施工现场管理八大员之一。为进一步提高建筑与市政工程施工现场机械管理员职业素质，提高建筑与市政工程现场建筑机械管理水平，保证工程质量和安全，并统一和规范全国建筑机械管理员的教材，在住房和城乡建设部人事司指导下，由中国建设教育协会、中国建筑业协会机械管理与租赁分会牵头并组织行业专家，根据住房和城乡建设部发布的《建筑与市政工程施工现场专业人员职业标准》JGJ/T 250—2011 及《建筑与市政工程施工现场专业人员职业标准考核评价大纲》对机械员的要求编写了本教材，包括通用知识和基础知识两大部分。本教材的编写注重"实践性、可读性、先进性、合理性、科学性"，希望能帮助学员理解机械员考试大纲的要求，掌握重点和难点，提高日常实际工作能力。

本教材通用知识部分由四川建筑职业技术学院胡兴福教授主编，深圳职业技术学院张伟副教授任副主编，建筑施工技术部分由张伟编写，其余部分由胡兴福编写，西南石油大学 2011 级研究生郝伟杰参与了该部分的编写工作。本教材基础知识部分由中建三局三公司丁荷生高级工程师担任主编、天津市建设工程质量安全监督管理总队及天津市工程机械行业协会陈再捷教授级高级工程师担任副主编，参加的编写人员有：马旭、冯治安、刘延泰、刘晓亮、孙曰增、李广荣、李佑荣、李健、杨路帆、吴成华、陆志远、张公威、张燕秋、张燕娜、周家透、侯沂、谈培骏、殷晨波、黄治郁、曹德雄、程福强。

北京建筑机械化研究院孔庆璐副编审担任本教材的主审。

本教材作为行业现场专业人员第一部职业标准贯彻实施的配套教材，凝结了众多领导和专家的心血，但由于编写仓促，难免有不足之处，希望读者提出宝贵意见，便于今后修订完善。

# 目 录

## 上篇　通用知识 ……………………………………………………………… 1

### 一、建设法规 ………………………………………………………………… 1
（一）《中华人民共和国建筑法》…………………………………………… 2
（二）《中华人民共和国安全生产法》……………………………………… 8
（三）《建设工程安全生产管理条例》《建设工程质量管理条例》…… 16
（四）《中华人民共和国劳动法》《中华人民共和国劳动合同法》…… 21

### 二、工程材料 ………………………………………………………………… 28
（一）无机胶凝材料 ………………………………………………………… 28
（二）混凝土及砂浆 ………………………………………………………… 29
（三）石材、砖和砌块 ……………………………………………………… 32
（四）钢材 …………………………………………………………………… 34

### 三、工程图识读 ……………………………………………………………… 40
（一）三视图 ………………………………………………………………… 40
（二）房屋建筑施工图的基本知识 ………………………………………… 41
（三）建筑施工图的图示方法及内容 ……………………………………… 47
（四）基本体三视图 ………………………………………………………… 57
（五）组合体相邻表面的连接关系和基本画法 …………………………… 59
（六）机械零件图及装配图的绘制 ………………………………………… 65
（七）施工图的识读 ………………………………………………………… 67

### 四、建筑施工技术 …………………………………………………………… 69
（一）地基与基础工程 ……………………………………………………… 69
（二）砌体工程 ……………………………………………………………… 73
（三）钢筋混凝土工程 ……………………………………………………… 76
（四）钢结构工程 …………………………………………………………… 84
（五）防水工程 ……………………………………………………………… 87

### 五、施工项目管理 …………………………………………………………… 93
（一）施工项目管理的内容及组织 ………………………………………… 93
（二）施工项目目标控制 …………………………………………………… 98
（三）施工资源与现场管理 ………………………………………………… 105

## 下篇 基础知识 ......... 108

### 六、工程力学的基本知识 ......... 108
（一）平面力系的基本概念 ......... 108
（二）杆件的内力分析 ......... 111
（三）杆件强度、刚度和稳定的基本概念 ......... 115

### 七、机械设备的基础知识 ......... 120
（一）常用机械传动 ......... 120
（二）螺纹连接 ......... 133
（三）轴的功用和类型 ......... 140
（四）液压传动 ......... 142

### 八、施工机械常用油料 ......... 155
（一）燃油 ......... 155
（二）润滑油 ......... 158
（三）工作油 ......... 167
（四）油料的技术管理 ......... 171

### 九、工程预算的基本知识 ......... 173
（一）建设工程造价的基本概念 ......... 173
（二）建设工程机械使用费 ......... 177
（三）建设工程机械施工费 ......... 181

### 十、常见施工机械的工作原理、类型及技术性能 ......... 182
（一）建筑起重机械 ......... 182
（二）高处作业吊篮 ......... 202
（三）土石方机械 ......... 208
（四）钢筋加工及预应力机械 ......... 224
（五）桩工机械 ......... 227
（六）混凝土机械 ......... 239
（七）小型施工机械机具 ......... 245
（八）市政用设备 ......... 248

### 参考文献 ......... 253

# 上篇 通用知识

# 一、建设法规

建设法规是指国家立法机关或其授权的行政机关制定的旨在调整国家及其有关机构、企事业单位、社会团体、公民之间，在建设活动中或建设行政管理活动中发生的各种社会关系的法律、法规的统称。它体现了国家对城市建设、乡村建设、市政及社会公用事业等各项建设活动进行组织、管理、协调的方针、政策和基本原则。

我国建设法规体系由以下五个层次组成。

## 1. 建设法律

建设法律是指由全国人民代表大会及其常务委员会制定通过，由国家主席以主席令的形式发布的属于国务院建设行政主管部门业务范围的各项法律，如《中华人民共和国建筑法》等。

## 2. 建设行政法规

建设行政法规是指由国务院制定，经国务院常务委员会审议通过，由国务院总理以国务院令的形式发布的属于建设行政主管部门主管业务范围的各项法规。建设行政法规的名称常以"条例""办法""规定""规章"等名称出现，如《建设工程质量管理条例》《建设工程安全生产管理条例》等。

## 3. 建设部门规章

建设部门规章是指住房和城乡建设部根据国务院规定的职责范围，依法制定并颁布的各项规章或由住房和城乡建设部与国务院其他有关部门联合制定并发布的规章，如《实施工程建设强制性标准监督规定》《工程建设项目施工招标投标办法》等。

## 4. 地方性建设法规

地方性建设法规是指在不与宪法、法律、行政法规相抵触的前提下，由省、自治区、直辖市人民代表大会及其常务委员会结合本地区实际情况制定并发布的或经其批准发布的由下级人大或其常委会制定的，只在本行政区域有效的建设方面的法规。

## 5. 地方建设规章

地方建设规章是指省、自治区、直辖市人民政府以及省会（自治区首府）城市和经国务院批准的较大城市的人民政府，根据法律和法规制定颁布的，只在本行政区域有效的建设方面的规章。

在建设法规的上述五个层次中,其法律效力从高到低依次为建设法律、建设行政法规、建设部门规章、地方性建设法规、地方建设规章。法律效力高的称为上位法,法律效力低的称为下位法。下位法不得与上位法相抵触,否则其相应规定将被视为无效。

## (一)《中华人民共和国建筑法》

《中华人民共和国建筑法》(以下简称《建筑法》)于 1997 年 11 月 1 日由中华人民共和国第八届全国人民代表大会常务委员会第二十八次会议通过,于 1997 年 11 月 1 日发布,自 1998 年 3 月 1 日起施行。2011 年 4 月 22 日,第十一届全国人民代表大会常务委员会第二十次会议通过了《关于修改〈中华人民共和国建筑法〉的决定》,修改后的《建筑法》自 2011 年 7 月 1 日起施行。

《建筑法》的立法目的在于加强对建筑活动的监督管理,维护建筑市场秩序,保证建筑工程的质量和安全,促进建筑业健康发展。《建筑法》共 8 章 85 条,分别从建筑许可、建筑工程发包与承包、建筑工程监理、建筑安全生产管理、建筑工程质量管理等方面作出了规定。

### 1. 从业资格的有关规定❶

(1)法规相关条文

《建筑法》关于从业资格的条文是第 12 条、第 13 条、第 14 条。

(2)建筑业企业的资质

从事土木工程、建筑工程、线路管道和设备安装工程、装修工程的新建、扩建、改建等活动的企业称为建筑业企业。建筑业企业资质是指从事建筑活动的企业所必备的条件,包括有符合国家规定的注册资本、有与其从事的建筑活动相适应的具有法定执业资格的专业技术人员、有从事相关建筑活动所应有的技术装备以及法律、行政法规规定的其他条件。

1)建筑业企业资质序列及类别

建筑业企业资质分为施工综合、施工总承包、专业承包和专业作业四个序列。取得施工综合资质的企业称为施工综合企业。取得施工总承包资质的企业称为施工总承包企业。取得专业承包资质的企业称为专业承包企业。取得专业作业资质的企业称为专业作业企业。

施工综合资质、施工总承包资质、专业承包资质、专业作业资质序列可按照工程性质和技术特点分别划分为若干资质类别,见表 1-1。

**建筑业企业资质序列、类别及等级** 表 1-1

| 序号 | 资质序列 | 资质类别 | 资质等级 |
|---|---|---|---|
| 1 | 施工综合资质 | 不分类别 | 不分等级 |
| 2 | 施工总承包资质 | 分为 13 个类别,分别为:建筑工程施工总承包、公路工程施工总承包、铁路工程施工总承包、港口与航道工程施工总承包、水利水电工程施工总承包、电力工程施工总承包、矿山工程施工总承包、冶金工程施工总承包、石油化工工程施工总承包、市政公用工程施工总承包、通信工程施工总承包、机电工程施工总承包、民航工程施工总承包 | 分为甲级、乙级 2 个等级 |

---

❶ 该部分内容依据《建筑业企业资质标准(征求意见稿)》编写。

续表

| 序号 | 资质序列 | 资质类别 | 资质等级 |
| --- | --- | --- | --- |
| 3 | 专业承包资质 | 分为18个类别,分别为:地基基础工程专业承包、起重设备安装工程专业承包、预拌混凝土专业承包、建筑机电工程专业承包、消防设施工程专业承包、防水防腐保温工程专业承包、桥梁工程专业承包、隧道工程专业承包、模板脚手架专业承包、建筑装修装饰工程专业承包、古建筑工程专业承包、公路工程类专业承包、铁路电务电气化工程专业承包、港口与航道工程类专业承包、水利水电工程类专业承包、输变电工程专业承包、核工程专业承包、通用专业承包 | 预拌混凝土专业承包、模板脚手架专业承包、通用专业承包3个类别不分等级,其余分为甲级、乙级2个等级 |
| 4 | 专业作业资质 | 不分类别 | 不分等级 |

2) 建筑业企业资质等级

建筑业企业资质等级,是指国务院相应行政主管部门按照企业拥有的注册资本、专业技术人员、技术装备和已完成的建筑工程业绩等资质条件,将建筑业企业划分为不同的资质等级。建筑业企业按资质标准取得相应等级资质证书后,方可在其资质等级许可范围内从事建筑活动。

施工综合资质不分等级,施工总承包资质分为甲级、乙级两个等级,专业承包资质一般分为甲级、乙级两个等级(部分专业不分等级),专业作业资质不分等级,见表1-1。

3) 承揽业务的范围

① 施工综合企业和施工总承包企业

施工综合企业和施工总承包企业可以承接施工总承包工程。对所承接的施工总承包工程的各专业工程,可以全部自行施工,也可以将专业工程依法进行分包,但应分包给具有相应专业承包资质的企业。施工综合企业和施工总承包企业将专业作业进行分包时,应分包给具有专业作业资质的企业。

施工综合企业可承担各类工程的施工总承包、项目管理业务。各类别等级资质施工总承包企业承包工程的具体范围见《建筑业企业资质标准》,其中建筑工程、市政公用工程施工总承包企业承包工程范围分别见表1-2、表1-3。所谓建筑工程是指各类结构形式的民用建筑工程、工业建筑工程、构筑物工程以及相配套的道路、通信、管网管线等设施工程,工程内容包括地基与基础、主体结构、建筑屋面、装修装饰、建筑幕墙、附建人防工程以及给水排水、供暖、通风与空调、电气、消防、防雷等配套工程;市政公用工程包括给水工程、排水工程、燃气工程、热力工程、道路工程、桥梁工程、城市隧道工程(含城市规划区内的穿山过江隧道、地铁隧道、地下交通工程、地下过街通道)、公共交通工程、轨道交通工程、环境卫生工程、照明工程、绿化工程。

**建筑工程施工总承包企业承包工程范围** 表1-2

| 序号 | 企业资质 | 承包工程范围 |
| --- | --- | --- |
| 1 | 甲级 | 可承担各类建筑工程的施工总承包、工程项目管理 |
| 2 | 乙级 | 可承担下列建筑工程的施工:<br>(1) 高度100m以下的工业、民用建筑工程;<br>(2) 高度120m以下的构筑物工程;<br>(3) 建筑面积15万$m^2$以下的建筑工程;<br>(4) 单项建安合同额1.5亿元以下的建筑工程 |

注:表中"以上""以下""不少于"均包含本数。

**市政公用工程施工总承包企业承包工程范围**　　　表 1-3

| 序号 | 企业资质 | 承包工程范围 |
|---|---|---|
| 1 | 甲级 | 可承担各类市政公用工程的施工 |
| 2 | 乙级 | 可承担下列市政公用工程的施工：<br>（1）各类城市道路；单跨 45m 以下的城市桥梁；<br>（2）15 万 t/d 以下的供水工程；10 万 t/d 以下的污水处理工程；25 万 t/d 以下的给水泵站、15 万 t/d 以下的污水泵站、雨水泵站；各类给水排水及中水管道工程；<br>（3）中压以下燃气管道、调压站；供热面积 150 万 $m^2$ 以下热力工程和各类热力管道工程；<br>（4）各类城市生活垃圾处理工程；<br>（5）断面 25$m^2$ 以下隧道工程和地下交通工程；<br>（6）各类城市广场、地面停车场硬质铺装 |

注：表中"以上""以下""不少于"均包含本数。

② 专业承包企业

设有专业承包资质的专业工程单独发包时，应由取得相应专业承包资质的企业承担。专业承包企业可以承接具有施工综合资质和施工总承包资质的企业依法分包的专业工程或建设单位依法发包的专业工程。对所承接的专业工程，可以全部自行组织施工，也可以将专业作业依法分包，但应分包给具有专业作业资质的企业。

各类别等级资质专业承包企业承包工程的具体范围见《建筑业企业资质标准》，其中，与建筑工程、市政公用工程相关性较高的专业承包企业承包工程的范围见表 1-4。

**部分专业承包企业承包工程范围**　　　表 1-4

| 序号 | 企业类别 | 资质等级 | 承包工程范围 |
|---|---|---|---|
| 1 | 地基基础工程专业承包 | 甲级 | 可承担各类地基基础工程的施工 |
| 1 | 地基基础工程专业承包 | 乙级 | 可承担下列工程的施工：<br>（1）高度 100m 以下工业、民用建筑工程和高度 120m 以下构筑物的地基基础工程；<br>（2）深度 24m 以下的刚性桩复合地基处理和深度 10m 以下的其他地基处理工程；<br>（3）单桩承受设计荷载 5000kN 以下的桩基础工程；<br>（4）开挖深度 15m 以下的基坑围护工程 |
| 2 | 预拌混凝土专业承包 | 不分等级 | 可生产各种强度等级的混凝土和特种混凝土 |
| 3 | 建筑机电工程专业承包 | 甲级 | 可承担各类建筑工程项目的设备、线路、管道的安装，35kV 以下变配电站工程，非标准钢结构件的制作、安装；各类城市与道路照明工程的施工；各类型电子工程、建筑智能化工程施工 |
| 3 | 建筑机电工程专业承包 | 乙级 | 可承担单项合同额 2000 万元以下的各类建筑工程项目的设备、线路、管道的安装，10kV 以下变配电站工程，非标准钢结构件的制作、安装；单项合同额 1500 万元以下的城市与道路照明工程的施工；单项合同额 2500 万元以下的电子工业制造设备安装工程和电子工业环境工程、单项合同额 1500 万元以下的电子系统工程和建筑智能化工程施工 |

续表

| 序号 | 企业类别 | 资质等级 | 承包工程范围 |
|---|---|---|---|
| 4 | 消防设施工程专业承包 | 甲级 | 可承担各类消防设施工程的施工 |
| | | 乙级 | 可承担建筑面积5万 $m^2$ 以下的下列消防设施工程的施工：<br>(1) 一类高层民用建筑以外的民用建筑；<br>(2) 火灾危险性丙类以下的厂房、仓库、储罐、堆场 |
| 5 | 模板脚手架专业承包 | 不分等级 | 可承担各类模板、脚手架工程的设计、制作、安装、施工 |
| 6 | 建筑装修装饰工程专业承包 | 甲级 | 可承担各类建筑装修装饰工程，以及与装修工程直接配套的其他工程的施工；各类型的建筑幕墙工程的施工 |
| | | 乙级 | 可承担单项合同额3000万元以下的建筑装修装饰工程，以及与装修工程直接配套的其他工程的施工；单体建筑工程幕墙面积15000 $m^2$ 以下建筑幕墙工程的施工 |
| 7 | 古建筑工程专业承包 | 甲级 | 可承担各类仿古建筑、历史古建筑修缮工程的施工 |
| | | 乙级 | 可承担建筑面积3000 $m^2$ 以下的仿古建筑工程或历史建筑修缮工程的施工 |
| 8 | 通用专业承包资质 | 不分等级 | 可承担建筑工程中除建筑装修装饰工程、建筑机电工程、地基基础工程等专业承包工程外的其他专业承包工程的施工 |

注：表中"以上""以下""不少于"均包含本数。

③ 专业作业企业

专业作业企业可以承接具有施工综合资质、施工总承包资质和专业承包资质的企业分包的专业作业。

## 2. 建筑安全生产管理的有关规定

（1）法规相关条文

《建筑法》关于建筑安全生产管理的条文是第36条～第51条，其中有关建筑施工企业的条文是第36条、第38条、第39条、第41条、第44条～第48条、第51条。

（2）建筑安全生产管理方针

建筑安全生产管理是指建设行政主管部门、建筑安全监督管理机构、建筑施工企业及有关单位对建筑生产过程中的安全工作，进行计划、组织、指挥、控制、监督等一系列的管理活动。

《建筑法》第36条规定，建筑工程安全生产管理必须坚持"安全第一、预防为主"的方针。

安全生产关系到人民群众生命和财产安全，关系到社会稳定和经济健康发展，建设工程安全生产管理必须坚持"安全第一、预防为主"的方针。"安全第一"是安全生产方针的基础；"预防为主"是安全生产方针的核心和具体体现，是实现安全生产的根本途径，生产必须安全，安全促进生产。

"安全第一"，是从保护和发展生产力的角度，表明在生产范围内安全与生产的关系，肯定安全在建筑生产活动中的首要位置和重要性。"预防为主"，是指在建设工程生产活动中，针对建设工程生产的特点，对生产要素采取管理措施，有效地控制不安全因素的发展与扩大,把可能发生的事故消灭在萌芽状态,以保证生产活动中人的安全、健康及财物安全。

"安全第一"还反映了当安全与生产发生矛盾的时候,应该服从安全,消灭隐患,保证建设工程在安全的条件下生产。"预防为主"则体现在事先策划、事中控制、事后总结,通过信息收集,归类分析,制定预案,控制防范。"安全第一、预防为主"的方针,体现了国家在建设工程安全生产过程中"以人为本"的思想,也体现了国家对保护劳动者权利、保护社会生产力的高度重视。

(3) 建设工程安全生产基本制度

1) 安全生产责任制度

安全生产责任制度是将企业各级负责人、各职能机构及其工作人员和各岗位作业人员在安全生产方面应做的工作及应负的责任加以明确规定的一种制度。

《建筑法》第 36 条规定,建筑工程安全生产管理必须建立健全安全生产的责任制度。第 44 条又规定,建筑施工企业必须依法加强对建筑安全生产的管理,执行安全生产责任制度,采取有效措施,防止伤亡和其他安全生产事故的发生。

安全生产责任制度是建筑生产中最基本的安全管理制度,是所有安全规章制度的核心,是"安全第一、预防为主"方针的具体体现。通过制定安全生产责任制,建立一种分工明确、运行有效、责任落实、能够充分发挥作用的、长效的安全生产机制,把安全生产工作落到实处。认真落实安全生产责任制,不仅是为了保证在发生生产安全事故时,可以追究责任,更重要的是通过日常或定期检查、考核,奖优罚劣,提高全体从业人员执行安全生产责任制的自觉性,使安全生产责任制真正落实到安全生产工作中去。

建筑施工单位的安全生产责任制主要包括企业各级领导人员的安全职责、企业各有关职能部门的安全生产职责以及施工现场管理人员及作业人员的安全职责三个方面。

2) 群防群治制度

群防群治制度是职工群众进行预防和治理安全的一种制度。

《建筑法》第 36 条规定,建筑工程安全生产管理必须建立健全群防群治制度。

群防群治制度也是"安全第一、预防为主"的具体体现,同时也是群众路线在安全工作中的具体体现,是企业进行民主管理的重要内容。这一制度要求建筑企业职工在施工中应当遵守有关生产的法律、法规和建筑行业安全规章、规程,不得违章作业;对于危及生命安全和身体健康的行为有权提出批评、检举和控告。

3) 安全生产教育培训制度

安全生产教育培训制度是对广大建筑干部职工进行安全教育培训,提高安全意识,增加安全知识和技能的制度。

《建筑法》第 46 条规定,建筑施工企业应当建立健全劳动安全生产教育培训制度,加强对职工安全生产的教育培训;未经安全生产教育培训的人员,不得上岗作业。

安全生产,人人有责。只有通过对广大职工进行安全教育、培训,才能使广大职工真正认识到安全生产的重要性、必要性,才能使广大职工掌握更多更有效的安全生产的科学技术知识,牢固树立安全第一的思想,自觉遵守各项安全生产规章制度。

4) 伤亡事故处理报告制度

伤亡事故处理报告制度是指施工中发生事故时,建筑企业应当采取紧急措施减少人员伤亡和事故损失，并按照国家有关规定及时向有关部门报告的制度。

《建筑法》第51条规定，施工中发生事故时，建筑施工企业应当采取紧急措施减少人员伤亡和事故损失，并按照国家有关规定及时向有关部门报告。

事故处理必须遵循一定的程序，做到"四不放过"，即事故原因不清不放过、事故责任者和群众没有受到教育不放过、事故隐患不整改不放过、事故的责任者没有受到处理不放过。通过对事故的严格处理，可以总结出教训，为制定规程、规章提供第一手素材，做到亡羊补牢。

5) 安全生产检查制度

安全生产检查制度是上级管理部门或企业自身对安全生产状况进行定期或不定期检查的制度。

安全生产检查制度是安全生产的保障。通过检查可以发现问题，查出隐患，从而采取有效措施，堵塞漏洞，把事故消灭在发生之前，做到防患于未然，是"预防为主"的具体体现。通过检查，还可总结出好的经验加以推广，为进一步搞好安全工作打下基础。

6) 安全责任追究制度

建设单位、设计单位、施工单位、监理单位，由于没有履行职责造成人员伤亡和事故损失的，视情节给予相应处理；情节严重的，责令停业整顿，降低资质等级或吊销资质证书；构成犯罪的，依法追究刑事责任。

（4）建筑施工企业的安全生产责任

《建筑法》第38条、第39条、第41条、第44条～第48条、第51条规定了建筑施工企业的安全生产责任。根据这些规定，《建设工程质量管理条例》等法规作了进一步细化和补充，具体见《建设工程质量管理条例》部分相关内容。

### 3. 《建筑法》关于质量管理的规定

（1）法规相关条文

《建筑法》关于质量管理的条文是第52条～第63条，其中有关建筑施工企业的条文是第52条、第54条、第55条、第58条～第62条。

（2）建设工程竣工验收制度

《建筑法》第61条规定：交付竣工验收的建筑工程，必须符合规定的建筑工程质量标准，有完整的工程技术经济资料和经签署的工程保修书，并具备国家规定的其他竣工条件。建筑工程竣工经验收合格后，方可交付使用；未经验收或者验收不合格的，不得交付使用。

建设工程项目的竣工验收，指在建筑工程已按照设计要求完成全部施工任务，准备交付给建设单位投入使用时，由建设单位或有关主管部门依照国家关于建筑工程竣工验收制度的规定，对该项工程是否符合设计要求和工程质量标准所进行的检查、考核工作。工程项目的竣工验收是施工全过程的最后一道工序，也是工程项目管理的最后一项工作。它是建设投资成果转入生产或使用的标志，也是全面考核投资效益、检验设计和施工质量的重要环节。认真做好工程项目的竣工验收工作，对保证工程项目的质量具有重要意义。

（3）建设工程质量保修制度

建设工程质量保修制度，是指建设工程竣工经验收后，在规定的保修期限内，因勘察、设计、施工、材料等原因造成的质量缺陷，应当由施工承包单位负责维修、返工或更换，由责任单位负责赔偿损失的法律制度。建设工程质量保修制度对于促进建设各方加强质量管理，保护用户及消费者的合法权益可起到重要的保障作用。

《建筑法》第 62 条规定：建筑工程实行质量保修制度。同时，还对质量保修的范围和期限作了规定：建筑工程的保修范围应当包括地基基础工程、主体结构工程、屋面防水工程和其他土建工程，以及电气管线、上下水管线的安装工程，供热、供冷系统工程等项目；保修的期限应当按照保证建筑物合理寿命年限内正常使用、维护使用者合法权益的原则确定。具体的保修范围和最低保修期限由国务院规定。据此，国务院在《建设工程质量管理条例》中作了明确规定，详见《建设工程质量管理条例》相关内容。

（4）建筑施工企业的质量责任与义务

《建筑法》第 54 条、第 55 条、第 58 条～第 62 条规定了建筑施工企业的质量责任与义务。据此，《建设工程质量管理条例》作了进一步细化，见《建设工程质量管理条例》部分相关内容。

## （二）《中华人民共和国安全生产法》

《中华人民共和国安全生产法》（以下简称《安全生产法》）由第九届全国人民代表大会常务委员会第二十八次会议于 2002 年 6 月 29 日通过，自 2002 年 11 月 1 日起施行。根据 2021 年 6 月 10 日第十三届全国人民代表大会常务委员会第二十九次会议《全国人民代表大会常务委员会关于修改〈中华人民共和国安全生产法〉的决定》第三次修正，修正后的《安全生产法》自 2021 年 9 月 1 日起施行。

《安全生产法》的立法目的，是为了加强安全生产工作，防止和减少生产安全事故，保障人民群众生命和财产安全，促进经济社会持续健康发展。《安全生产法》包括总则、生产经营单位的安全生产保障、从业人员的安全生产权利义务、安全生产的监督管理、生产安全事故的应急救援与调查处理、法律责任、附则共 7 章，共 119 条。对生产经营单位的安全生产保障、从业人员的安全生产权利和义务、安全生产的监督管理、生产安全事故的应急救援与调查处理四个主要方面作出了规定。

### 1. 生产经营单位的安全生产保障的有关规定

（1）法规相关条文

《安全生产法》关于生产经营单位的安全生产保障的条文是第 20 条～第 51 条。

（2）组织保障措施

1）建立安全生产管理机构

《安全生产法》第 24 条规定：矿山、金属冶炼、建筑施工、运输单位和危险物品的生产、经营、储存单位，应当设置安全生产管理机构或者配备专职安全生产管理人员。

2）明确岗位责任

① 生产经营单位的主要负责人的职责

生产经营单位是指从事生产或者经营活动的企业、事业单位、个体经济组织及其他组织和个人。主要负责人是指生产经营单位内对生产经营活动负有决策权并能承担法律责任的人，包括法定代表人、实际控制人、总经理、经理、厂长等。《安全生产法》第5条规定：生产经营单位的主要负责人是本单位安全生产第一责任人，对本单位安全生产工作全面负责。

《安全生产法》第21条规定：生产经营单位的主要负责人对本单位安全生产工作负有下列职责：

A. 建立健全并落实本单位安全生产责任制、加强安全生产标准化建设；

B. 组织制定并实施本单位安全生产规章制度和操作规程；

C. 组织制定并实施本单位安全生产教育和培训计划；

D. 保证本单位安全生产投入的有效实施；

E. 组织建立并落实安全风险分级管控和隐患排查治理双重预防工作机制，督促、检查本单位的安全生产工作，及时消除生产安全事故隐患；

F. 组织制定并实施本单位的生产安全事故应急救援预案；

G. 及时、如实报告生产安全事故。

同时，《安全生产法》第50条规定：生产经营单位发生生产安全事故时，单位的主要负责人应当立即组织抢救，并不得在事故调查处理期间擅离职守。

② 生产经营单位的安全生产管理人员的职责

《安全生产法》第46条规定：生产经营单位的安全生产管理人员应当根据本单位的生产经营特点，对安全生产状况进行经常性检查；对检查中发现的安全问题，应当立即处理；不能处理的，应当及时报告本单位有关负责人，有关负责人应当及时处理。检查及处理情况应当如实记录在案。

③ 对安全设施、设备的质量负责的岗位

A. 对安全设施的设计质量负责的岗位

《安全生产法》第33条规定：建设项目安全设施的设计人、设计单位应当对安全设施设计负责。

矿山、金属冶炼建设项目和用于生产、储存、装卸危险物品的建设项目的安全设施设计应当按照国家有关规定报经有关部门审查，审查部门及其负责审查的人员对审查结果负责。

B. 对安全设施的施工负责的岗位

《安全生产法》第34条规定：矿山、金属冶炼建设项目和用于生产、储存、装卸危险物品的建设项目的施工单位必须按照批准的安全设施设计施工，并对安全设施的工程质量负责。

C. 对安全设施的竣工验收负责的岗位

《安全生产法》第34条规定：矿山、金属冶炼建设项目和用于生产、储存危险物品的建设项目竣工投入生产或者使用前，应当由建设单位负责组织对安全设施进行验收；验收合格后，方可投入生产和使用。负有安全生产监督管理职责的部门应当加强对建设单位验收活动和验收结果的监督核查。

D. 对安全设备质量负责的岗位

《安全生产法》第37条规定：生产经营单位使用的危险物品的容器、运输工具，以及涉及人身安全、危险性较大的海洋石油开采特种设备和矿山井下特种设备，必须按照国家有关规定，由专业生产单位生产，并经具有专业资质的检测、检验机构检测、检验合格，取得安全使用证或者安全标志，方可投入使用。检测、检验机构对检测、检验结果负责。

(3) 管理保障措施

1) 人力资源管理

① 对主要负责人和安全生产管理人员的管理

《安全生产法》第 27 条规定：生产经营单位的主要负责人和安全生产管理人员必须具备与本单位所从事的生产经营活动相应的安全生产知识和管理能力。

危险物品的生产、经营、储存、装卸单位以及矿山、金属冶炼、建筑施工、运输单位的主要负责人和安全生产管理人员，应当由主管的负有安全生产监督管理职责的部门对其安全生产知识和管理能力考核合格。考核不得收费。

② 对一般从业人员的管理

《安全生产法》第 28 条规定：生产经营单位应当对从业人员进行安全生产教育和培训，保证从业人员具备必要的安全生产知识，熟悉有关的安全生产规章制度和安全操作规程，掌握本岗位的安全操作技能，了解事故应急处理措施，知悉自身在安全生产方面的权利和义务。未经安全生产教育和培训合格的从业人员，不得上岗作业。

生产经营单位使用被派遣劳动者的，应当将被派遣劳动者纳入本单位从业人员统一管理，对被派遣劳动者进行岗位安全操作规程和安全操作技能的教育和培训。

劳务派遣单位应当对被派遣劳动者进行必要的安全生产教育和培训。

③ 对特种作业人员的管理

《安全生产法》第 30 条规定：生产经营单位的特种作业人员必须按照国家有关规定经专门的安全作业培训，取得相应资格，方可上岗作业。

2) 物力资源管理

① 设备的日常管理

《安全生产法》第 35 条规定：生产经营单位应当在有较大危险因素的生产经营场所和有关设施、设备上，设置明显的安全警示标志。

《安全生产法》第 36 条规定：安全设备的设计、制造、安装、使用、检测、维修、改造和报废，应当符合国家标准或者行业标准。

生产经营单位必须对安全设备进行经常性维护、保养，并定期检测，保证正常运转。维护、保养、检测应当作好记录，并由有关人员签字。

② 设备的淘汰制度

《安全生产法》第 38 条规定：国家对严重危及生产安全的工艺、设备实行淘汰制度，具体目录由国务院应急管理部门会同国务院有关部门制定并公布。省、自治区、直辖市人民政府可以根据本地区实际情况制定并公布具体目录。生产经营单位不得使用应当淘汰的危及生产安全的工艺、设备。

③ 生产经营项目、场所、设备的转让管理

《安全生产法》第 49 条规定：生产经营单位不得将生产经营项目、场所、设备发包或者出租给不具备安全生产条件或者相应资质的单位或者个人。

④ 生产经营项目、场所的协调管理

《安全生产法》第 49 条规定：生产经营项目、场所发包或者出租给其他单位的，生产经营单位应当与承包单位、承租单位签订专门的安全生产管理协议，或者在承包合同、租赁合同中约定各自的安全生产管理职责；生产经营单位对承包单位、承租单位的安全生产工作统一协调、管理，定期进行安全检查，发现安全问题的，应当及时督促整改。

（4）经济保障措施

1）保证安全生产所必需的资金

《安全生产法》第23条规定：生产经营单位应当具备的安全生产条件所必需的资金投入，由生产经营单位的决策机构、主要负责人或者个人经营的投资人予以保证，并对由于安全生产所必需的资金投入不足导致的后果承担责任。

2）保证安全设施所需要的资金

《安全生产法》第31条规定：生产经营单位新建、改建、扩建工程项目的安全设施，必须与主体工程同时设计、同时施工、同时投入生产和使用。安全设施投资应当纳入建设项目概算。

3）保证劳动防护用品、安全生产培训所需要的资金

《安全生产法》第45条规定：生产经营单位必须为从业人员提供符合国家标准或者行业标准的劳动防护用品，并监督、教育从业人员按照使用规则佩戴、使用。

《安全生产法》第47条规定：生产经营单位应当安排用于配备劳动防护用品、进行安全生产培训的经费。

4）保证工伤社会保险所需要的资金

《安全生产法》第51条规定：生产经营单位必须依法参加工伤社会保险，为从业人员缴纳保险费。

（5）技术保障措施

1）对新工艺、新技术、新材料或者使用新设备的管理

《安全生产法》第29条规定：生产经营单位采用新工艺、新技术、新材料或者使用新设备，必须了解、掌握其安全技术特性，采取有效的安全防护措施，并对从业人员进行专门的安全生产教育和培训。

2）对安全条件论证和安全评价的管理

《安全生产法》第32条规定：矿山、金属冶炼建设项目和用于生产、储存、装卸危险物品的建设项目，应当按照国家有关规定由具有相应资质的安全评估机构进行安全评价。

3）对废弃危险物品的管理

危险物品是指易燃易爆物品、危险化学品、放射性物品等能够危及人身安全和财产安全的物品。

《安全生产法》第39条规定：生产、经营、运输、储存、使用危险物品或者处置废弃危险物品的，由有关主管部门依照有关法律、法规的规定和国家标准或者行业标准审批并实施监督管理。

生产经营单位生产、经营、运输、储存、使用危险物品或者处置废弃危险物品，必须执行有关法律、法规和国家标准或者行业标准，建立专门的安全管理制度，采取可靠的安全措施，接受有关主管部门依法实施的监督管理。

4）对重大危险源的管理

重大危险源是指长期地或者临时地生产、搬运、使用或者储存危险物品，且危险物品

的数量等于或者超过临界量的单元（包括场所和设施）。

《安全生产法》第 40 条规定：生产经营单位对重大危险源应当登记建档，进行定期检测、评估、监控，并制定应急预案，告知从业人员和相关人员在紧急情况下应当采取的应急措施。

生产经营单位应当按照国家有关规定将本单位重大危险源及有关安全措施、应急措施报有关地方人民政府应急管理部门和有关部门备案。

5）对员工宿舍的管理

《安全生产法》第 42 条规定：生产、经营、储存、使用危险物品的车间、商店、仓库不得与员工宿舍在同一座建筑物内，并应当与员工宿舍保持安全距离。

生产经营场所和员工宿舍应当设有符合紧急疏散要求、标志明显、保持畅通的出口、疏散通道。禁止占用、锁闭、封堵生产经营场所或者员工宿舍的出口、疏散通道。

6）对危险作业的管理

《安全生产法》第 43 条规定：生产经营单位进行爆破、吊装、动火、临时用电以及国务院应急管理部门会同国务院有关部门规定的其他危险作业，应当安排专门人员进行现场安全管理，确保操作规程的遵守和安全措施的落实。

7）对安全生产操作规程的管理

《安全生产法》第 44 条规定：生产经营单位应当教育和督促从业人员严格执行本单位的安全生产规章制度和安全操作规程；并向从业人员如实告知作业场所和工作岗位存在的危险因素、防范措施以及事故应急措施。

8）对施工现场的管理

《安全生产法》第 48 条规定：两个以上生产经营单位在同一作业区域内进行生产经营活动，可能危及对方生产安全的，应当签订安全生产管理协议，明确各自的安全生产管理职责和应当采取的安全措施，并指定专职安全生产管理人员进行安全检查与协调。

## 2. 从业人员的安全生产权利义务的有关规定

（1）法规相关条文

《安全生产法》关于从业人员的安全生产权利义务的条文是第 28 条、第 45 条、第 52 条～第 61 条。

（2）安全生产中从业人员的权利

生产经营单位的从业人员，是指该单位从事生产经营活动各项工作的所有人员，包括管理人员、技术人员和各岗位的工人，也包括生产经营单位临时聘用的人员。

生产经营单位的从业人员依法享有以下权利：

1）知情权

《安全生产法》第 53 条规定：生产经营单位的从业人员有权了解其作业场所和工作岗位存在的危险因素、防范措施及事故应急措施，有权对本单位的安全生产工作提出建议。

2）批评权和检举、控告权

《安全生产法》第 54 条规定：从业人员有权对本单位安全生产工作中存在的问题提出批评、检举、控告。

3）拒绝权

《安全生产法》第54条规定：从业人员有权拒绝违章指挥和强令冒险作业。生产经营单位不得因从业人员对本单位安全生产工作提出批评、检举、控告或者拒绝违章指挥、强令冒险作业而降低其工资、福利等待遇或者解除与其订立的劳动合同。

4）紧急避险权

《安全生产法》第55条规定：从业人员发现直接危及人身安全的紧急情况时，有权停止作业或者在采取可能的应急措施后撤离作业场所。生产经营单位不得因从业人员在前款紧急情况下停止作业或者采取紧急撤离措施而降低其工资、福利等待遇或者解除与其订立的劳动合同。

5）请求赔偿权

《安全生产法》第56条规定：因生产安全事故受到损害的从业人员，除依法享有工伤保险外，依照有关民事法律尚有获得赔偿的权利的，有权提出赔偿要求。

《安全生产法》第52条规定：生产经营单位与从业人员订立的劳动合同，应当载明有关保障从业人员劳动安全、防止职业危害的事项，以及依法为从业人员办理工伤保险的事项。生产经营单位不得以任何形式与从业人员订立协议，免除或者减轻其对从业人员因生产安全事故伤亡依法应承担的责任。

6）获得劳动防护用品的权利

《安全生产法》第45条规定：生产经营单位必须为从业人员提供符合国家标准或者行业标准的劳动防护用品，并监督、教育从业人员按照使用规则佩戴、使用。

7）获得安全生产教育和培训的权利

《安全生产法》第28条规定：生产经营单位应当对从业人员进行安全生产教育和培训，保证从业人员具备必要的安全生产知识，熟悉有关的安全生产规章制度和安全操作规程，掌握本岗位的安全操作技能，了解事故应急处理措施，知悉自身在安全生产方面的权利和义务。

（3）安全生产中从业人员的义务

1）自律遵规的义务

《安全生产法》第57条规定：从业人员在作业过程中，应当严格落实岗位安全生产责任，遵守本单位的安全生产规章制度和操作规程，服从管理，正确佩戴和使用劳动防护用品。

2）自觉学习安全生产知识的义务

《安全生产法》第58条规定：从业人员应当接受安全生产教育和培训，掌握本职工作所需的安全生产知识，提高安全生产技能，增强事故预防和应急处理能力。

3）危险报告义务

《安全生产法》第59条规定：从业人员发现事故隐患或者其他不安全因素，应当立即向现场安全生产管理人员或者本单位负责人报告；接到报告的人员应当及时予以处理。

## 3. 安全生产监督管理的有关规定

（1）法规相关条文

《安全生产法》关于安全生产监督管理的条文是第62条～第78条。

（2）安全生产监督管理部门

根据《安全生产法》第 9 条规定，国务院应急管理部门对全国安全生产工作实施综合监督管理。国务院交通运输、住房和城乡建设、水利、民航等有关部门在各自的职责范围内对有关行业、领域的安全生产工作实施监督管理。

（3）安全生产监督管理措施

《安全生产法》第 60 条规定：负有安全生产监督管理职责的部门依照有关法律、法规的规定，对涉及安全生产的事项需要审查批准（包括批准、核准、许可、注册、认证、颁发证照等，下同）或者验收的，必须严格依照有关法律、法规和国家标准或者行业标准规定的安全生产条件和程序进行审查；不符合有关法律、法规和国家标准或者行业标准规定的安全生产条件的，不得批准或者验收通过。对未依法取得批准或者验收合格的单位擅自从事有关活动的，负责行政审批的部门发现或者接到举报后应当立即予以取缔，并依法予以处理。对已经依法取得批准的单位，负责行政审批的部门发现其不再具备安全生产条件的，应当撤销原批准。

（4）安全生产监督管理部门的职权

《安全生产法》第 65 条规定：应急管理部门和其他负有安全生产监督管理职责的部门依法开展安全生产行政执法工作，对生产经营单位执行有关安全生产的法律、法规和国家标准或者行业标准的情况进行监督检查，行使以下职权：

1）进入生产经营单位进行检查，调阅有关资料，向有关单位和人员了解情况。

2）对检查中发现的安全生产违法行为，当场予以纠正或者要求限期改正；对依法应当给予行政处罚的行为，依照本法和其他有关法律、行政法规的规定作出行政处罚决定。

3）对检查中发现的事故隐患，应当责令立即排除；重大事故隐患排除前或者排除过程中无法保证安全的，应当责令从危险区域内撤出作业人员，责令暂时停产停业或者停止使用相关设施、设备；重大事故隐患排除后，经审查同意，方可恢复生产经营和使用。

4）对有根据认为不符合保障安全生产的国家标准或者行业标准的设施、设备、器材以及违法生产、储存、使用、经营、运输的危险物品予以查封或者扣押，对违法生产、储存、使用、经营危险物品的作业场所予以查封，并依法作出处理决定。

监督检查不得影响被检查单位的正常生产经营活动。

（5）安全生产监督检查人员的义务

《安全生产法》第 67 条规定了安全生产监督检查人员的义务：

1）应当忠于职守，坚持原则，秉公执法；

2）执行监督检查任务时，必须出示有效的行政执法证件；

3）对涉及被检查单位的技术秘密和业务秘密，应当为其保密。

## 4. 安全事故应急救援与调查处理的规定

（1）法规相关条文

《安全生产法》关于生产安全事故的应急救援与调查处理的条文是第 79 条～第 89 条。

（2）生产安全事故的等级划分标准

生产安全事故是指在生产经营活动中造成人身伤亡（包括急性工业中毒）或者直接经济损失的事故。国务院《生产安全事故报告和调查处理条例》规定，根据生产安全事故（以下简称事故）造成的人员伤亡或者直接经济损失，事故一般分为以下等级：

1) 特别重大事故，是指造成30人及以上死亡，或者100人及以上重伤（包括急性工业中毒，下同），或者1亿元及以上直接经济损失的事故；

2) 重大事故，是指造成10人及以上30人以下死亡，或者50人及以上100人以下重伤，或者5000万元及以上1亿元以下直接经济损失的事故；

3) 较大事故，是指造成3人及以上10人以下死亡，或者10人及以上50人以下重伤，或者1000万元及以上5000万元以下直接经济损失的事故；

4) 一般事故，是指造成3人以下死亡，或者10人以下重伤，或者1000万元以下直接经济损失的事故。

（3）生产安全事故报告

《安全生产法》第83条规定，生产经营单位发生生产安全事故后，事故现场有关人员应当立即报告本单位负责人。单位负责人接到事故报告后，应当按照国家有关规定立即如实报告当地负有安全生产监督管理职责的部门，不得隐瞒不报、谎报或者迟报，不得故意破坏事故现场、毁灭有关证据。第84条规定：负有安全生产监督管理职责的部门接到事故报告后，应当立即按照国家有关规定上报事故情况。负有安全生产监督管理职责的部门和有关地方人民政府对事故情况不得隐瞒不报、谎报或者迟报。《关于进一步强化安全生产责任落实坚决防范遏制重特大事故的若干措施》要求，严格落实事故直报制度，生产安全事故隐瞒不报、谎报或者拖延不报的，对直接责任人和负有管理和领导责任的人员依规依纪依法从严追究责任。

《建设工程安全生产管理条例》进一步规定，施工单位发生生产安全事故，应当按照国家有关伤亡事故报告和调查处理的规定，及时、如实地向负责安全生产监督管理的部门、建设行政主管部门或者其他有关部门报告；特种设备发生事故的，还应当同时向特种设备安全监督管理部门报告。实行施工总承包的建设工程，由总承包单位负责上报事故。

（4）应急抢救工作

《安全生产法》第83条规定，单位负责人接到事故报告后，应当迅速采取有效措施，组织抢救，防止事故扩大，减少人员伤亡和财产损失。第85条规定，有关地方人民政府和负有安全生产监督管理职责的部门的负责人接到生产安全事故报告后，应当按照生产安全事故应急救援预案的要求立即赶到事故现场，组织事故抢救。

（5）事故的调查

《安全生产法》第86条规定：事故调查处理应当按照科学严谨、依法依规、实事求是、注重实效的原则，及时、准确地查清事故原因，查明事故性质和责任，评估应急处置工作，总结事故教训，提出整改措施，并对事故责任者提出处理建议。

《生产安全事故报告和调查处理条例》规定了事故调查的管辖：特别重大事故由国务院或者国务院授权有关部门组织事故调查组进行调查；重大事故、较大事故、一般事故分别由事故发生地省级人民政府、设区的市级人民政府、县级人民政府负责调查。省级人民政府、设区的市级人民政府、县级人民政府可以直接组织事故调查组进行调查，也可以授权或者委托有关部门组织事故调查组进行调查。未造成人员伤亡的一般事故，县级人民政府也可以委托事故发生单位组织事故调查组进行调查。上级人民政府认为必要时，可以调查由下级人民政府负责调查的事故。特别重大事故以下等级事故，事故发生地与事故发生单位不在同一个县级以上行政区域的，由事故发生地人民政府负责调查，事故发生单位所在地人民政府应当派人参加。

## （三）《建设工程安全生产管理条例》《建设工程质量管理条例》

《建设工程安全生产管理条例》（以下简称《安全生产管理条例》）于 2003 年 11 月 12 日国务院第 28 次常务会议通过，自 2004 年 2 月 1 日起施行。《安全生产管理条例》包括总则，建设单位的安全责任，勘察、设计、工程监理及其他有关单位的安全责任，施工单位的安全责任，监督管理，生产安全事故的应急救援和调查处理，法律责任，附则共 8 章，共 71 条。

《安全生产管理条例》的立法目的，是为了加强建设工程安全生产监督管理，保障人民群众生命和财产安全。

《建设工程质量管理条例》（以下简称《质量管理条例》）于 2000 年 1 月 10 日国务院第 25 次常务会议通过，自 2000 年 1 月 30 日起施行；依据 2019 年 4 月 23 日《国务院关于修改部分行政法规的决定》（国务院令第 714 号）第二次修订。《质量管理条例》包括总则，建设单位的质量责任和义务，勘察、设计单位的质量责任和义务，施工单位的质量责任和义务，工程监理单位的质量责任和义务，建设工程质量保修，监督管理，罚则，附则共 9 章，共 82 条。

《质量管理条例》的立法目的，是为了加强对建设工程质量的管理，保证建设工程质量，保护人民生命和财产安全。

**1. 《安全生产管理条例》关于施工单位的安全责任的有关规定**

（1）法规相关条文

《安全生产管理条例》关于施工单位的安全责任的条文是第 20 条～第 38 条。

（2）施工单位的安全责任

1）有关人员的安全责任

① 施工单位主要负责人

施工单位主要负责人不仅仅指法定代表人，而是指对施工单位全面负责、有生产经营决策权的人。

《安全生产管理条例》第 21 条规定：施工单位主要负责人依法对本单位的安全生产工作全面负责。具体包括：

A. 建立健全安全生产责任制度和安全生产教育培训制度；

B. 制定安全生产规章制度和操作规程；

C. 保证本单位安全生产条件所需资金的投入；

D. 对所承建的建设工程进行定期和专项安全检查，并做好安全检查记录。

② 施工单位的项目负责人

项目负责人主要指项目经理，在工程项目中处于中心地位。《安全生产管理条例》第 21 条规定：施工单位的项目负责人对建设工程项目的安全全面负责。鉴于项目负责人对安全生产的重要作用，该条同时规定施工单位的项目负责人应当由取得相应执业资格的人员担任。这里，"相应执业资格"目前指建造师执业资格。

根据《安全生产管理条例》第 21 条，项目负责人的安全责任主要包括：

A. 落实安全生产责任制度、安全生产规章制度和操作规程；

B. 确保安全生产费用的有效使用；

C. 根据工程的特点组织制定安全施工措施，消除安全事故隐患；

D. 及时、如实报告生产安全事故。

③ 专职安全生产管理人员

《安全生产管理条例》第 23 条规定：施工单位应当设立安全生产管理机构，配备专职安全生产管理人员。专职安全生产管理人员是指经建设主管部门或者其他有关部门安全生产考核合格，并取得安全生产考核合格证书在企业从事安全生产管理工作的专职人员，包括施工单位安全生产管理机构的负责人及其工作人员和施工现场专职安全生产管理人员。

专职安全生产管理人员的安全责任主要包括：对安全生产进行现场监督检查。发现安全事故隐患，应当及时向项目负责人和安全生产管理机构报告；对于违章指挥、违章操作的，应当立即制止。

2）总承包单位和分包单位的安全责任

《安全生产管理条例》第 24 条规定：建设工程实行施工总承包的，由总承包单位对施工现场的安全生产负总责。为了防止违法分包和转包等违法行为的发生，真正落实施工总承包单位的安全责任，该条进一步规定：总承包单位应当自行完成建设工程主体结构的施工。该条同时规定：总承包单位依法将建设工程分包给其他单位的，分包合同中应当明确各自的安全生产方面的权利、义务。总承包单位和分包单位对分包工程的安全生产承担连带责任。

但是，总承包单位与分包单位在安全生产方面的责任也不是固定不变的，需要视具体情况确定。《安全生产管理条例》第 24 条规定：分包单位应当服从总承包单位的安全生产管理，分包单位不服从管理导致生产安全事故的，由分包单位承担主要责任。

3）安全生产教育培训

① 管理人员的考核

《安全生产管理条例》第 36 条规定：施工单位的主要负责人、项目负责人、专职安全生产管理人员应当经建设行政主管部门或者其他有关部门考核合格后方可任职。

② 作业人员的安全生产教育培训

A. 日常培训

《安全生产管理条例》第 36 条规定：施工单位应当对管理人员和作业人员每年至少进行一次安全生产教育培训，其教育培训情况记录到个人工作档案。安全生产教育培训考核不合格的人员，不得上岗。

B. 新岗位培训

《安全生产管理条例》第 37 条对新岗位培训作了两方面规定。一是作业人员进入新的岗位或者新的施工现场前，应当接受安全生产教育培训。未经教育培训或者教育培训考核不合格的人员，不得上岗作业；二是施工单位在采用新技术、新工艺、新设备、新材料时，应当对作业人员进行相应的安全生产教育培训。

③特种作业人员的专门培训

《安全生产管理条例》第 25 条规定：垂直运输机械作业人员、安装拆卸工、爆破作业人员、起重信号工、登高架设作业人员等特种作业人员，必须按照国家有关规定经过专门的安全作业培训，并取得特种作业操作资格证书后，方可上岗作业。

4）施工单位应采取的安全措施

① 编制安全技术措施、施工现场临时用电方案和专项施工方案

《安全生产管理条例》第26条规定：施工单位应当在施工组织设计中编制安全技术措施和施工现场临时用电方案。同时规定，对下列达到一定规模的危险性较大的分部分项工程编制专项施工方案，并附具安全验算结果，经施工单位技术负责人、总监理工程师签字后实施，由专职安全生产管理人员进行现场监督：

A. 基坑支护与降水工程；

B. 土方开挖工程；

C. 模板工程；

D. 起重吊装工程；

E. 脚手架工程；

F. 拆除、爆破工程；

G. 国务院建设行政主管部门或者其他有关部门规定的其他危险性较大的工程。

② 安全施工技术交底

施工前的安全施工技术交底的目的就是让所有的安全生产从业人员都对安全生产有所了解，最大限度避免安全事故的发生。因此，第27条规定：建设工程施工前，施工单位负责项目管理的技术人员应当对有关安全施工的技术要求向施工作业班组、作业人员作出详细说明，并由双方签字确认。

③ 施工现场安全警示标志的设置

《安全生产管理条例》第28条规定：施工单位应当在施工现场入口处、施工起重机械、临时用电设施、脚手架、出入通道口、楼梯口、电梯井口、孔洞口、桥梁口、隧道口、基坑边沿、爆破物及有害危险气体和液体存放处等危险部位，设置明显的安全警示标志。安全警示标志必须符合国家标准。

④ 施工现场的安全防护

《安全生产管理条例》第28条规定：施工单位应当根据不同施工阶段和周围环境及季节、气候的变化，在施工现场采取相应的安全施工措施。施工现场暂时停止施工的，施工单位应当做好现场防护，所需费用由责任方承担，或者按照合同约定执行。

⑤ 施工现场的布置应当符合安全和文明施工要求

《安全生产管理条例》第29条规定：施工单位应当将施工现场的办公、生活区与作业区分开设置，并保持安全距离；办公、生活区的选址应当符合安全性要求。职工的膳食、饮水、休息场所等应当符合卫生标准。施工单位不得在尚未竣工的建筑物内设置员工集体宿舍。

施工现场临时搭建的建筑物应当符合安全使用要求。施工现场使用的装配式活动房屋应当具有产品合格证。临时建筑物一般包括施工现场的办公用房、宿舍、食堂、仓库、卫生间等。

⑥ 对周边环境采取防护措施

《安全生产管理条例》第30条规定：施工单位对因建设工程施工可能造成损害的毗邻

建筑物、构筑物和地下管线等，应当采取专项防护措施。施工单位应当遵守有关环境保护法律、法规的规定，在施工现场采取措施，防止或者减少粉尘、废气、废水、固体废物、噪声、振动和施工照明对人和环境的危害和污染。在城市市区内的建设工程，施工单位应当对施工现场实行封闭围挡。

⑦ 施工现场的消防安全措施

《安全生产管理条例》第 31 条规定：施工单位应当在施工现场建立消防安全责任制度，确定消防安全责任人，制定用火、用电、使用易燃易爆材料等各项消防安全管理制度和操作规程，设置消防通道、消防水源，配备消防设施和灭火器材，并在施工现场入口处设置明显标志。

⑧ 安全防护设备管理

《安全生产管理条例》第 33 条规定：作业人员应当遵守安全施工的强制性标准、规章制度和操作规程，正确使用安全防护用具、机械设备等。

《安全生产管理条例》第 34 条规定：施工单位采购、租赁的安全防护用具、机械设备、施工机具及配件，应当具有生产（制造）许可证、产品合格证，并在进入施工现场前进行查验；施工现场的安全防护用具、机械设备、施工机具及配件必须由专人管理，定期进行检查、维修和保养，建立相应的资料档案，并按照国家有关规定及时报废。

⑨ 起重机械设备管理

《安全生产管理条例》第 35 条对起重机械设备管理作了如下规定：

A. 施工单位在使用施工起重机械和整体提升脚手架、模板等自升式架设设施前，应当组织有关单位进行验收，也可以委托具有相应资质的检验检测机构进行验收；使用承租的机械设备和施工机具及配件的，由施工总承包单位、分包单位、出租单位和安装单位共同进行验收。验收合格的方可使用。

B. 《特种设备安全监察条例》规定的施工起重机械，在验收前应当经有相应资质的检验检测机构监督检验合格。这里"作为特种设备的施工起重机械"是指涉及生命安全、危险性较大的起重机械。

C. 施工单位应当自施工起重机械和整体提升脚手架、模板等自升式架设设施验收合格之日起 30 日内，向建设行政主管部门或者其他有关部门登记。登记标志应当置于或者附着于该设备的显著位置。

⑩ 办理意外伤害保险

《安全生产管理条例》第 38 条规定：施工单位应当为施工现场从事危险作业的人员办理意外伤害保险。同时还规定：意外伤害保险费由施工单位支付。实行施工总承包的，由总承包单位支付意外伤害保险费。意外伤害保险期限自建设工程开工之日起至竣工验收合格止。

**2. 《质量管理条例》关于施工单位的质量责任和义务的有关规定**

（1）法规相关条文

《质量管理条例》关于施工单位的质量责任和义务的条文是第 25 条～第 33 条。

（2）施工单位的质量责任和义务

1）依法承揽工程

《质量管理条例》第 25 条规定：施工单位应当依法取得相应等级的资质证书，并在其资质等级许可的范围内承揽工程。

禁止施工单位超越本单位资质等级许可的业务范围或者以其他施工单位的名义承揽工程。禁止施工单位允许其他单位或者个人以本单位的名义承揽工程。施工单位不得转包或者违法分包工程。

2）建立质量保证体系

《质量管理条例》第 26 条规定：施工单位对建设工程的施工质量负责。施工单位应当建立质量责任制，确定工程项目的项目经理、技术负责人和施工管理负责人。

建设工程实行总承包的，总承包单位应当对全部建设工程质量负责；建设工程勘察、设计、施工、设备采购的一项或者多项实行总承包的，总承包单位应当对其承包的建设工程或者采购的设备的质量负责。

《质量管理条例》第 27 条规定：总承包单位依法将建设工程分包给其他单位的，分包单位应当按照分包合同的约定对其分包工程的质量向总承包单位负责，总承包单位与分包单位对分包工程的质量承担连带责任。

3）按图施工

《质量管理条例》第 28 条规定：施工单位必须按照工程设计图纸和施工技术标准施工，不得擅自修改工程设计，不得偷工减料。施工单位在施工过程中发现设计文件和图纸有差错的，应当及时提出意见和建议。

4）对建筑材料、构配件和设备进行检验的责任

《质量管理条例》第 29 条规定：施工单位必须按照工程设计要求、施工技术标准和合同约定，对建筑材料、建筑构配件、设备和商品混凝土进行检验，检验应当有书面记录和专人签字；未经检验或者检验不合格的，不得使用。

5）对施工质量进行检验的责任

《质量管理条例》第 30 条规定：施工单位必须建立、健全施工质量的检验制度，严格工序管理，做好隐蔽工程的质量检查和记录。隐蔽工程在隐蔽前，施工单位应当通知建设单位和建设工程质量监督机构。

6）见证取样

在工程施工过程中，为了控制工程施工质量，需要依据有关技术标准和规定的方法，对用于工程的材料和构件抽取一定数量的样品进行检测，并根据检测结果判断其所代表部位的质量。《质量管理条例》第 31 条规定：施工人员对涉及结构安全的试块、试件以及有关材料，应当在建设单位或者工程监理单位监督下现场取样，并送具有相应资质等级的质量检测单位进行检测。

7）保修

《质量管理条例》第 32 条规定：施工单位对施工中出现质量问题的建设工程或者竣工验收不合格的建设工程，应当负责返修。

在建设工程竣工验收合格前，施工单位应对质量问题履行返修义务；建设工程竣工验收合格后，施工单位应对保修期内出现的质量问题履行保修义务。《民法典》第 801 条对施工单位的返修义务也有相应规定：因施工人原因致使建设工程质量不符合约定的，发包人有权请求施工人在合理期限内无偿修理或者返工、改建。经过修理或者返工、改建后，

造成逾期交付的，施工人应当承担违约责任。返修包括修理和返工。

## （四）《中华人民共和国劳动法》《中华人民共和国劳动合同法》

《中华人民共和国劳动法》（以下简称《劳动法》）于1994年7月5日第八届全国人民代表大会常务委员会第八次会议通过，自1995年1月1日起施行；根据2018年12月29日第十三届全国人民代表大会常务委员会第七次会议《关于修改〈中华人民共和国劳动法〉等七部法律的决定》第二次修正。

《劳动法》分为总则、促进就业、劳动合同和集体合同、工作时间和休息休假、工资、劳动安全卫生、女职工和未成年工特殊保护、职业培训、社会保险和福利、劳动争议、监督检查、法律责任、附则共13章，共107条。

《劳动法》的立法目的，是为了保护劳动者的合法权益，调整劳动关系，建立和维护适应社会主义市场经济的劳动制度，促进经济发展和社会进步。

《中华人民共和国劳动合同法》（以下简称《劳动合同法》）于2007年6月29日第十届全国人民代表大会常务委员会第二十八次会议通过，自2008年1月1日起施行；根据2012年12月28日第十一届全国人民代表大会常务委员会第十三次会议《关于修改〈中华人民共和国劳动合同法〉的决定》修正，修正后的《劳动合同法》自2013年7月1日起实施。《劳动合同法》包括总则、劳动合同的订立、劳动合同的履行和变更、劳动合同的解除和终止、特别规定、监督检查、法律责任、附则共8章，共98条。

《劳动合同法》的立法目的，是为了完善劳动合同制度，明确劳动合同双方当事人的权利和义务，保护劳动者的合法权益，构建和发展和谐稳定的劳动关系。

《劳动合同法》在《劳动法》的基础上，对劳动合同的订立、履行、终止等内容作出了更为详尽的规定。

### 1. 《劳动法》《劳动合同法》关于劳动合同和集体合同的有关规定

（1）法规相关条文

《劳动法》关于劳动合同的条文是第16条～第32条，关于集体合同的条文是第33条～第35条。

《劳动合同法》关于劳动合同的条文是第7条～第50条，关于集体合同的条文是第51条～第56条。

（2）劳动合同、集体合同的概念

劳动合同是劳动者与用人单位确立劳动关系、明确双方权利和义务的协议。这里的劳动关系，是指劳动者与用人单位（包括各类企业、个体工商户、事业单位等）在实现劳动过程中建立的社会经济关系。

劳动合同分为固定期限劳动合同、无固定期限劳动合同和以完成一定工作任务为期限的劳动合同。固定期限劳动合同是指用人单位与劳动者约定合同终止时间的劳动合同。无固定期限劳动合同是指用人单位与劳动者约定无确定终止时间的劳动合同。以完成一定工作任务为期限的劳动合同是指用人单位与劳动者约定以某项工作的完成为合同期限的劳动合同。

集体合同又称集体协议、团体协议等,是指企业职工一方与企业(用人单位)就劳动报酬、工作时间、休息休假、劳动安全卫生、保险福利等事项,依据有关法律法规,通过平等协商达成的书面协议。集体合同实际上是一种特殊的劳动合同。

(3) 劳动合同的订立

1) 劳动合同当事人

《劳动法》第 16 条规定,劳动合同的当事人为用人单位和劳动者。

《中华人民共和国劳动合同法实施条例》(以下简称《劳动合同法实施条例》)进一步规定:劳动合同法规定的用人单位设立的分支机构,依法取得营业执照或者登记证书的,可以作为用人单位与劳动者订立劳动合同;未依法取得营业执照或者登记证书的,受用人单位委托可以与劳动者订立劳动合同。

2) 劳动合同的类型

劳动合同分为以下三种类型:一是固定期限劳动合同,即用人单位与劳动者约定合同终止时间的劳动合同;二是以完成一定工作任务为期限的劳动合同,即用人单位与劳动者约定以某项工作的完成为合同期限的劳动合同;三是无固定期限劳动合同,即用人单位与劳动者约定无明确终止时间的劳动合同。

有下列情形之一,劳动者提出或者同意续订、订立劳动合同的,除劳动者提出订立固定期限劳动合同外,应当订立无固定期限劳动合同:

① 劳动者在该用人单位连续工作满 10 年的;

② 用人单位初次实行劳动合同制度或者国有企业改制重新订立劳动合同时,劳动者在该用人单位连续工作满 10 年且距法定退休年龄不足 10 年的;

③ 连续订立两次固定期限劳动合同,且劳动者没有《劳动合同法》第 39 条(即用人单位可以解除劳动合同的条件)和第 40 条第 1 款、第 2 款规定(即劳动者患病或者非因工负伤,在规定的医疗期满后不能从事原工作,也不能从事由用人单位另行安排的工作的;劳动者不能胜任工作,经过培训或者调整工作岗位,仍不能胜任工作的)的情形,续订劳动合同的。

若劳动者依据此处的规定提出订立无固定期限劳动合同的,用人单位应当与其订立无固定期限劳动合同。对劳动合同的内容,双方应当按照合法、公平、平等自愿、协商一致、诚实信用的原则协商确定。

劳动者非因本人原因从原用人单位被安排到新用人单位工作的,劳动者在原用人单位的工作年限合并计算为新用人单位的工作年限。原用人单位已经向劳动者支付经济补偿的,新用人单位在依法解除、终止劳动合同计算支付经济补偿的工作年限时,不再计算劳动者在原用人单位的工作年限。

3) 订立劳动合同的时间限制

《劳动合同法》第 10 条规定:建立劳动关系,应当订立书面劳动合同。已建立劳动关系,未同时订立书面劳动合同的,应当自用工之日起一个月内订立书面劳动合同。用人单位与劳动者在用工前订立劳动合同的,劳动关系自用工之日起建立。

因劳动者的原因未能订立劳动合同的,《劳动合同法实施条例》第 5 条规定:自用工之日起一个月内,经用人单位书面通知后,劳动者不与用人单位订立书面劳动合同的,用人单位应当书面通知劳动者终止劳动关系,无需向劳动者支付经济补偿,但是应当依法向劳动者支付其实际工作时间的劳动报酬。

因用人单位的原因未能订立劳动合同的,《劳动合同法实施条例》第6条规定:用人单位自用工之日起超过一个月不满一年未与劳动者订立书面劳动合同的,应当依照《劳动合同法》第82条的规定向劳动者每月支付两倍的工资,并与劳动者补订书面劳动合同;劳动者不与用人单位订立书面劳动合同的,用人单位应当书面通知劳动者终止劳动关系,并依照《劳动合同法》第47条的规定支付经济补偿。

4)劳动合同的生效

劳动合同由用人单位与劳动者协商一致,并经用人单位与劳动者在劳动合同文本上签字或者盖章生效。

劳动合同文本由用人单位和劳动者各执一份。

(4) 劳动合同的条款

《劳动合同法》第17条规定:劳动合同应当具备以下条款:

1) 用人单位的名称、住所和法定代表人或者主要负责人;

2) 劳动者的姓名、住址和居民身份证或者其他有效身份证件号码;

3) 劳动合同期限;

4) 工作内容和工作地点;

5) 工作时间和休息休假;

6) 劳动报酬;

7) 社会保险;

8) 劳动保护、劳动条件和职业危害防护;

9) 法律、法规规定应当纳入劳动合同的其他事项。

劳动合同除前款规定的必备条款外,用人单位与劳动者可以约定试用期、培训、保守秘密、补充保险和福利待遇等其他事项。

《劳动合同法》第18条规定:劳动合同对劳动报酬和劳动条件等标准约定不明确,引发争议的,用人单位与劳动者可以重新协商;协商不成的,适用集体合同规定;没有集体合同或者集体合同未规定劳动报酬的,实行同工同酬;没有集体合同或者集体合同未规定劳动条件等标准的,适用国家有关规定。

(5) 试用期

1) 试用期的最长时间

《劳动法》第21条规定:试用期最长不得超过6个月。

《劳动合同法》第19条进一步明确:劳动合同期限3个月以上未满1年的,试用期不得超过1个月;劳动合同期限1年以上不满3年的,试用期不得超过2个月;3年以上固定期限和无固定期限的劳动合同,试用期不得超过6个月。

2) 试用期的次数限制

《劳动合同法》第19条规定:同一用人单位与同一劳动者只能约定一次试用期。

以完成一定工作任务为期限的劳动合同或者劳动合同期限不满3个月的,不得约定试用期。

试用期包含在劳动合同期限内。劳动合同仅约定试用期的,试用期不成立,该期限为劳动合同期限。

3）试用期内的最低工资

《劳动合同法》第 20 条规定：劳动者在试用期的工资不得低于本单位相同岗位最低档工资或者劳动合同约定工资的 80%，并不得低于用人单位所在地的最低工资标准。

《劳动合同法实施条例》对此作进一步明确：劳动者在试用期的工资不得低于本单位相同岗位最低档工资的 80% 或者不得低于劳动合同约定工资的 80%，并不得低于用人单位所在地的最低工资标准。

4）试用期内合同解除条件的限制

《劳动合同法》第 21 条规定：在试用期中，除劳动者有《劳动合同法》第 39 条（即用人单位可以解除劳动合同的条件）和第 40 条第 1 款、第 2 款（即劳动者患病或者非因工负伤，在规定的医疗期满后不能从事原工作，也不能从事由用人单位另行安排的工作的；劳动者不能胜任工作，经过培训或者调整工作岗位，仍不能胜任工作的）规定的情形外，用人单位不得解除劳动合同。用人单位在试用期解除劳动合同的，应当向劳动者说明理由。

（6）劳动合同的无效

《劳动合同法》第 26 条规定：下列劳动合同无效或者部分无效：

1）以欺诈、胁迫的手段或者乘人之危，使对方在违背真实意思的情况下订立或者变更劳动合同的；

2）用人单位免除自己的法定责任、排除劳动者权利的；

3）违反法律、行政法规强制性规定的。

对劳动合同的无效或者部分无效有争议的，由劳动争议仲裁机构或者人民法院确认。

劳动合同部分无效，不影响其他部分效力的，其他部分仍然有效。

劳动合同被确认无效，劳动者已付出劳动的，用人单位应当向劳动者支付劳动报酬。劳动报酬的数额，参照本单位相同或者相近岗位劳动者的劳动报酬确定。

（7）劳动合同的变更

用人单位变更名称、法定代表人、主要负责人或者投资人等事项，不影响劳动合同的履行。

用人单位发生合并或者分立等情况，原劳动合同继续有效，劳动合同由承继其权利和义务的用人单位继续履行。

用人单位与劳动者协商一致，可以变更劳动合同约定的内容。变更劳动合同，应当采用书面形式。

变更后的劳动合同文本由用人单位和劳动者各执一份。

（8）劳动合同的解除

用人单位与劳动者协商一致，可以解除劳动合同。用人单位向劳动者提出解除劳动合同并与劳动者协商一致解除劳动合同的，用人单位应当向劳动者给予经济补偿。

劳动者提前 30 日以书面形式通知用人单位，可以解除劳动合同。劳动者在试用期内提前 3 日通知用人单位，可以解除劳动合同。

1）劳动者解除劳动合同的情形

《劳动合同法》第 38 条规定：用人单位有下列情形之一的，劳动者可以解除劳动合同，用人单位应当向劳动者支付经济补偿：

① 未按照劳动合同约定提供劳动保护或者劳动条件的；
② 未及时足额支付劳动报酬的；
③ 未依法为劳动者缴纳社会保险费的；
④ 用人单位的规章制度违反法律、法规的规定，损害劳动者权益的；
⑤ 因《劳动合同法》第 26 条第 1 款（即：以欺诈、胁迫的手段或者乘人之危，使对方在违背真实意思的情况下订立或者变更劳动合同的）规定的情形致使劳动合同无效的；
⑥ 法律、行政法规规定劳动者可以解除劳动合同的其他情形。

用人单位以暴力、威胁或者非法限制人身自由的手段强迫劳动者劳动的，或者用人单位违章指挥、强令冒险作业危及劳动者人身安全的，劳动者可以立即解除劳动合同，不需事先告知用人单位。

2) 用人单位可以解除劳动合同的情形

除用人单位与劳动者协商一致，用人单位可以与劳动者解除合同外，如遇下列情形用人单位也可以与劳动者解除合同。

① 随时解除

《劳动合同法》第 39 条规定：劳动者有下列情形之一的，用人单位可以解除劳动合同：

A. 在试用期间被证明不符合录用条件的；
B. 严重违反用人单位的规章制度的；
C. 严重失职，营私舞弊，给用人单位造成重大损害的；
D. 劳动者同时与其他用人单位建立劳动关系，对完成本单位的工作任务造成严重影响，或者经用人单位提出，拒不改正的；
E. 因《劳动合同法》第 26 条第 1 款第 1 项（即以欺诈、胁迫的手段或者乘人之危，使对方在违背真实意思的情况下订立或者变更劳动合同的）规定的情形致使劳动合同无效的；
F. 被依法追究刑事责任的。

② 预告解除

《劳动合同法》第 40 条规定：有下列情形之一的，用人单位提前 30 日以书面形式通知劳动者本人或者额外支付劳动者 1 个月工资后，可以解除劳动合同，用人单位应当向劳动者支付经济补偿：

A. 劳动者患病或者非因工负伤，在规定的医疗期满后不能从事原工作，也不能从事由用人单位另行安排的工作的；
B. 劳动者不能胜任工作，经过培训或者调整工作岗位，仍不能胜任工作的；
C. 劳动合同订立时所依据的客观情况发生重大变化，致使劳动合同无法履行，经用人单位与劳动者协商，未能就变更劳动合同内容达成协议的。

用人单位依照此规定，选择额外支付劳动者 1 个月工资解除劳动合同的，其额外支付的工资应当按照该劳动者上 1 个月的工资标准确定。

③ 经济性裁员

《劳动合同法》第 41 条规定：有下列情形之一，需要裁减人员 20 人以上或者裁减不足 20 人但占企业职工总数 10% 以上的，用人单位提前 30 日向工会或者全体职工说明情况，听取工会或者职工的意见后，裁减人员方案经向劳动行政部门报告，可以裁减人员，用人单位应当向劳动者支付经济补偿：

A. 依照企业破产法规定进行重整的；

B. 生产经营发生严重困难的；

C. 企业转产、重大技术革新或者经营方式调整，经变更劳动合同后，仍需裁减人员的；

D. 其他因劳动合同订立时所依据的客观经济情况发生重大变化，致使劳动合同无法履行的。

④ 用人单位不得解除劳动合同的情形

《劳动合同法》第 42 条规定：劳动者有下列情形之一的，用人单位不得依照本法第 40 条、第 41 条的规定解除劳动合同：

A. 从事接触职业病危害作业的劳动者未进行离岗前职业健康检查，或者疑似职业病病人在诊断或者医学观察期间的；

B. 在本单位患职业病或者因工负伤并被确认丧失或者部分丧失劳动能力的；

C. 患病或者非因工负伤，在规定的医疗期内的；

D. 女职工在孕期、产期、哺乳期的；

E. 在本单位连续工作满 15 年，且距法定退休年龄不足 5 年的；

F. 法律、行政法规规定的其他情形。

（9）劳动合同终止

《劳动合同法》第 44 条规定：有下列情形之一的，劳动合同终止。用人单位与劳动者不得在劳动合同法规定的劳动合同终止情形之外约定其他的劳动合同终止条件：

1) 劳动者达到法定退休年龄的，劳动合同终止；

2) 劳动合同期满的。除用人单位维持或者提高劳动合同约定条件续订劳动合同，劳动者不同意续订的情形外，依照本项规定终止固定期限劳动合同的，用人单位应当向劳动者支付经济补偿；

3) 劳动者开始依法享受基本养老保险待遇的；

4) 劳动者死亡，或者被人民法院宣告死亡或者宣告失踪的；

5) 用人单位被依法宣告破产的。依照本项规定终止劳动合同的，用人单位应当向劳动者支付经济补偿；

6) 用人单位被吊销营业执照、责令关闭、撤销或者用人单位决定提前解散的。依照本项规定终止劳动合同的，用人单位应当向劳动者支付经济补偿；

7) 法律、行政法规规定的其他情形。

（10）集体合同的内容与订立

集体合同的主要内容包括劳动报酬、工作时间、休息休假、劳动安全卫生、保险福利等事项，也可以就劳动安全卫生、女职工权益保护、工资调整机制等事项订立专项集体合同。

集体合同由工会代表职工与企业（用人单位）签订；没有建立工会的企业（用人单位），由职工推举的代表与企业（用人单位）签订。

（11）集体合同的效力

依法签订的集体合同对企业和企业全体职工具有约束力。职工个人与企业订立的劳动合同中劳动条件和劳动报酬等标准不得低于集体合同的规定。

（12）集体合同争议的处理

用人单位违反集体合同，侵犯职工劳动权益的，工会可以依法要求用人单位承担责任。因履行集体合同发生争议，经协商解决不成的，工会或职工协商代表可以自劳动争议发生之日起 1 年内向劳动争议仲裁委员会申请劳动仲裁；对劳动仲裁结果不服的，可以自收到仲裁裁决书之日起 15 日内向人民法院提起诉讼。

### 2. 《劳动法》关于劳动安全卫生的有关规定

（1）法规相关条文

《劳动法》关于劳动安全卫生的条文是第 52 条～第 57 条。

（2）劳动安全卫生

劳动安全卫生又称劳动保护，是指直接保护劳动者在劳动中的安全和健康的法律保护。

根据《劳动法》的有关规定，用人单位和劳动者应当遵守如下有关劳动安全卫生的法律规定：

1）用人单位必须建立、健全劳动安全卫生制度，严格执行国家劳动安全卫生规程和标准，对劳动者进行劳动安全卫生教育，防止劳动过程中的事故，减少职业危害。

2）劳动安全卫生设施必须符合国家规定的标准。

新建、改建、扩建工程的劳动安全卫生设施必须与主体工程同时设计、同时施工、同时投入生产和使用。

3）用人单位必须为劳动者提供符合国家规定的劳动安全卫生条件和必要的劳动防护用品，对从事有职业危害作业的劳动者应当定期进行健康检查。

4）从事特种作业的劳动者必须经过专门培训并取得特种作业资格。

5）劳动者在劳动过程中必须严格遵守安全操作规程。劳动者对用人单位管理人员违章指挥、强令冒险作业，有权拒绝执行；对危害生命安全和身体健康的行为，有权提出批评、检举和控告。

# 二、工 程 材 料

工程材料有多种分类方法，按化学成分分类见表 2-1。

工程材料按化学成分分类　　　　　表 2-1

| 分类 | | | 举例 |
|---|---|---|---|
| 无机材料 | 非金属材料 | 天然石材 | 砂子、石子、各种岩石加工的石材等 |
| | | 烧土制品 | 黏土砖、瓦、空心砖、陶瓷马赛克、瓷器等 |
| | | 胶凝材料 | 石灰、石膏、水玻璃、水泥等 |
| | | 玻璃及熔融制品 | 玻璃、玻璃棉、岩棉、铸石等 |
| | | 混凝土及硅酸盐制品 | 普通混凝土、砂浆及硅酸盐制品等 |
| | 金属材料 | 黑色金属 | 钢、铁、不锈钢等 |
| | | 有色金属 | 铝、铜等及其合金 |
| 有机材料 | | 植物材料 | 木材、竹材、植物纤维及其制品 |
| | | 沥青材料 | 石油沥青、煤沥青、沥青制品 |
| | | 合成高分子材料 | 塑料、涂料、胶粘剂、合成橡胶等 |
| 复合材料 | | 金属材料与非金属材料复合 | 钢筋混凝土、预应力混凝土、钢纤维混凝土等 |
| | | 非金属材料与有机材料复合 | 玻璃纤维增强塑料、聚合物混凝土、沥青混合料、水泥刨花板等 |
| | | 金属材料与有机材料复合 | 轻质金属夹心板 |

## （一）无机胶凝材料

### 1. 无机胶凝材料的分类及特性

胶凝材料也称为胶结材料，是用来把块状、颗粒状或纤维状材料粘结为整体的材料。无机胶凝材料也称为矿物胶凝材料，是胶凝材料的一大类别，其主要成分是无机化合物，如水泥、石膏、石灰等均属无机胶凝材料。

按照硬化条件的不同，无机胶凝材料分为气硬性胶凝材料和水硬性胶凝材料两类。前者如石灰、石膏、水玻璃等，后者如水泥。

气硬性胶凝材料只能在空气中凝结、硬化、保持和发展强度，一般只适用于干燥环境，不宜用于潮湿环境与水中。

水硬性胶凝材料既能在空气中硬化，也能在水中凝结、硬化、保持和发展强度，既适用于干燥环境，又适用于潮湿环境与水中工程。

### 2. 通用水泥的品种特性及应用

水泥是一种加水拌合成塑性浆体，能胶结砂、石等材料，并能在空气和水中硬化的粉状水硬性胶凝材料。

水泥的品种很多。用于一般土木建筑工程的水泥为通用水泥，是通用硅酸盐水泥的简称，是以硅酸盐水泥熟料和适量的石膏，以及规定的混合材料制成的水硬性胶凝材料。通用水泥的品种、特性及应用范围见表2-2。

通用水泥的品种、特性及应用范围　　　　表2-2

| 名称 | 硅酸盐水泥 | 普通硅酸盐水泥 | 矿渣硅酸盐水泥 | 火山灰质硅酸盐水泥 | 粉煤灰硅酸盐水泥 | 复合硅酸盐水泥 |
|---|---|---|---|---|---|---|
| 主要特性 | 1. 早期强度高；<br>2. 水化热高；<br>3. 抗冻性好；<br>4. 耐热性差；<br>5. 耐腐蚀性差；<br>6. 干缩小；<br>7. 抗碳化性好 | 1. 早期强度较高；<br>2. 水化热较高；<br>3. 抗冻性较好；<br>4. 耐热性较差；<br>5. 耐腐蚀性较差；<br>6. 干缩性较小；<br>7. 抗碳化性较好 | 1. 早期强度低，后期强度高；<br>2. 水化热较低；<br>3. 抗冻性较差；<br>4. 耐热性较好；<br>5. 耐腐蚀性好；<br>6. 干缩性较大；<br>7. 抗碳化性较差；<br>8. 抗渗性差 | 1. 早期强度低，后期强度高；<br>2. 水化热较低；<br>3. 抗冻性较差；<br>4. 耐热性较差；<br>5. 耐腐蚀性好；<br>6. 干缩性大；<br>7. 抗碳化性较差；<br>8. 抗渗性好 | 1. 早期强度低，后期强度高；<br>2. 水化热较低；<br>3. 抗冻性较差；<br>4. 耐热性较差；<br>5. 耐腐蚀性好；<br>6. 干缩性较大；<br>7. 抗碳化性较差；<br>8. 抗裂性好 | 1. 早期强度稍低；<br>2. 其他性能同矿渣硅酸盐水泥 |
| 适用范围 | 1. 高强混凝土及预应力混凝土工程；<br>2. 早期强度要求高的工程及冬期施工的工程；<br>3. 严寒地区遭受反复冻融作用的混凝土工程 | 与硅酸盐水泥基本相同 | 1. 大体积混凝土工程；<br>2. 高温车间和有耐热要求的混凝土结构；<br>3. 蒸汽养护的构件；<br>4. 耐腐蚀要求高的混凝土工程 | 1. 地下、水中大体积混凝土结构；<br>2. 有抗渗要求的工程；<br>3. 蒸汽养护的构件；<br>4. 耐腐蚀要求高的混凝土工程 | 1. 地上、地下及水中大体积混凝土结构；<br>2. 蒸汽养护的构件；<br>3. 抗裂性要求较高的构件；<br>4. 耐腐蚀要求高的混凝土工程 | 可参照矿渣硅酸盐水泥、火山灰质硅酸盐水泥、粉煤灰硅酸盐水泥，但其性能受所用混合材料性能的影响，所以使用时应针对工程的性质加以选用 |

## （二）混凝土及砂浆

### 1. 混凝土的分类、组成材料及特性

（1）混凝土的分类

混凝土是以胶凝材料、粗细骨料及其他外掺材料按适当比例拌制、成型、养护、硬化而成的人工石材。通常将水泥、矿物掺合材料、粗细骨料、水和外加剂按一定的比例配制而成的、干表观密度为 $2000\sim2800kg/m^3$ 的混凝土称为普通混凝土。

普通混凝土可以从不同角度进行分类。

1）按用途分为结构混凝土、抗渗混凝土、抗冻混凝土、大体积混凝土、水工混凝土、耐热混凝土、耐酸混凝土、装饰混凝土等。

2) 按强度等级分为普通强度混凝土（<C60）、高强混凝土（≥C60）、超高强混凝土（≥C100）。

3) 按施工工艺分为喷射混凝土、泵送混凝土、碾压混凝土、压力灌浆混凝土、离心混凝土、真空脱水混凝土。

普通混凝土广泛用于建筑、桥梁、道路、水利、码头、海洋等工程。

（2）混凝土的组成材料

混凝土的组成材料有水泥、砂、石子、水、外加剂或掺合料。前四种材料是组成混凝土所必需的材料，后两种材料可根据混凝土性能的需要有选择性地添加。

1) 水泥

水泥是混凝土组成材料中最重要的材料，也是影响混凝土强度、耐久性最重要的影响因素。

水泥品种应根据工程性质与特点、所处的环境条件、施工所处条件及水泥特性合理选择。配制一般的混凝土可以选用硅酸盐水泥、普通硅酸盐水泥、矿渣硅酸盐水泥、火山灰质硅酸盐水泥及粉煤灰硅酸水泥、复合硅酸盐水泥等通用水泥。

水泥强度等级的选择应根据混凝土强度的要求来确定，低强度混凝土应选择低强度等级的水泥，高强度混凝土应选择高强度等级的水泥。一般情况下，中、低强度的混凝土（≤C30），水泥强度等级为混凝土强度等级的1.5～2.0倍；高强度混凝土，水泥强度等级与混凝土强度等级之比可小于1.5，但不能低于0.8。

2) 细骨料

细骨料是指粒径小于4.75mm的岩石颗粒，通常称为砂。根据生产过程特点不同，砂可分为天然砂、人工砂和混合砂。天然砂包括河砂、湖砂、山砂和海砂。混合砂是天然砂与人工砂按一定比例组合而成的砂。

配制混凝土的砂要求清洁不含杂质。

3) 粗骨料

粗骨料是指粒径大于4.75mm的岩石颗粒，通常称为石子。其中天然形成的石子称为卵石，人工破碎而成的石子称为碎石。

粗骨料的最大粒径、颗粒级配、强度、坚固性、针片状颗粒含量、含泥量和泥块含量、有害物质含量应符合国家标准规定。

4) 水

混凝土用水包括混凝土拌制用水和养护用水。按水源不同分为饮用水、地表水、地下水、海水及经处理过的工业废水。地表水和地下水常溶有较多的有机质和矿物盐类；海水中含有较多硫酸盐，会降低混凝土后期强度，且影响抗冻性，同时，海水中含有大量氯盐，对混凝土中钢筋锈蚀有加速作用。

混凝土用水应优先采用符合国家标准的饮用水。在节约用水，保护环境的原则下，鼓励采用检验合格的中水（净化水）拌制混凝土。

（3）混凝土的特性

混凝土被广泛应用于建筑工程、道路桥梁工程、水利工程等工程建设领域，既可用于大气中，也可用于地下；既可用于陆地，也可用于水中；既能用于热带，也可用于寒带。之所以如此，与其特性是分不开的。

1）强度高。硬化后的混凝土具有较高的强度，与天然石材一样坚硬、耐磨、耐风化和经久耐用，而且根据需要可以配制成强度等物理力学性质不同的材料，以满足工程的不同要求。

2）可塑性好。未凝固的混凝土拌合物是流塑体，具有良好的可塑性，因而可以根据建筑物的要求，浇制成各种形状和不同尺寸的构件或结构物。

3）复合力强。混凝土与其他材料的复合力强，可以与钢筋复合成钢筋混凝土，与各种纤维复合成纤维混凝土，与树脂复合成聚合物混凝土。

4）耐火性好。混凝土具有很好的耐火性。在钢筋混凝土中，由于钢筋得到了混凝土保护层的保护，其耐火能力要比钢结构强。

5）成本低廉。组成混凝土的原材料中，占总量85%~90%的是砂和石，它们可就地取材，成本低。水泥的原料主要是石灰石和黏土，也极为丰富。

6）非均匀性。混凝土是一种非均质材料，抗压强度高，抗冲击、抗折、抗拉强度低，但这一缺陷可以采用钢筋混凝土或与其他材料复合来弥补改善。

7）施工工期长。混凝土浇灌后，需要在一定的温度条件下，经过相当长时间的养护硬化才可能具有一定的强度。在正常情况下，需经28d才能达到设计强度，并承受外荷载。在冬期施工时，还应采取相应的保温、促凝措施，才能保证强度增长。

8）干缩性大。混凝土拌合物在干燥的大气中硬化会产生收缩，如果混凝土的收缩值大于其极限收缩值，就会使结构物产生裂缝。混凝土在荷载的长期作用下，顺着荷载的作用方向，会产生塑性变形，而且要经过很长时间变形才会稳定，对于预应力混凝土结构物，将会引起预应力的损失。

9）水化热高。水泥在水化过程中会产生水化热。对于大体积混凝土，由于水化热会产生温度应力，当温度应力超过一定范围时，就会使混凝土产生裂缝。

10）密度大。普通混凝土的密度较大，一般都达到2400kg/m³以上。

**2. 砂浆的分类、组成材料及特性**

（1）砂浆的分类及特性

砂浆是由胶凝材料、细骨料、掺加料和水配制而成的建筑工程材料。

根据所用胶凝材料的不同，砂浆可分为水泥砂浆、石灰砂浆和混合砂浆（包括水泥石灰砂浆、水泥黏土砂浆、石灰黏土砂浆、石灰粉煤灰砂浆等）等。根据用途又分为砌筑砂浆和抹面砂浆。抹面砂浆包括普通抹面砂浆、装饰抹面砂浆、特种砂浆（如防水砂浆、耐酸砂浆、绝热砂浆、吸声砂浆等）。

水泥砂浆强度高、耐久性和耐火性好，但其流动性和保水性差，施工相对较困难，常用于地下结构或经常受水侵蚀的砌体部位。

混合砂浆强度较高，且耐久性、流动性和保水性均较好，便于施工，容易保证施工质量，是砌体结构房屋中常用的砂浆。

石灰砂浆强度较低，耐久性差，但流动性和保水性较好，可用于砌筑较干燥环境下的砌体。黏土石灰砂浆强度低，耐久性差，一般用于临时建筑或简易房屋中。

（2）砂浆的组成材料

砂浆的组成材料包括胶凝材料、细骨料、掺加料和水。

1）胶凝材料

砂浆的胶凝材料主要包括水泥、石灰和石膏。

砌筑砂浆主要的胶凝材料是水泥，常用的水泥种类有通用硅酸盐水泥或砌筑水泥。砌筑砂浆用水泥的强度等级应根据砂浆品种及强度等级的要求进行选择。M15及以下强度等级的砌筑砂浆宜选用32.5级通用硅酸盐水泥或砌筑水泥；M15以上强度等级的砌筑砂浆宜选用42.5级通用硅酸盐水泥。

2）细骨料

砌筑砂浆常用的细骨料为普通砂。除毛石砌体宜选用粗砂外，其他一般宜选用中砂。

3）水

拌合砂浆用水应符合现行行业标准《混凝土用水标准》JGJ 63—2006的规定。应选用不含有害杂质的洁净水来拌制砂浆。

4）掺加料

为了改善砂浆的和易性和节约水泥，可在砂浆中加入一些无机掺加料，如石灰膏、电石膏、粉煤灰等。

5）外加剂

为了使砂浆具有良好的和易性及其他施工性能，可在砂浆中掺入某些外加剂，如有机塑化剂、引气剂、早强剂、缓凝剂、防冻剂等。

## （三）石材、砖和砌块

### 1. 砌筑用石材的分类及应用

石材按加工后的外形规则程度分为料石和毛石两类。而料石又可分为细料石、粗料石和毛料石。

细料石通过细加工、外形规则，叠砌面凹入深度不应大于10mm，截面的宽度、高度不应小于200mm，且不应小于长度的1/4。

粗料石规格尺寸同细料石，但叠砌面凹入深度不应大于20mm。

毛料石外形大致方正，一般不加工或稍加修整，高度不应小于200mm，叠砌面凹入深度不应大于25mm。

毛石指形状不规则，中部厚度不小于200mm的石材。

石材抗压强度高，抗冻性、抗水性及耐久性均较好，主要用于建筑物基础、挡土墙等，也可用于建筑物墙体。

### 2. 砖的分类及应用

砌墙砖按规格、孔洞率及孔的大小，分为普通砖、多孔砖和空心砖；按工艺不同又分为烧结砖和非烧结砖。

（1）烧结砖

1）烧结普通砖

以煤矸石、页岩、粉煤灰或黏土为主要原料，经成型、焙烧而成的实心砖，称为烧结普通砖。

烧结普通砖的标准尺寸是 240mm×115mm×53mm。

烧结普通砖主要用于砌筑建筑物的内墙、外墙、柱、烟囱和窑炉。

2）烧结多孔砖

烧结多孔砖是以煤矸石、页岩、粉煤灰或黏土为主要原料，经成型、焙烧而成的，孔洞率不大于35%的砖。

烧结多孔砖的外形为直角六面体。典型烧结多孔砖规格有 190mm×190mm×90mm（M 型）和 240mm×115mm×90mm（P 型）两种。

烧结多孔砖可以用于承重墙体。

3）烧结空心砖

烧结空心砖是以黏土、页岩、煤矸石等为主要原料，经焙烧制成的孔洞率≥35%的砖。

烧结空心砖的规格有 290mm×190（140）mm×90mm，240mm×180（175）mm×115mm。

烧结空心砖主要用作非承重墙，如多层建筑内隔墙或框架结构的填充墙等。

（2）非烧结砖

不经焙烧而制成的砖均为非烧结砖。目前非烧结砖主要有蒸养砖、蒸压砖、碳化砖等，根据生产原材料区分主要有灰砂砖、粉煤灰砖、炉渣砖、混凝土砖等。

蒸压灰砂砖是以石灰等钙质材料和砂等硅质材料为主要原料，经坯料制备、压制成型、高压蒸汽养护而成的实心砖。蒸压灰砂砖的尺寸规格为 240mm×115mm×53mm。它主要用于工业与民用建筑的墙体和基础。

蒸压粉煤灰砖是以石灰、消石灰（如电石渣）或水泥等钙质材料与粉煤灰等硅质材料及集料（砂等）为主要原料，掺加适量石膏，经坯料制备、压制排气成型、高压或常压蒸汽养护而成的实心砖。粉煤灰砖的尺寸规格为 240mm×115mm×53mm。蒸压粉煤灰砖可用于工业与民用建筑的基础和墙体。

蒸压炉渣砖是以煤燃烧后的残渣为主要原料，配以一定数量的石灰和少量石膏，经加水搅拌混合、压制成型、蒸养或蒸压养护而制成的实心砖。炉渣砖的外形尺寸同普通黏土砖为 240mm×115mm×53mm。炉渣砖可用于一般工业与民用建筑的墙体和基础。

混凝土普通砖是以水泥和普通骨料或轻骨料为主要原料，经原料制备、加压或振动加压、养护而制成。其规格与黏土实心砖相同，用于工业与民用建筑基础和承重墙体。

混凝土多孔砖是以水泥为胶结材料，与砂、石（轻集料）等经加水搅拌、成型和养护而制成的一种具有多排小孔的混凝土制品。产品主规格尺寸为 240mm×115mm×90mm。

### 3. 砌块的分类及应用

砌块按产品主规格的尺寸，可分为大型砌块（高度大于980mm）、中型砌块（高度为380～980mm）和小型砌块（高度大于115mm、小于380mm）。按有无孔洞可分为实心砌块和空心砌块。空心砌块的空心率≥25%。

目前在国内推广应用较为普遍的砌块有蒸压加气混凝土砌块、混凝土小型空心砌块、石膏砌块等。

## （四）钢材

### 1. 钢材的分类及特性

（1）钢材的分类

钢材的分类方法很多，主要分类方法见表 2-3。

钢材的分类　　　　　　　　　　　　　　　表 2-3

| 分类方法 | 分类名称 | 说　明 |
|---|---|---|
| 按化学成分分 | 碳素钢 | 工业纯铁——含碳量 $w_C \leq 0.04\%$ 是指钢中除铁、碳外，还含有少量锰、硅、硫、磷等元素的铁碳合金，按其含碳量的不同，可分为：<br>（1）低碳钢——含碳量 $w_C \leq 0.25\%$；<br>（2）中碳钢——含碳量 $w_C$（$0.25\% < w_C < 0.6\%$）；<br>（3）高碳钢——含碳量 $w_C \geq 0.60\%$ |
| 按化学成分分 | 合金钢 | 为了改善钢的性能，在冶炼碳素钢的基础上，加入一些合金元素而炼成的钢，如铬钢、锰钢、铬锰钢、铬镍钢等。按其合金元素的总含量，可分为：<br>（1）低合金钢——合金元素的总含量 $\leq 5\%$；<br>（2）中合金钢——合金元素的总含量为 $5\% \sim 10\%$；<br>（3）高合金钢——合金元素的总含量 $>10\%$ |
| 按冶炼设备分 | 转炉钢 | 是指用转炉吹炼的钢，可分为底吹、侧吹、顶吹、空气吹炼、纯氧吹炼等转炉钢；根据炉衬的不同，又分为酸性和碱性两种 |
| 按冶炼设备分 | 平炉钢 | 是指用平炉炼制的钢，按炉衬材料的不同分为酸性和碱性两种，一般平炉钢多为碱性 |
| 按冶炼设备分 | 电炉钢 | 是指用电炉炼制的钢，有电弧炉钢、感应炉钢及真空感应炉钢等。工业上大量生产的是碱性电弧炉钢 |
| 按浇筑前的脱氧程度分 | 沸腾钢 | 属于脱氧不完全的钢，浇筑时钢锭模里产生沸腾现象。其优点是冶炼损耗少、成本低、表面质量及探冲性能好；缺点是成分和质量不均匀，抗腐蚀性和力学强度较差，一般用于轧制碳素结构钢的型钢和钢板 |
| 按浇筑前的脱氧程度分 | 镇静钢 | 属于脱氧完全的钢，浇筑时钢锭模里钢液镇静，没有沸腾现象。其优点是成分和质量均匀；缺点是金属的收得率低，成本较高。一般合金钢和优质碳素结构钢都为镇静钢 |
| 按浇筑前的脱氧程度分 | 半镇静钢 | 脱氧程度介于镇静钢和沸腾钢之间的钢，因生产较难控制，目前产量较少 |
| 按浇筑前的脱氧程度分 | 特殊镇静钢 | 脱氧程度比镇静钢更充分彻底，其质量最好，适用于特别重要的结构工程 |
| 按钢的质量分 | 普通钢 | 钢中含杂质元素较多，一般含硫量 $w_S \leq 0.055\%$，含磷量 $w_P \leq 0.045\%$，如碳素结构钢、低合金结构钢等 |
| 按钢的质量分 | 优质钢 | 钢中含杂质元素较少，含硫量 $w_S$ 及含磷量 $w_P$ 一般均小于等于 $0.04\%$，如优质碳素结构钢、合金结构钢、碳素工具钢和合金工具钢、弹簧钢、轴承钢等 |
| 按钢的质量分 | 高级优质钢 | 钢中含杂质元素极少，一般含硫量 $w_S \leq 0.03\%$，含磷量 $w_P \leq 0.035\%$，如合金结构钢和工具钢等。高级优质钢的钢号后面，通常加符号"A"或汉字"高"，以便识别 |

续表

| 分类方法 | 分类名称 | 说　明 |
|---|---|---|
| 按钢的用途分 | 结构钢 | 建筑及工程用结构钢简称建造用钢，是指建筑、桥梁、船舶、锅炉或其他工程上用于制作金属结构件的钢，如碳素结构钢、低合金钢、钢筋钢等；<br>机械制造用结构钢。是指用于制造机械设备上结构零件的钢。这类钢基本上都是优质钢或高级优质钢，主要有优质碳素结构钢、合金结构钢、易切结构钢、弹簧钢、轴承钢等 |
| 按钢的用途分 | 工具钢 | 一般用于制造各种工具，如碳素工具钢、合金工具钢、高速工具钢等。按其用途又可分为刃具钢、模具钢、量具钢 |
| 按钢的用途分 | 特殊钢 | 是指具有特殊性能的钢，如不锈耐酸钢、耐热不起皮钢、高电阻合金钢、耐磨钢等 |
| 按钢的用途分 | 专业用钢 | 是指各个工业部门用于专业用途的钢，如汽车用钢、农机用钢、航空用钢、化工机械用钢、锅炉用钢、电工用钢、焊条用钢、桥梁用钢等 |
| 按制造加工形式分 | 铸钢 | 是指采用铸造方法生产出来的一种钢铸件，主要用于制造一些形状复杂、难于锻造或切削加工成型而又有较高强度和塑性要求的零件 |
| 按制造加工形式分 | 锻钢 | 是指采用锻造方法生产出来的各种锻材的锻件。锻钢件的质量比铸钢件高，能承受大的冲击力，塑性、韧性和其他力学性能均高于铸钢件，所以重要的机器零件都应当采用锻钢件 |
| 按制造加工形式分 | 热轧钢 | 是指用热轧方法生产出来的各种钢材。热轧方法常用来生产型钢、钢管、钢板等大型钢材，也用于轧制线材 |
| 按制造加工形式分 | 冷轧钢 | 是指用冷轧方法生产出来的各种钢材。与热轧钢相比，冷轧钢的特点是表面光洁、尺寸精确、力学性能好。冷轧常用来轧制薄板、钢带和钢管 |
| 按制造加工形式分 | 冷拔钢 | 是指用冷拔方法生产出来的各种钢材。冷拔钢的特点是：精度高、表面质量好。冷拔方法主要用于生产钢丝，也用于生产直径在 50mm 以下的圆钢和六角钢，以及直径在 76mm 以下的钢管 |

注：1. 表中成分含量均指质量分数。
    2. $w_C$、$w_S$、$w_P$ 分别表示碳、硫、磷的质量分数。

(2) 钢号表示方法

① 碳素结构钢和低合金高强度结构钢

碳素结构钢和低合金高强度结构钢牌号通常由四部分组成：

第一部分：前缀符号＋强度值（以 $N/mm^2$ 或 MPa 为单位），其中通用结果为钢前缀符号代表屈服强度的拼音字母"Q"。

第二部分（必要时）：钢的质量等级，用英文字母 A、B、C、D、E、F……表示。

第三部分（必要时）：脱氧方式表示符号，即沸腾钢、半镇静钢、镇静钢、特殊镇静钢分别以"F""b""Z""TZ"表示，但镇静钢、特殊镇静钢表示符号通常可以省略。

第四部分（必要时）：产品用途、特性和工艺方法表示符号。

根据需要，低合金高强度结构钢的牌号也可以采用两位阿拉伯数字（表示平均含碳量，以万分之几计）及必要时加代表产品用途、特性和工艺方法的表示符号，按顺序表示。

例如：碳素结构钢牌号表示为：Q235AF、Q235BZ；低合金高强度结构钢牌号表示为：Q345C、Q345D。

Q235BZ 表示屈服点值≥235MPa、质量等级为 B 级的镇静碳素结构钢。

压力容器用钢牌号表示为"Q345R"；耐候钢牌号表示为 Q340NH；Q295HP 为焊接气瓶用钢牌号；Q390g 为锅炉用钢牌号；Q420q 为桥梁用钢牌号。

② 优质碳素结构钢和优质碳素弹簧钢

优质碳素结构钢牌号通常由五部分组成：

第一部分：以两位阿拉伯数字表示平均含碳量（以万分之几计）。

第二部分（必要时）：较高含锰量的优质碳素结构钢，加锰元素符号 Mn。

第三部分（必要时）：钢材冶金质量，即高级优质钢、特级优质钢分别以 A、E 表示，优质钢不用字母表示。

第四部分（必要时）：脱氧方式表示符号，即沸腾钢、半镇静钢、镇静钢、特殊镇静钢分别以 "F" "b" "Z" "TZ" 表示，但镇静钢表示符号通常可以省略；

第五部分（必要时）：产品用途、特性或工艺方法表示符号，见表2-4。

**优质碳素结构钢牌号组成** 表2-4

| 序号 | 产品名称 | 第一部分 | 第二部分 | 第三部分 | 第四部分 | 第五部分 | 牌号示例 |
|---|---|---|---|---|---|---|---|
| 1 | 优质碳素结构钢 | 碳含量：0.05%~0.11% | 锰含量：0.25%~0.50% | 优质钢 | 沸腾钢 | — | 08F |
| 2 | 优质碳素结构钢 | 碳含量：0.47%~0.55% | 锰含量：0.50%~0.80% | 高级优质钢 | 镇静钢 | — | 50A |
| 3 | 优质碳素结构钢 | 碳含量：0.48%~0.56% | 锰含量：0.70%~1.00% | 特级优质钢 | 镇静钢 | — | 50MnE |
| 4 | 保证淬透性用钢 | 碳含量：0.42%~0.50% | 锰含量：0.50%~0.85% | 高级优质钢 | 镇静钢 | 保证淬透性用钢表示符号"H" | 45AH |
| 5 | 优质碳素弹簧钢 | 碳含量：0.62%~0.70% | 锰含量：0.90%~1.20% | 优质钢 | 镇静钢 | — | 65Mn |

例如：平均含碳量为 0.08% 的沸腾钢，其牌号表示为 "08F"；平均含碳量为 0.10% 的半镇静钢，其牌号表示为 "10b"。

平均含碳量为 0.45% 的镇静钢，其牌号表示为 "45"。

平均含碳量为 0.50%，含锰量为 0.70%~1.00% 的钢，其牌号表示为 "50Mn"。

平均含碳量为 0.45% 的高级优质碳素结构钢，其牌号表示为 "45A"。

平均含碳量为 0.45% 的特级优质碳素结构钢，其牌号表示为 "45E"。

优质碳素弹簧钢牌号的表示方法与优质碳素结构钢牌号表示方法相同。

③ 合金结构钢和合金弹簧钢

合金结构钢牌号通常由四部分组成：

第一部分：以两位阿拉伯数字表示平均碳含量（以万分之几计）。

第二部分：合金元素含量，以化学元素符号及阿拉伯数字表示。具体表示方法为：平均含量小于 1.50% 时，牌号中仅标明元素，一般不标明含量；平均合金含量为 1.50%~2.49%、2.50%~3.49%、3.50%~4.49%、4.50%~5.49%……时，在合金元素后相应写成 2、3、4、5……。

第三部分：钢材冶金质量，即高级优质钢、特级优质钢分别以 A、E 表示，优质钢不用字母表示。

第四部分（必要时）：产品用途、特性或工艺方法表示符号。

例如：碳、铬、锰、硅的平均含量分别为 0.30%、0.95%、0.85%、1.05% 的合金结构钢，当 S、P 含量分别≤0.035% 时，其牌号表示为 "30CrMnSi"。

(3) 几种常用钢材的特性

1) 碳素钢

碳素钢是含碳量（$w_C$）小于 2% 的铁碳合金。碳钢除含碳外一般还含有少量的硅、锰、硫、磷。

按含碳量可以把碳钢分为低碳钢（$w_C$≤0.25%）、中碳钢（$w_C$=0.25%～0.6%）和高碳钢（$w_C$>0.6%）；按磷、硫含量可以把碳素钢分为普通碳素钢（含磷、硫较高）、优质碳素钢（含磷、硫较低）和高级优质钢（含磷、硫更低）。

一般碳钢中含碳量越高则硬度越高，强度也越高，但塑性较低。

2) 碳素结构钢

这类钢主要保证力学性能，故其牌号体现其力学性能。若牌号后面标注字母 A、B、C、D，则表示钢材质量等级不同，含 S、P 的量依次降低，钢材质量依次提高。若在牌号后面标注字母 "F" 则为沸腾钢，标注 "b" 为半镇静钢，不标注 "F" 或 "b" 者为镇静钢。

碳素结构钢一般情况下都不经热处理，而在供应状态下直接使用。通常 Q195、Q215、Q235 钢碳的质量分数低，焊接性能好，塑性、韧性好，有一定强度，常轧制成薄板、钢筋、焊接钢管等，用于桥梁、建筑等结构和制造普通铆钉、螺钉、螺母等零件。Q255 和 Q275 钢碳的质量分数稍高，强度较高，塑性、韧性较好，可进行焊接，通常轧制成型钢、条钢和钢板作结构件以及制造简单机械的连杆、齿轮、联轴节、销等零件。

3) 优质结构钢

这类钢必须同时保证化学成分和力学性能。其牌号是采用两位数字表示钢中平均碳的质量分数的万分数（$w_C$×10000）。如 45 钢表示钢中平均碳的质量分数为 0.45%；08 钢表示钢中平均碳的质量分数为 0.08%。

优质碳素结构钢主要用于制造机器零件。一般都要经过热处理以提高力学性能。根据碳的质量分数不同，有不同的用途。08、08F、10、10F 钢，塑性、韧性高，具有优良的冷成型性能和焊接性能，常冷轧成薄板，用于制作仪表外壳、汽车和拖拉机上的冷冲压件，如汽车身、拖拉机驾驶室等；15、20、25 钢用于制作尺寸较小、负荷较轻、表面要求耐磨、芯部强度要求不高的渗碳零件，如活塞销、样板等；30、35、40、45、50 钢经热处理（淬火+高温回火）后具有良好的综合力学性能，即具有较高的强度和较高的塑性、韧性，用于制作轴类零件，例如 40、45 钢常用于制造汽车、拖拉机的曲轴、连杆、一般机床主轴、机床齿轮和其他受力不大的轴类零件；55、60、65 钢热处理（淬火+中温回火）后具有高的弹性极限，常用于制作负荷不大、尺寸较小（截面尺寸小于 12～15mm）的弹簧，如调压和调速弹簧、柱塞弹簧、冷卷弹簧等。

4) 碳素工具钢

碳素工具钢是基本上不含合金元素的高碳钢，含碳量在 0.65%～1.35% 范围内，其生产成本低，原料来源易取得，切削加工性良好，处理后可以得到高硬度和高耐磨性，所以是被广泛采用的钢种，用来制造各种刃具、模具、量具。但这类钢的红硬性差，即当工作温度大于 250℃ 时，钢的硬度和耐磨性就会急剧下降而失去工作能力。另外，碳素工具钢如制成较大的零件则不易淬硬，而且容易产生变形和裂纹。

5）易切削结构钢

易切削结构钢是在钢中加入一些使钢变脆的元素，使钢切削时切屑易脆断成碎屑，从而有利于提高切削速度和延长刀具寿命。使钢变脆的元素主要是硫，在普通低合金易切削结构钢中使用了铅、碲、铋等元素。这种钢的含硫量在 0.08%～0.30% 范围内，含锰量在 0.60%～1.55% 范围内。钢中的硫和锰以硫化锰形态存在，硫化锰很脆并有润滑效能，从而使切屑容易碎断，并有利于提高加工表面的质量。

6）合金钢

在钢中除含有铁、碳和少量不可避免的硅、锰、磷、硫元素以外，还含有一定量的合金元素，钢中的合金元素有硅、锰、钼、镍、铬、钒、钛、铌、硼、铅、稀土等其中的一种或几种，这种钢叫合金钢。

7）普通低合金钢

普通低合金钢是一种含有少量合金元素（多数情况下其总量 $w$ 总不超过 3%）的普通合金钢。这种钢的强度比较高，综合性能比较好，并具有耐腐蚀、耐磨、耐低温以及较好的切削性能、焊接性能等。在大量节约稀缺合金元素（如镍、铬）条件下，通常 1t 普通低合金钢可代替 1.2～1.3t 碳素钢使用，其使用寿命和使用范围更是远远超过碳素钢。普通低合金钢可以用一般冶炼方法在平炉、转炉中冶炼，成本也和碳素钢接近。

8）工程结构用合金钢

工程和建筑结构用的合金钢，包括可焊接的高强度合金结构钢、合金钢筋钢、铁道用合金钢、地质石油钻探用合金钢、压力容器用合金钢、高锰耐磨钢等。这类钢常用作工程和建筑结构件，在合金钢中，这类钢合金含量总量较低，但生产、使用量较大。

9）机械结构用合金钢

这类钢是指适用于制造机器和机械零件的合金钢。它是在优质碳素钢的基础上，适当地加入一种或数种合金元素，用来提高钢的强度、韧性和淬透性。这类钢通常要经过热处理（如调质处理、表面硬化处理）后使用。主要包括常用的合金结构钢和合金弹簧钢两大类，其中包括调质处理的合金钢、表面硬化处理的合金钢（渗碳钢、氮化钢、表面高频淬火钢等）、冷塑性成型用合金钢（冷顶锻用钢、冷挤压用钢等）。按化学成分基本组成系列可分为 Mn 系钢、SiMn 系钢、Cr 系钢、CrMo 系钢、CrNiMo 系钢、Ni 系钢、B 系钢等。

10）合金结构钢

合金结构钢的含碳量 $w_c$ 比碳素结构钢低一些，一般在 0.15%～0.50% 的范围内。除含碳外，还含有一种或几种合金元素，如硅、锰、钒、钛、硼及镍、铬、钼等。

合金结构钢易于淬硬和不易变形或开裂，便于热处理且改善钢的性能。

合金结构钢广泛用于制造汽车、拖拉机、船舶、汽轮机、重型机床的各种传动件和紧固件。低碳合金钢一般进行渗碳处理，中碳合金钢一般进行调质处理。

## 2. 一般机械零件的选材原则

对于一般机械零件，其材料选用原则如下。

（1）使用性能原则

使用性能主要是指零件在使用状态下材料应该具有的力学性能、物理性能和化学性能。对大量机器零件和工程构件，主要是力学性能。对一些特殊条件下工作的零件，则必须根据要求考虑到材料的物理、化学性能。使用性能是保证零件完成规定功能的必要条件。在大多数情况下，它是选材首先要考虑的问题。

（2）工艺性能原则

材料的工艺性能是指材料能够适应加工工艺要求的能力。对金属材料按工艺方法不同，可分为铸造性、可锻性、可焊性、切削加工性和热处理工艺性。机械零件一般都要采用这些工艺方法中的一种或几种。因此，在设计零件和选择工艺方法时，都要考虑材料的工艺性能。材料能否适应这些加工工艺的要求，是决定它能否进行加工或如何进行加工的重要因素。例如，灰口铸铁铸造性能较好，不能锻造，可焊性很差，故只能用铸造方法制造零件；低碳钢的可锻性、焊接性都很好，所以可轧制成各种型材和用焊接方法制造各种金属结构。

在单件小批生产的条件下，材料可切削加工性的好坏，并不显得突出，但在成批大量生产条件下，切削加工性能可能成为决定性的因素。

（3）经济性原则

材料的经济性是选材的根本原则之一。采用尽可能便宜的材料，把总成本降至最低，取得最大的经济效益，使产品在市场上具有最强的竞争力。

# 三、工程图识读

## （一）三视图

### 1. 三视图的形成

如图 3-1 所示，为三个相互垂直的投影面，正投影面 V（简称正面）、水平投影面 H（简称水平面）、侧投影面 W（简称侧面），每两投影面的交线称为投影轴，分别用 $O_X$、$O_Y$、$O_Z$ 表示，三轴的交点 O 称为原点。

将物体放在三个投影面中间，并分别向三个投影面进行投影，得到了物体的三面投影，也叫三视图。

主视图——从物体的前方向后投影，在投影面上所得到的视图。

俯视图——从物体的上方向下投影，在水平投影面上所得到的视图。

左视图——从物体的左侧向右侧投影，在侧投影面得到的视图。

为了画图和看图的方便，假想将三个投影面展开、摊平在同一平面上，并且规定：V 面保持不动，H 面绕 X 轴向下转 90°，W 面绕 Z 轴向后转 90°，这样 V、H 和 W 三个投影面就摊在了同一平面上，最后得到图 3-2 所示的三视图。

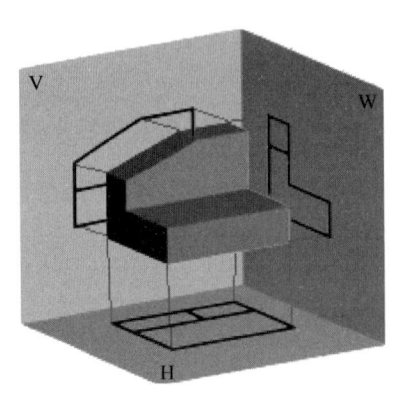

图 3-1　三投影面体系

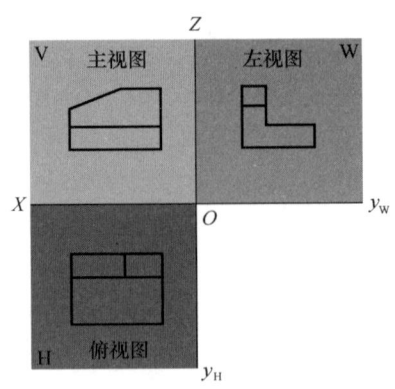

图 3-2　三视图

### 2. 三视图的投影规律

在形体的三视图中，主视图反映了物体的左右、上下方向及长度、高度；俯视图反映了物体的左右、前后方向及长度、宽度；左视图反映了物体的上下、前后方向及宽度、高度。三视图的投影规律可归纳为（图 3-3）：

主、俯视图长对正；

主、左视图高平齐；

俯、左视图宽相等；

不仅整个物体的三视图符合长对正、高平齐、宽相等的投影规律，而且物体上的每一组成部分的三个投影也要符合投影规律。同时，三个视图还反映了物体上、下、左、右、前、后六个方位。

主视图反映了物体上、下、左、右的方位；

俯视图反映了物体前、后、左、右的方位；

左视图反映了物体上、下、前、后的方位。

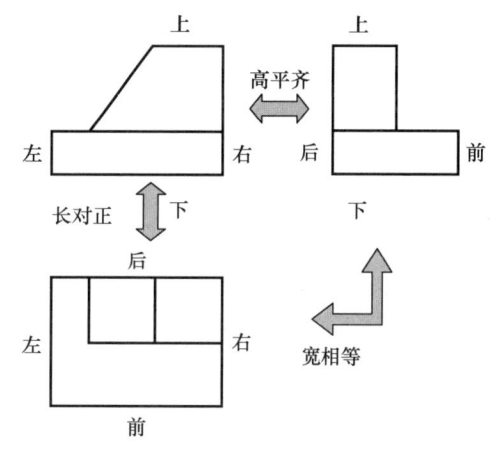

图 3-3　三视图的投影规律

## （二）房屋建筑施工图的基本知识

房屋建筑施工图是指利用正投影的方法把所设计房屋的大小、外部形状、内部布置和室内装修，以及各部分结构、构造、设备等的做法，按照建筑制图国家标准规定绘制的工程图样。它是工程设计阶段的最终成果，同时又是工程施工、监理和计算工程造价的主要依据。

按照内容和作用不同，房屋建筑施工图分为建筑施工图（简称"建施"）、结构施工图（简称"结施"）和设备施工图（简称"设施"）。通常，一套完整的施工图还包括图纸目录、设计总说明（即首页）。

图纸目录列出所有图纸的专业类别、总张数、排列顺序、各张图纸的名称、图样幅面等，以方便翻阅查找。

设计总说明包括施工图设计依据、工程规模、建筑面积、相对标高与总平面图绝对标高的对应关系、室内外的用料和施工要求说明、采用新技术和新材料或有特殊要求的做法说明、选用的标准图以及门窗表等。设计总说明的内容也可在各专业图纸上写成文字说明。

### 1. 房屋建筑施工图的作用及组成

（1）建筑施工图的组成及作用

建筑施工图一般包括建筑设计说明、建筑总平面图、平面图、立面图、剖面图及建筑详图等。其中，平面图、立面图和剖面图是建筑施工图中最重要、最基本的图样，称为基本建筑图。

各图样的作用分别是：

建筑设计说明主要说明装修做法和门窗的类型、数量、规格、采用的标准图集等情况。

建筑总平面图也称总图，用以表达建筑物的地理位置和周围环境，是新建房屋及构筑物施工定位，规划设计水、暖、电等专业工程总平面图及施工总平面图设计的依据。

建筑平面图主要用来表达房屋平面布置的情况，包括房屋平面形状、大小、房间布置，墙或柱的位置、大小、厚度和材料，门窗的类型和位置等，是施工备料、放线、砌墙、安装门窗及编制概预算的依据。

建筑立面图主要用来表达房屋的外部造型、门窗位置及形式、外墙面装修、阳台、雨篷等部分的材料和做法等，在施工中是外墙面造型、外墙面装修、工程概预算、备料等的依据。

建筑剖面图主要用来表达房屋内部垂直方向的高度、楼层分层情况及简要的结构形式和构造方式，是施工、编制概预算及备料的重要依据。

因为建筑物体积较大，建筑平面图、立面图、剖面图常采用缩小的比例绘制，所以房屋上许多细部的构造无法表示清楚，为了满足施工的需要，必须分别将这些部位的形状、尺寸、材料、做法等用较大的比例画出，这些图样就是建筑详图。

(2) 结构施工图的组成及作用

结构施工图一般包括结构设计说明、结构平面布置图和结构详图三部分，主要用以表示房屋骨架系统的结构类型、构件布置、构件种类、数量、构件的内部构造和外部形状、大小，以及构件间的连接构造。施工放线、开挖基坑（槽）、施工承重构件（如梁、板、柱、墙、基础、楼梯等）主要依据结构施工图。

结构设计说明是带全局性的文字说明，它包括设计依据，工程概况，自然条件，选用材料的类型、规格、强度等级，构造要求，施工注意事项，选用标准图集等。主要针对图形不容易表达的内容，利用文字或表格加以说明。

结构平面布置图是表示房屋中各承重构件总体平面布置的图样，一般包括：基础平面布置图、楼层结构布置平面图、屋顶结构平面布置图。

结构详图是为了清楚地表示某些重要构件的结构做法，而采用较大的比例绘制的图样，一般包括：梁、柱、板及基础结构详图，楼梯结构详图，屋架结构详图，其他详图（如天沟、雨篷、过梁等）。

(3) 设备施工图的组成及作用

设备施工图可按工种不同再分成给水排水施工图（简称水施图）、供暖通风与空调施工图（简称暖施图）、电气设备施工图（简称电施图）等。设备施工图主要表达房屋给水排水、供电照明、供暖通风、空调、燃气等设备的布置和施工要求等。

建筑设备施工图通常包括原理图、平面图、剖面图、系统轴测图、详图，此外一般还有设计说明、主要设备材料表。

设计说明是工程设计的重要组成部分，它包括对整个设计的总体描述，如设计条件、方案选择、安装调试要求、执行的标准等，以及对设计图样中没有表达或表达不清晰内容的补充说明等。

主要设备表通常包括设备名称、型号规格、件数等；材料表通常包括材料名称、规格、单位、数量等。

原理图又称流程图、系统图，是工程设计图中重要的图样，它表达系统的工艺流程，应表示出设备和管道间的相对关系以及过程进行的顺序，不按比例和投影规则绘制。当系统较简单、轴测图能清楚表达系统的流程或位置关系时，可省略原理图。

平面图包括建筑物各层供暖、通风、空调系统、照明电气的平面图、空调机房平面图、冷热源机房平面图等。平面图反映各设备、风管、风口、水管、配电线路等安装平面位置与建筑平面之间的相互关系。

剖面图是为了说明平面图难以表达的内容而绘制的，常见的有空调机房剖面图、冷冻机房剖面图、锅炉房剖面图等，用于说明立管复杂、部件多以及设备、管道、风口等纵横交错时垂直方向上的定位尺寸。当系统较简单、轴测图能清楚表达系统的流程或位置关系时，可全部或部分省略剖面图。

常见的系统轴测图有供暖水系统轴测图、空调风系统轴测图、空调冷冻水系统轴测图、冷却水系统轴测图等，其主要作用是从总体上表明系统的构成情况，包括系统中设备、配件的型号、尺寸、数量以及连接于各设备之间的管道在空间的曲折、交叉、走向和尺寸等。

建筑设备工程中常用的详图有：设备、管道安装的节点详图，如热力入口大样详图、散热器安装详图；设备、管道的加工详图；设备、部件的基础结构详图，如水泵的基础、冷水机组的基础。

### 2. 房屋建筑施工图的图示特点

房屋建筑施工图的图示特点主要体现在以下几方面：

（1）施工图中的各图样用正投影法绘制。一般在水平投影面 H 面上作平面图，在正立投影面 V 面上作正、背立面图，在侧立投影面 W 面上作剖面图或侧立面图。平面图、立面图、剖面图是建筑施工图中最基本、最重要的图样，在图纸幅面允许时，最好将其画在同一张图纸上，以便阅读。

（2）由于房屋形体较大，施工图一般都用较小比例绘制，但对于其中需要表达清楚的节点、剖面等部位，则用较大比例的详图来表现。

（3）房屋建筑的构、配件和材料种类繁多，为作图简便，国家标准采用一系列图例来代表建筑构配件、卫生设备、建筑材料等。为方便读图，国家标准还规定了许多标注符号，构件的名称应用代号表示。

### 3. 制图标准相关规定

（1）常用建筑材料图例和常用构件代号

常用建筑材料图例见表 3-1。

常用建筑材料图例  表 3-1

| 序 号 | 名 称 | 图 例 | 备 注 |
|---|---|---|---|
| 1 | 自然土壤 |  | 包括各种自然土壤 |
| 2 | 夯实土壤 | 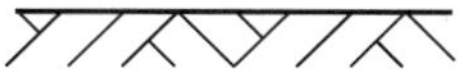 | |
| 3 | 砂、灰土 | 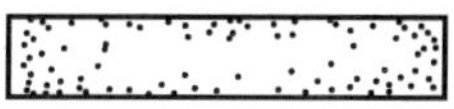 | |

续表

| 序号 | 名称 | 图例 | 备注 |
|---|---|---|---|
| 4 | 砂砾石、碎砖三合土 | 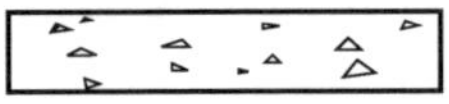 | |
| 5 | 石材 | 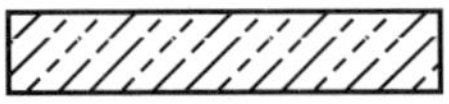 | |
| 6 | 毛石 | 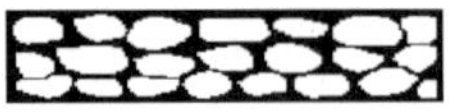 | |
| 7 | 普通砖 | 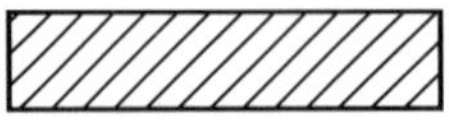 | 包括实心砖、多孔砖、砌块等砌体。断面较窄不易绘出图例线时,可涂红,并在图纸备注中加注说明,画出该材料图例 |
| 8 | 空心砖 |  | 指非承重砖砌体 |
| 9 | 饰面砖 |  | 包括铺地砖、陶瓷锦砖、人造大理石等 |
| 10 | 焦渣、矿渣 | 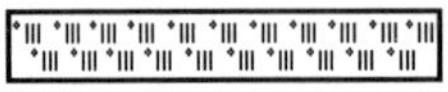 | 包括与水泥、石灰等混合而成的材料 |
| 11 | 混凝土 |  | 1. 本图例指能承重的混凝土及钢筋混凝土;<br>2. 包括各种强度等级、骨料、添加剂的混凝土;<br>3. 在剖面图上画出钢筋时,不画图例线;<br>4. 断面图形小,不易画出图例线时,可涂黑 |
| 12 | 钢筋混凝土 |  | |
| 13 | 木材 | 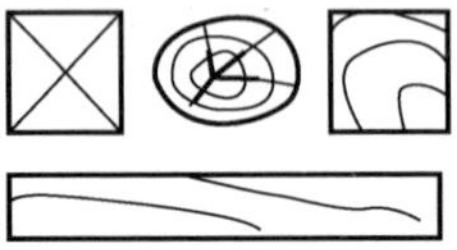 | 1. 上图为横断面,左上图为垫木、木砖或木龙骨;<br>2. 下图为纵断面 |
| 14 | 金属 |  | 1. 包括各种金属;<br>2. 应注明具体材料名称 |
| 15 | 玻璃 |  | 包括平板玻璃、磨砂玻璃、夹丝玻璃、钢化玻璃、中空玻璃、夹层玻璃、镀膜玻璃等 |
| 16 | 防水材料 |  | 构造层次多或比例较大时,采用上图例 |
| 17 | 粉刷材料 |  | |

(2) 图线

建筑专业制图的图线分别见表 3-2。

### 建筑专业制图的线型及其应用　　　　　　　　　　表 3-2

| 名称 | | 线型 | 线宽 | 用途 |
|---|---|---|---|---|
| 实线 | 粗 | —————— | $b$ | 1. 平、剖面图中被剖切的主要建筑构造（包括构配件）的轮廓线；<br>2. 建筑立面图或室内立面图的外轮廓线；<br>3. 建筑构造详图中被剖切的主要部分的轮廓线；<br>4. 建筑构配件详图中的外轮廓线；<br>5. 平、立、剖面图中的剖切符号 |
| 实线 | 中粗 | —————— | $0.7b$ | 1. 平、剖面图中被剖切的次要建筑构造（包括构配件）的轮廓线；<br>2. 建筑平、立、剖面图中建筑构配件的轮廓线；<br>3. 建筑构造详图及建筑构配件详图中的一般轮廓线 |
| | 中 | —————— | $0.5b$ | 小于 $0.7b$ 的图形线、尺寸线、尺寸界线、索引符号、标高符号、详图材料做法引出线、粉刷线、保温层线、地面、墙面的高差分界线等 |
| | 细 | —————— | $0.25b$ | 图例填充线、家具线、纹样线等 |
| 虚线 | 中粗 | － － － － － | $0.7b$ | 1. 建筑构造详图及建筑构配件不可见轮廓线；<br>2. 平面图中起重机（吊车）轮廓线；<br>3. 拟建、扩建建筑物轮廓线 |
| | 中 | － － － － － | $0.5b$ | 小于 $0.5b$ 的不可见轮廓线、投影线 |
| | 细 | － － － － － | $0.25b$ | 图例填充线、家具线 |
| 单点长画线 | 粗 | ▬ · ▬ · ▬ · ▬ | $b$ | 起重机（吊车）轨道线 |
| | 细 | — · — · — · — | $0.25b$ | 中心线、对称线、定位轴线 |
| 折断线 | 细 | ——/\—— | $0.25b$ | 部分省略表示时的断开界线 |
| 波浪线 | 细 | ∼∼∼∼∼ | $0.25b$ | 部分省略表示时的断开界线，曲线形构件断开界线、构造层次的断开界线 |

注：地平线宽可用 $1.4b$。

（3）尺寸标注

图样上的尺寸，应包括尺寸界线、尺寸线、尺寸起止符号和尺寸数字四个要素，如图 3-4 所示。

几种尺寸的标注形式见表 3-3。

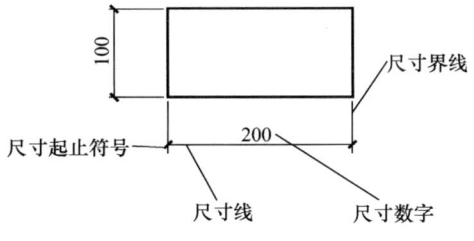

图 3-4　尺寸组成四要素

尺寸的标注形式　　　　　　　　　　　　　　　　　表 3-3

| 注写的内容 | 注法示例 | 说　明 |
|---|---|---|
| 半径 | 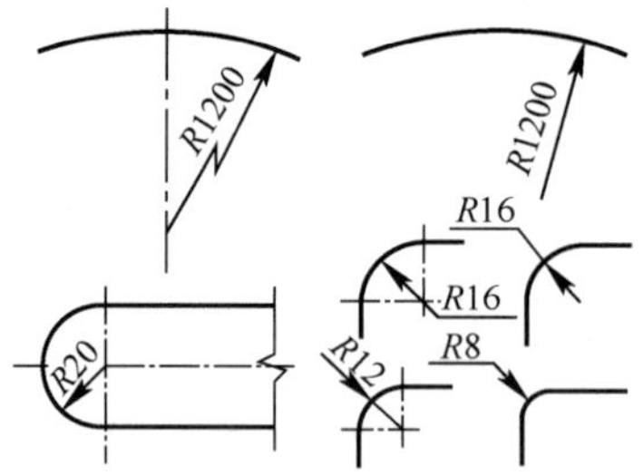 | 半圆或小于半圆的圆弧应标注半径，如左下方的例图所示。标注半径的尺寸线应一端从圆心开始，另一端画箭头指向圆弧，半径数字前应加注符号"R"。<br>较大圆弧的半径，可按上方两个例图的形式标注；较小圆弧的半径，可按右下方四个例图的形式标注 |
| 直径 | 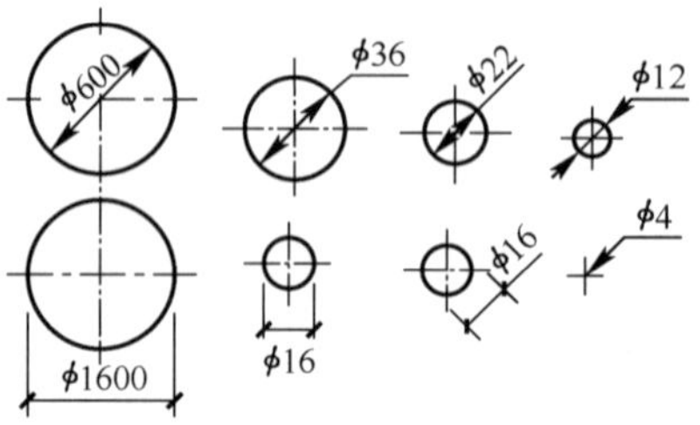 | 圆及大于半圆的圆弧应标注直径，如左侧两个例图所示，并在直径数字前加注符号"φ"。在圆内标注的直径尺寸线应通过圆心，两端画箭头指至圆弧。<br>较小圆的直径尺寸，可标注在圆外，如右侧六个例图所示 |
| 薄板厚度 | 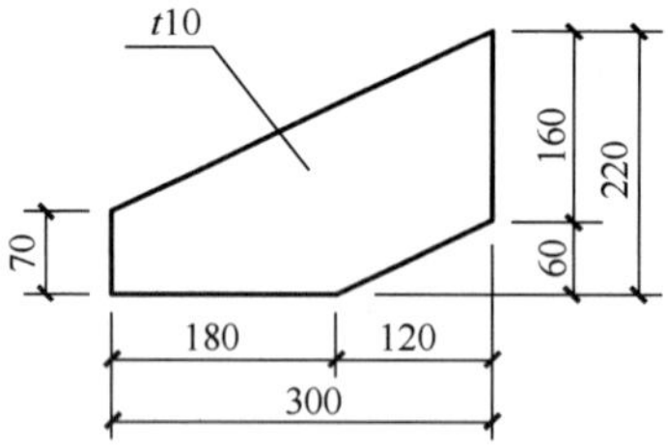 | 应在厚度数字前加注符号"t" |
| 正方形 | 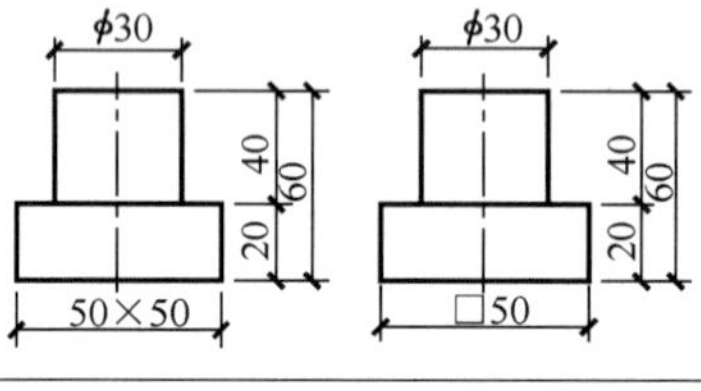 | 在正方形的侧面标注该正方形的尺寸，可用"边长×边长"标注，也可在边长数字前加正方形符号"□" |
| 坡度 | 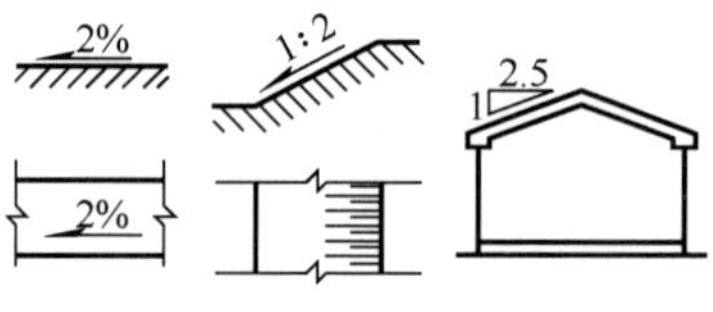 | 标注坡度时，在坡度数字下应加注坡度符号，坡度符号为单面箭头，一般指向下坡方向。<br>坡度也可用直角三角形形式标注，如右侧的例图所示。<br>图中在坡面高的一侧水平边上所画的垂直于水平边的长短相同的等距细实线，称为示坡线，也可用它来表示坡面 |
| 角度、弧长与弦长 | 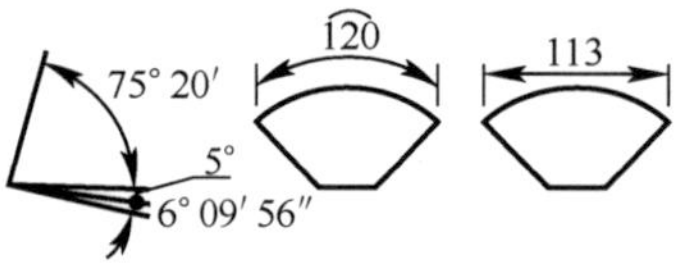 | 如左方的例图所示，角度的尺寸线是圆弧，圆心是角顶，角边是尺寸界线。尺寸起止符号用箭头；如没有足够的位置画箭头，可用圆点代替。角度的数字应水平方向注写。<br>如中间例图所示，标注弧长时，尺寸线为同心圆弧，尺寸界线垂直于该圆弧的弦，起止符号用箭头，弧长数字上方加圆弧符号。<br>如右方的例图所示，圆弧的弦长的尺寸线应平行于弦，尺寸界线垂直于弦 |

续表

| 注写的内容 | 注法示例 | 说　明 |
|---|---|---|
| 连续排列的等长尺寸 | 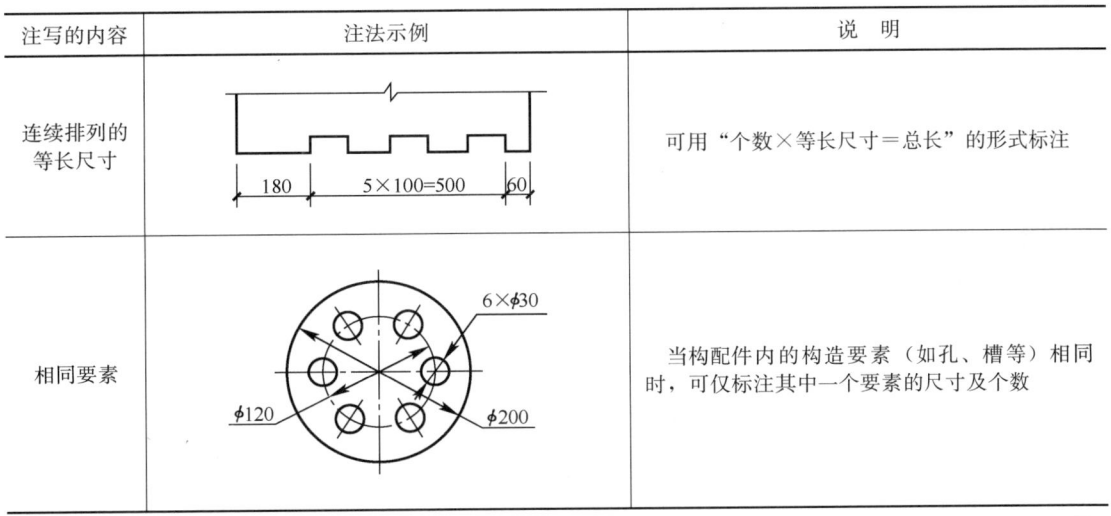 | 可用"个数×等长尺寸＝总长"的形式标注 |
| 相同要素 |  | 当构配件内的构造要素（如孔、槽等）相同时，可仅标注其中一个要素的尺寸及个数 |

（4）标高

在房屋建筑中，建筑物的高度用标高表示。标高分为相对标高和绝对标高两种。一般以建筑物底层室内地面作为相对标高的零点；我国把青岛市外的黄海海平面作为零点所测定的高度尺寸称为绝对标高。

各类图上的标高符号如图 3-5 所示。标高符号的尖端应指至被标注的高度，尖端可向下也可向上。在施工图中一般注写到小数点后三位即可；在总平面图中则注写到小数点后两位。零点标高注写成±0.000，负标高数字前必须加注"－"，正标高数字前不写"＋"。标高单位除建筑总平面图以米为单位外，其余一律以毫米为单位。

在建施图中的标高数字表示其完成面的数值。

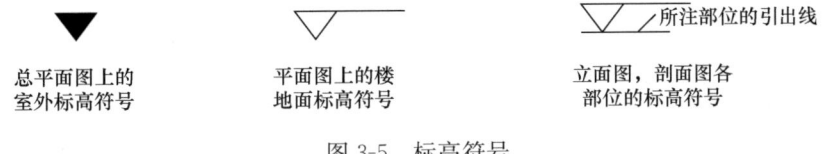

图 3-5　标高符号

## （三）建筑施工图的图示方法及内容

### 1. 建筑总平面图

（1）建筑总平面图的图示方法

建筑总平面图是新建房屋所在地域的一定范围内的水平投影图。

建筑总平面图是将拟建工程四周一定范围内的新建、拟建、原有和将拆除的建筑物、构筑物连同其周围的地形地物状况，用水平投影方法画出的图样。由于总平面图绘图比例较小，图中的原有房屋、道路、绿化、桥梁边坡、围墙及新建房屋等均是用图例表示。

总平面图的常用图例见表 3-4。

总平面图的常用图例　　　　表 3-4

| 名称 | 图例 | 说明 | 名称 | 图例 | 说明 |
|---|---|---|---|---|---|
| 新建的建筑物 | 6 | 1. 需要时，可在图形内右上角以点数或数字（高层宜用数字）表示层数；<br>2. 用粗实线表示 | 原有的道路 | | |
| | | | 计划扩建的道路 | | |
| | | | 人行道 | | |
| 原有的建筑物 | | 1. 应注明拟利用者；<br>2. 用细实线表示 | 拆除的道路 | ×—×<br>×—× | |
| 计划扩建的预留地或建筑物 | | 用中虚线表示 | 公路桥 | | |
| 拆除的建筑物 | ×　× | 用细实线表示 | 敞棚或敞廊 | +　+　+<br>+　+　+ | |
| 围墙及大门 | | 1. 上图为砖石、混凝土或金属材料的围墙，下图为镀锌钢丝网、篱笆等围墙；<br>2. 如仅表示围墙时不画大门 | 铺砌场地 | | |
| | | | 针叶乔木 | | |
| 坐标 | X 105.00<br>Y 425.00<br>A 131.51<br>B 278.25 | 上图表示测量坐标；下图表示施工坐标 | 阔叶乔木 | | |
| | | | 针叶灌木 | | |
| 填挖边坡 | | 边坡较长时，可在一端或两端局部表示 | | | |
| 护坡 | | | 阔叶灌木 | | |
| 新建的道路 | 6 101.00 R9<br>▼150.00 | 1. R9 表示道路转弯半径为 9m，150 为路面中心标高，6 表示 6% 纵向坡度，101.00 表示变坡点间距离；<br>2. 图中斜线为道路断面示意，根据实际需要绘制 | 修剪的树篱 | | |
| | | | 草地 | | |
| | | | 花坛 | | |

(2) 总平面图的图示内容

1) 新建建筑物的定位

新建建筑物的定位一般采用两种方法，一是按原有建筑物或原有道路定位；二是按坐标定位。采用坐标定位又分为采用测量坐标定位和建筑坐标定位两种（图 3-6）。

图 3-6　新建建筑物定位方法
(a) 测量坐标定位；(b) 建筑坐标定位

① 测量坐标定位：在地形图上用细实线画成交叉十字线的坐标网，$X$ 为南北方向的

轴线，Y 为东西方向的轴线，这样的坐标网称为测量坐标网。

② 建筑坐标定位：建筑坐标一般在新开发区，房屋朝向与测量坐标方向不一致时采用。

2）标高

在总平面图中，标高以米为单位，并保留至小数点后两位。

3）指北针

指北针用来确定新建房屋的朝向，其符号如图 3-7 所示。

风向频率玫瑰图简称风玫瑰图，是新建房屋所在地区风向情况的示意图，是根据某一地区多年统计，各个方向平均吹风次数的百分数值，按一定比例绘制的。一般多用八个或十六个罗盘方位表示，玫瑰图上表示风的吹向是从外面吹向地区中心，图中实线为全年风向玫瑰图，虚线为夏季风向玫瑰图（图 3-8）。由于风向玫瑰图也能表明房屋和地物的朝向情况，所以在已经绘制了风向玫瑰图的图样上则不必再绘制指北针。

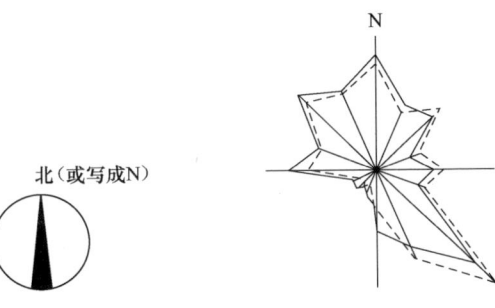

图 3-7　指北针　　图 3-8　风向频率玫瑰图

4）建筑红线

各地方国土管理部门提供给建设单位的地形图为蓝图，在蓝图上用红色笔画定的土地使用范围的线称为建筑红线。任何建筑物在设计和施工中均不能超过此线。

5）管道布置与绿化规划

6）附近的地形地物，如等高线、道路、围墙、河流、水沟和池塘等与工程有关的内容。

**2. 建筑平面图**

（1）建筑平面图的图示方法

假想用一个水平剖切平面沿房屋的门窗洞口的位置把房屋切开，移去上部之后，画出的水平剖面图称为建筑平面图，简称平面图。沿底层门窗洞口切开后得到的平面图，称为底层平面图，沿二层门窗洞口切开后得到的平面图，称为二层平面图，依次可以得到三层、四层的平面图。当某些楼层平面相同时，可以只画出其中一个平面图，称其为标准层平面图。房屋屋顶的水平投影图称为屋顶平面图。

凡是被剖切到的墙、柱断面轮廓线用粗实线画出，其余可见的轮廓线用中实线或细实线，尺寸标注和标高符号均用细实线，定位轴线用细单点长画线绘制。砖墙一般不画图例，钢筋混凝土的柱和墙的断面通常涂黑表示。

门、窗图例如图 3-9、图 3-10 所示，建筑平面图中部分常用图例如图 3-11 所示。

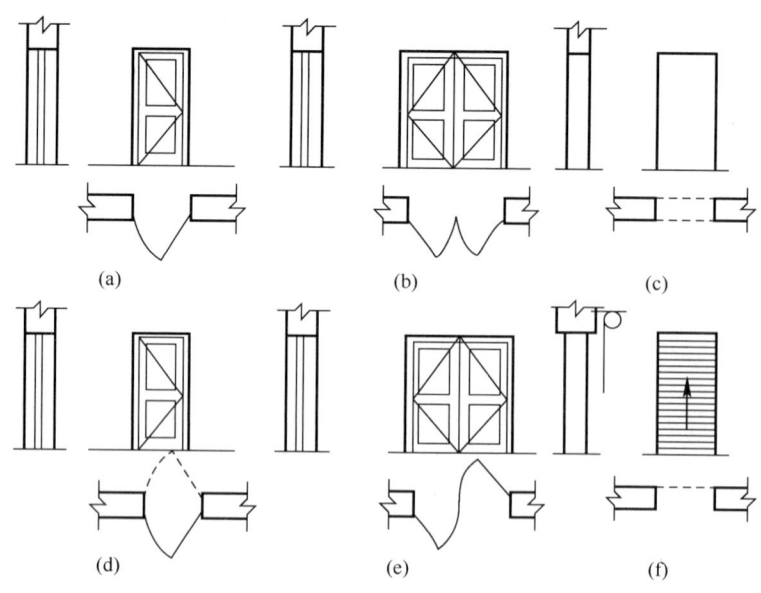

图 3-9 门图例

(a) 单扇门；(b) 双扇门；(c) 空门洞；(d) 单扇双面弹簧门；(e) 双扇双面弹簧门；(f) 卷帘门

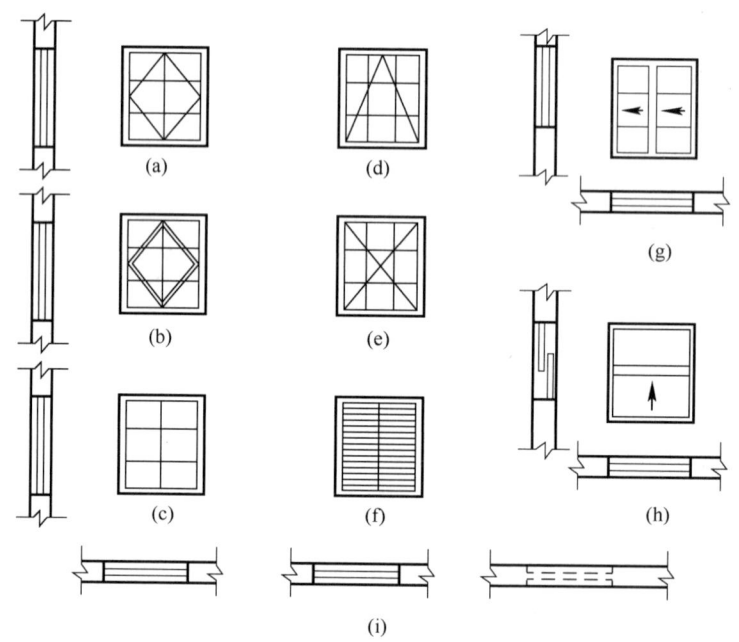

图 3-10 窗图例

(a) 单扇外开平开窗；(b) 双扇内外开平开窗；(c) 单扇固定窗；(d) 单扇外开上悬窗；
(e) 单扇中悬窗；(f) 百叶窗；(g) 左右推拉窗；(h) 上推窗；(i) 高窗

(2) 建筑平面图的图示内容

1) 表示墙、柱、内外门窗位置及编号、房间的名称或编号、轴线编号。

为编制概预算时统计与施工备料方便，平面图上所用的门窗都应进行编号。门常用

"M1""M2"或"M-1""M-2"等表示,窗常用"C1""C2"或"C-1""C-2"等表示。在建筑平面图中,定位轴线用来确定房屋的墙、柱、梁等的位置和作为标注定位尺寸的基线。定位轴线的编号宜标注在图样的下方与左侧,横向编号应用阿拉伯数字,从左至右顺序编写,竖向编号应用大写拉丁字母,从下至上顺序编写,拉丁字母中的I、O及Z三个字母不得作为轴线编号,以免与数字1、0及2混淆(图3-12a)。定位轴线也可采用分区编号(图3-12b)。

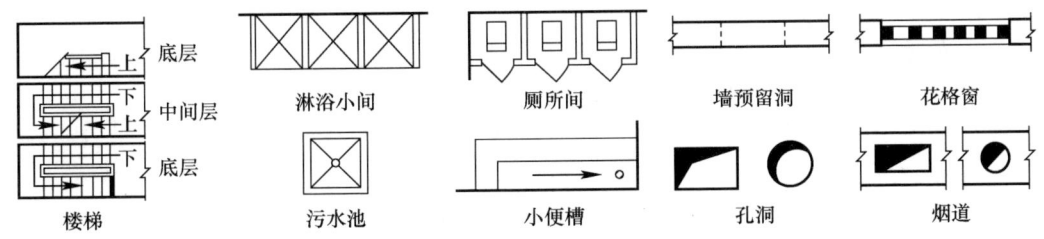

图 3-11 建筑平面图中常用图例

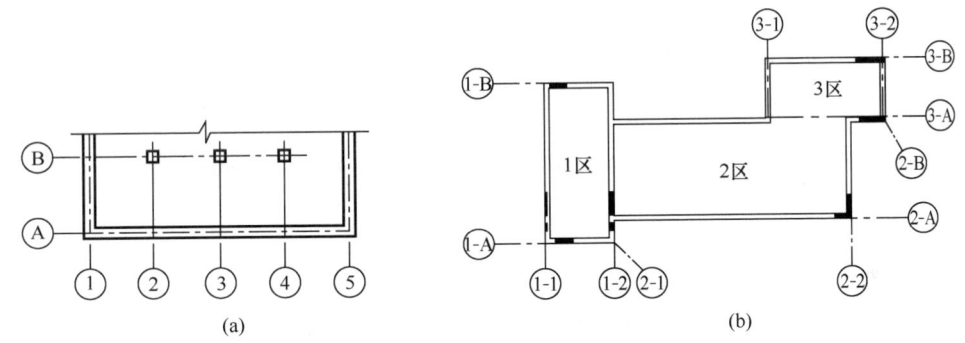

图 3-12 定位轴线的编号
(a) 定位轴线编号顺序;(b) 定位轴线分区编号

对于非承重的分隔墙、次要构件等,有时用附加轴线表示其位置,如图 3-13 所示。

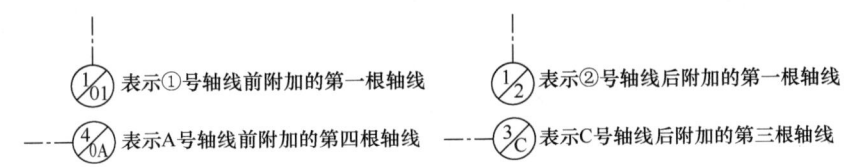

图 3-13 附加轴线

2)注出室内外的有关尺寸及室内楼、地面的标高。
建筑平面图中的尺寸有外部尺寸和内部尺寸两种。
① 外部尺寸。在水平方向和竖直方向各标注三道,最外一道尺寸标注房屋水平方向的总长、总宽,称为总尺寸;中间一道尺寸标注房屋的开间、进深,称为轴线尺寸(一般情况下两横墙之间的距离称为"开间";两纵墙之间的距离称为"进深")。最里边一道尺寸以轴线定位的,标注房屋外墙墙段及门窗洞口的尺寸,称为细部尺寸。
② 内部尺寸。应标注各房间长、宽方向的净空尺寸、墙厚及轴线的关系、柱子截面、

房屋内部门窗洞口、门垛等细部尺寸。

在房屋建筑工程中，各部位的高度都用标高来表示。在平面图中所标注的标高均为相对标高。底层室内地面的标高一般用±0.000表示。

3）表示电梯、楼梯的位置及楼梯的上下行方向。

4）表示阳台、雨篷、踏步、斜坡、通气竖道、管线竖井、烟囱、消防梯、雨水管、散水、排水沟、花池等位置及尺寸。

5）画出卫生器具、水池、工作台、橱、柜、隔断及重要设备位置。

6）表示地下室、地坑、地沟、各种平台、检查孔、墙上留洞、高窗等位置尺寸与标高。对于隐蔽的或者在剖切面以上部位的内容，应以虚线表示。

7）画出剖面图的剖切符号及编号（一般只标注在底层平面图上）。

8）标注有关部位上节点详图的索引符号。

9）在底层平面图附近绘制出指北针。

10）屋面平面图一般内容有：女儿墙、檐沟、屋面坡度、分水线与落水口、变形缝、楼梯间、水箱间、天窗、上人孔、消防梯以及其他构筑物、索引符号等。

图3-14为某住宅楼平面图。

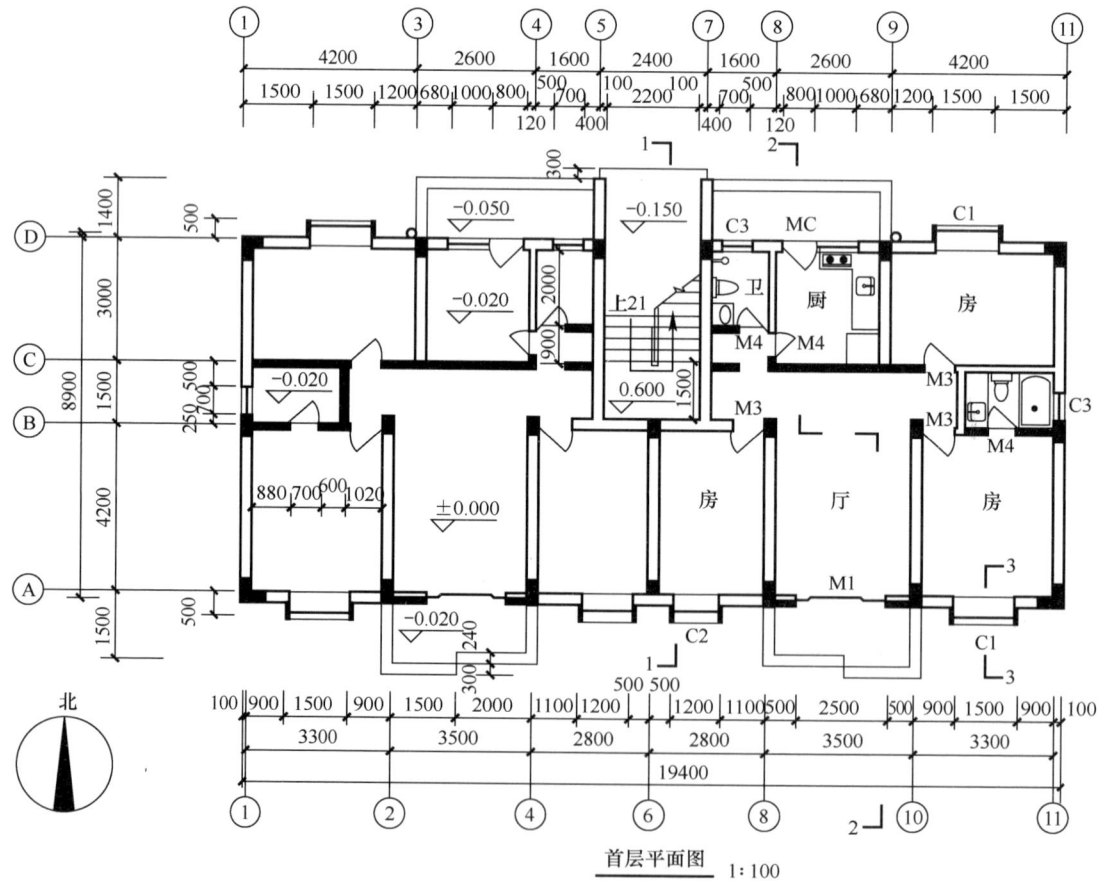

图3-14　某住宅楼平面图

### 3. 建筑立面图

(1) 建筑立面图的图示方法

在与房屋的四个主要外墙面平行的投影面上所绘制的正投影图称为建筑立面图，简称立面图。反映建筑物正立面、背立面、侧立面特征的正投影图，分别称为正立面图、背立面图和侧立面图，侧立面图又分左侧立面图和右侧立面图。立面图也可以按房屋的朝向命名，如东立面图、西立面图、南立面图、北立面图。此外，立面图还可以用各立面图的两端轴线编号命名，如①～⑦立面图、Ⓑ～Ⓠ立面图等。

为使建筑立面图轮廓清晰、层次分明，通常用粗实线表示立面图的最外轮廓线。外形轮廓线以内的细部轮廓，如凸出墙面的雨篷、阳台、柱、窗台、台阶、屋檐的下檐线以及窗洞、门洞等用中粗线画出。其余轮廓如腰线、粉刷线、分格线、落水管以及引出线等均采用细实线画出。地坪线用标准粗度的1.2～1.4倍的加粗线画出。

较简单的对称式建筑物或对称的构配件等，立面图可绘制一半，并在对称轴线处画对称符号。

(2) 建筑立面图的图示内容

1) 表明建筑物外貌形状、门窗和其他构配件的形状和位置，主要包括室外的地面线、房屋的勒脚、台阶、门窗、阳台、雨篷；室外的楼梯、墙和柱；外墙的预留孔洞、檐口、屋顶、雨水管、墙面修饰构件等。

2) 外墙各个主要部位的标高和尺寸。

立面图中用标高表示出各主要部位的相对高度，如室内外地面标高、各层楼面标高及檐口标高。相邻两楼面的标高之差即为层高。

立面图中的尺寸是表示建筑物高度方向的尺寸，一般用三道尺寸表示。最外面一道尺寸为建筑物的总高。建筑物的总高度是从室外地面到檐口女儿墙的高度。中间一道尺寸线为层高，即下一层楼地面到上一层楼面的高度。最里面一道尺寸为门窗洞口的高度及与楼地面的相对位置。

3) 建筑物两端或分段的轴线和编号。

在立面图中，一般只绘制两端的轴线及编号，以便和平面图对照确定立面图的观看方向。

4) 标出各个部分的构造、装饰节点详图的索引符号，外墙面的装饰材料和做法。

外墙面装修材料及颜色一般用索引符号表示具体做法。

图3-15为某住宅楼立面图。

### 4. 建筑剖面图

(1) 建筑剖面图的图示方法

假想用一个或多个垂直于外墙轴线的铅垂剖切平面将房屋剖开，移去靠近观察者的部分，对留下部分所作的正投影图称为建筑剖面图，简称剖面图。

建筑剖面图是整幢建筑物的垂直剖面图。剖面图的图名应与底层平面图上标注的剖切符号编号一致，如1—1剖面图、2—2剖面图等。剖面图的数量及其剖切位置应根据建筑物自身复杂情况而定，一般剖切位置选择房屋的主要部位或构造较为典型的部位，如楼梯

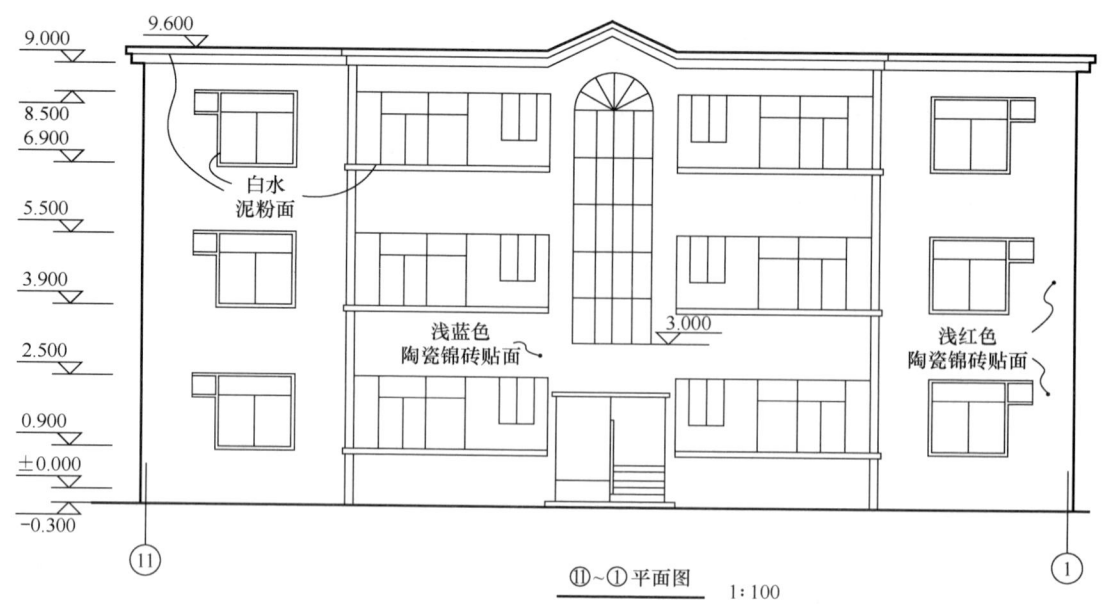

图 3-15 某住宅楼立面图

间等,并应尽量使剖切平面通过门窗洞口。剖面图的图名应与建筑底层平面图的剖切符号一致。

剖面图一般表示房屋在高度方向的结构形式。如墙身与室外地面散水,与室内地面、防潮层、各层楼面、梁的关系,墙身上的门、窗洞口的位置,屋顶的形式,室内的门、窗洞口、楼梯、踢脚、墙裙等可见部分均要表示出来。凡是被剖切到的墙、板、梁等构件的断面轮廓线用粗实线表示,而没有被剖切到的其他构件的轮廓线,则常用中实线或细实线表示。粉刷层在 1∶100 的平面图中不必画出,当比例为 1∶50 或更大时,则要用细实线画出。

(2) 建筑剖面图的图示内容

1) 墙、柱及其定位轴线。

与建筑立面图一样,剖面图中一般只需画出两端的定位轴线及编号,以便与平面图对照。需要时也可以注出中间轴线。

2) 室内底层地面、地沟、各层的楼面、顶棚、屋顶、门窗、楼梯、阳台、雨篷、墙洞、防潮层、室外地面、散水、踢脚板等能看到的内容。

3) 各个部位完成面的标高,包括室内外地面、各层楼面、各层楼梯平台、檐口或女儿墙顶面、楼梯间顶面、电梯间顶面等部位。

4) 各部位的高度尺寸。

建筑剖面图中高度方向的尺寸包括外部尺寸和内部尺寸。外部尺寸的标注方法与立面图相同,包括三道尺寸:门、窗洞口的高度,层间高度,总高度。内部尺寸包括地坑深度、隔断、搁板、平台、室内门窗等的高度。

5) 楼面和地面的构造。一般采用引出线指向所说明的部位,按照构造的层次顺序,逐层加以文字说明。

6) 详图的索引符号。

建筑剖面图中不能详细表示清楚的部位应引出索引符号，另用详图表示。详图索引符号如图 3-16 所示。

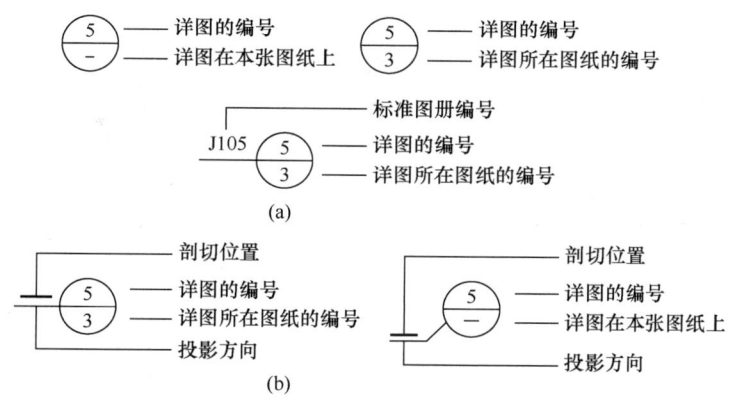

图 3-16　详图索引符号
（a）详图索引符号；（b）局部剖切索引符号

图 3-17 为某住宅楼剖面图。

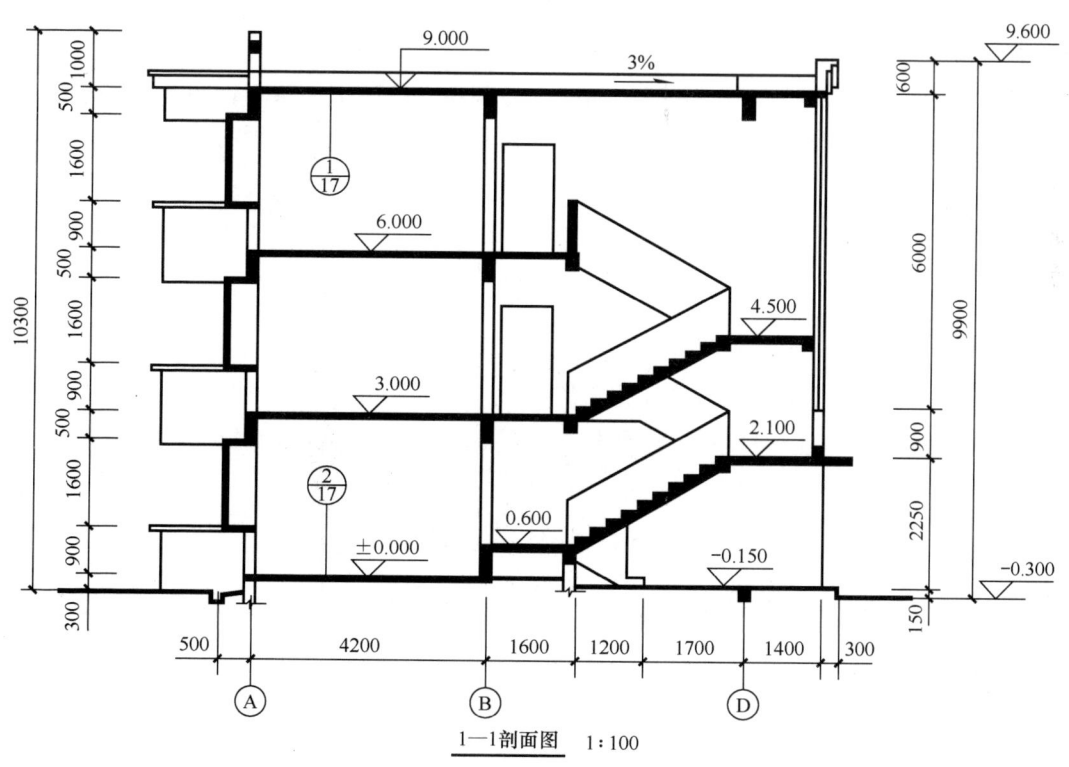

图 3-17　某住宅楼剖面图

## 5. 建筑详图

需要绘制详图或局部平面放大图的位置一般包括内外墙节点、楼梯、电梯、厨房、卫生间、门窗、室内外装饰等。

1) 内外墙节点详图

内外墙节点一般用平面节点详图和剖面节点详图表示。

平面节点详图表示出墙、柱或构造柱的材料和构造关系。

剖面节点详图即外墙身详图，外墙身详图其剖切位置一般设在门窗洞口部位。它实际上是建筑剖面图的局部放大图样，主要表示地面、楼面、屋面与墙体的关系，同时也表示排水沟、散水、勒脚、窗台、窗檐、女儿墙、天沟、排水口等位置及构造做法。外墙身详图可以从室内外地坪、防潮层处开始一直画到女儿墙压顶。实际工程中，为了节省图纸，通常在门窗洞口处断开，或者重点绘制地坪、中间层、屋面处的几个节点，而将中间层重复使用的节点集中到一个详图中表示。

2) 楼梯详图

楼梯详图一般包括三部分的内容，即楼梯平面图、楼梯间剖面图和楼梯节点详图。

① 楼梯平面图

楼梯平面图的形成与建筑平面图一样，即假设用一水平剖切平面在该层往上行的第一个楼梯段中剖切开，移去剖切平面及以上部分，将余下的部分按正投影的原理投射在水平投影面上所得到的图样。因此，楼梯平面图实质上是建筑平面图中楼梯间部分的局部放大。

楼梯平面图必须分层绘制，底层平面图一般剖在上行的第一跑上，因此除表示第一跑的平面外，还能表明楼梯间一层休息平台以下的平面形状。中间相同的几层楼梯，同建筑平面图一样，可用一个图来表示，这个图称为标准层平面图。最上面一层平面图称为顶层平面图，所以，楼梯平面图一般有底层平面图，标准层平面图和顶层平面图三个。

② 楼梯间剖面图

假想用一铅垂剖切平面，通过各层的一个楼梯段，将楼梯剖切开，向另一未剖切到的楼梯段方向进行投影，所绘制的剖面图称为楼梯剖面图。

楼梯间剖面图只需绘制出与楼梯相关的部分，相邻部分可用折断线断开。尺寸需要标注层高、平台、梯段、门窗洞口、栏杆高度等竖向尺寸，并应标注出室内外地坪、平台、平台梁底面的标高。水平方向需要标注定位轴线及编号、轴线间尺寸、平台、梯段尺寸等。梯段尺寸一般用"踏步宽（高）×级数＝梯段宽（高）"的形式表示。

③ 楼梯节点详图

楼梯节点详图一般包括踏步做法详图、栏杆立面做法以及梯段连接、与扶手连接的详图、扶手断面详图等。这些详图是为了弥补楼梯间平、剖面图表达上的不足，而进一步表明楼梯各部位的细部做法。因此，一般采用较大的比例绘制，如 1：1、1：2、1：5、1：10、1：20 等。

详图符号如图 3-18 所示。

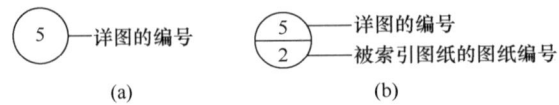

图 3-18 详图符号

(a) 详图与被索引图在同一张图纸上；(b) 详图与被索引图不在同一张图纸上

## (四) 基本体三视图

简单的形体称为基本体，根据表面形状不同分为平面立体和曲面立体，平面立体的每个面都是平面，如棱柱、棱锥等；曲面立体至少有一个面为曲面，如圆柱、圆锥、球体、圆环等。

### 1. 平面立体

（1）棱柱

如图 3-19 所示为正六棱柱，它是由上下两个正六边形和六个矩形的侧面所围成。

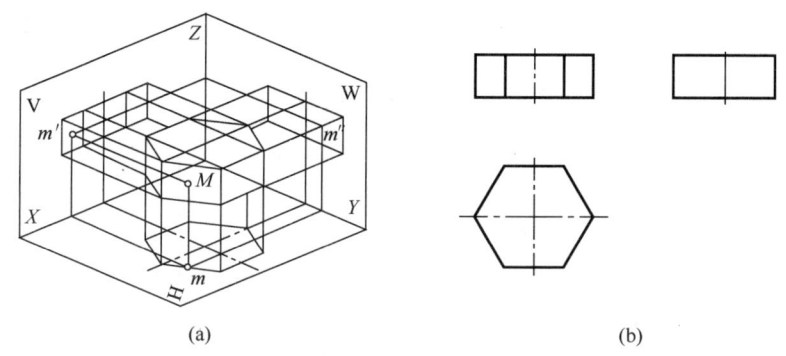

图 3-19 棱柱示意
(a) 棱柱在投影体系中的位置；(b) 棱柱的三视图

在图示位置时，六棱柱的上下底面为水平面，在俯视图中反映为实形，正面、侧面投影积聚为直线；前后两侧棱面是正平面，它们的正面投影重合反映为四边形，水平、侧面投影积聚为直线；其余四个侧棱面是铅垂面，它们的水平投影都积聚成直线，与六边形的边重合，正面、侧面投影两两重合，均为缩小的四边形。

（2）棱锥

棱锥是由一个底面和几个侧棱面组成。侧棱线交于一点——锥顶。以正三棱锥为例：如图 3-20 所示，它由底面△ABC 和三个相等的棱面△SAB、△SBC、△SAC 所组成。底面的水平投影反映实形，正面和侧面投影积聚为一条直线。△SAC 为侧垂面，它的侧面投影积聚成直线，水平、正面投影为缩小的类似三角形。其他为类似形。三视图如图 3-20(b) 所示。

### 2. 曲面立体

（1）圆柱

圆柱体由圆柱面和两底面组成。圆柱面是由直线 $AA_1$ 绕与它平行的轴线 $OO_1$ 旋转而成。

直线 $AA_1$ 称为母线。圆柱面上与轴线平行的任一直线称为圆柱面的素线。圆柱面的俯视图积聚成一个圆，在另两个视图上分别以两个方向的轮廓素线的投影表示。投影图和三视图如图 3-21(a)、图 3-21(b) 所示。

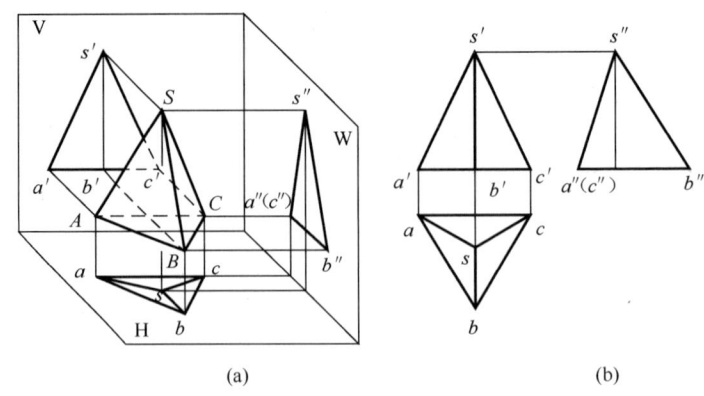

图 3-20 棱锥示意
(a) 棱锥在投影体系中的位置；(b) 棱锥的三视图

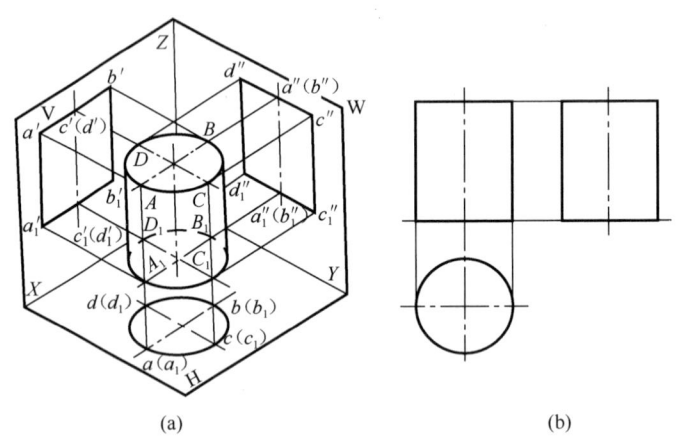

图 3-21 圆柱示意
(a) 圆柱在投影体系中的位置；(b) 圆柱三视图

(2) 圆锥

圆锥面是由直线 SA 绕与它相交的轴线旋转而成。S 称为锥顶，直线 SA 称为母线。圆锥面上过锥顶的任一直线称为圆锥面的素线。

如图 3-22 所示，圆锥俯视图是一个圆，主、左视图是两个全等的三角形。俯视图的圆反映圆锥底面的实形，同时也表示圆锥的投影。主、左视图的等腰三角形下边为圆锥底面的积聚性投影。

(3) 球体

球体可看作是一圆（母线）围绕直径回转而成，如图 3-23(a) 所示，三视图分别为三个和球体的直径相等的圆，它们分别是球体三个方向轮廓线的投影。如图 3-23(b)、(c) 所示。

(4) 圆环

圆环是由环面围成的。环面可看作圆绕与圆共面但不过圆心的轴线旋转而成。如图 3-24(a) 所示为轴线垂直于 H 面的圆环的投影，靠近轴的半个环面为内环面，远离轴的半个环面称为外环面。如图 3-24(b) 所示为圆环的三面投影。

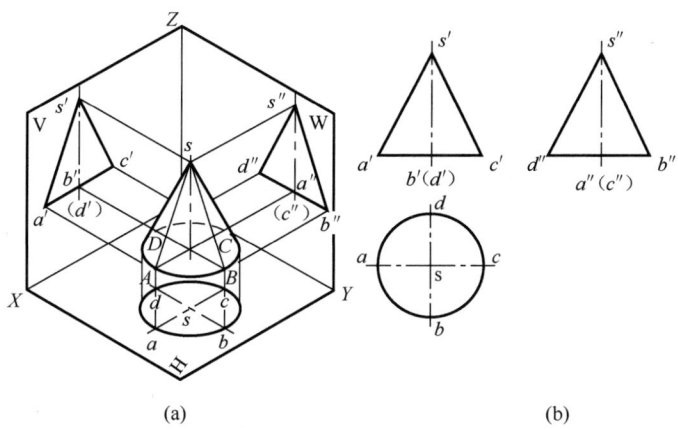

图 3-22 图锥示意
(a) 圆锥在投影体系中的位置；(b) 圆锥三视图

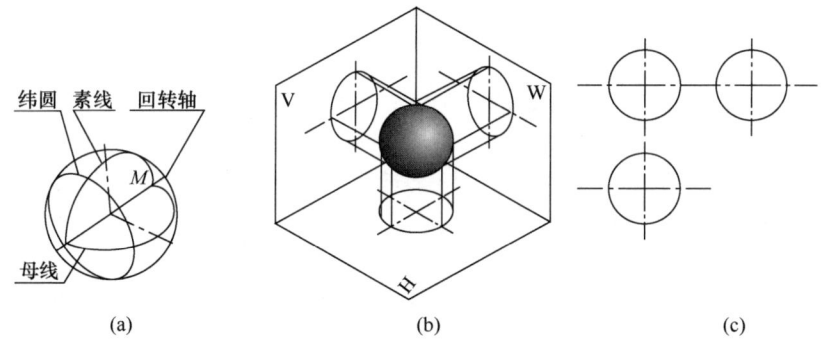

图 3-23 球体示意
(a) 球体各部分示意；(b) 球体在投影体系中的位置；(c) 球体三视图

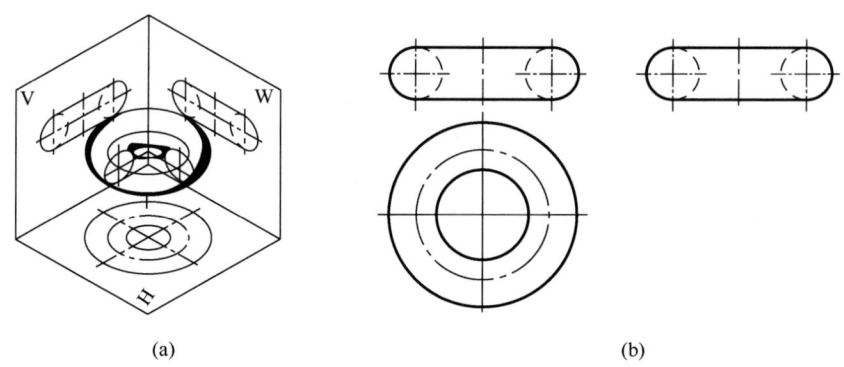

图 3-24 圆环的投影
(a) 圆环在投影体系中的位置；(b) 圆环三视图

## （五）组合体相邻表面的连接关系和基本画法

组合体按其形成方式，可分为叠加和切割两类。叠加包括叠合、相切和相交等情况。

如图 3-25(a) 所示的轴承盖，它是由具有圆柱通孔的形体Ⅰ、Ⅱ、Ⅲ和经过切割凹槽后穿一小圆柱孔的形体Ⅳ，经过叠加组合形成的机件。

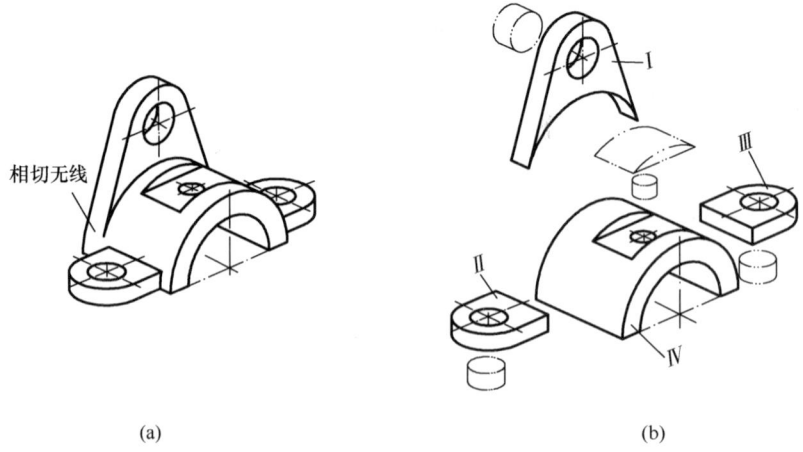

图 3-25  三视图的形体分析

## 1. 组合体的组合形式及其规律

基本形体经过各种不同方式的组合，形成一个新的组合体，其表面会发生各种变化。读者应充分注意其画法的特点。

（1）叠合

叠合是指两个基本体的表面互相重合。值得注意的是：当两个基本体除叠合处外，没有公共的表面时，在视图中两个基本体之间有分界线，如图 3-26(a) 所示；当两个基本体具有互相连接的一个面（共平面或共曲面）时，它们之间没有分界线，在视图上也不可画出分界线，如图 3-26(b) 所示。

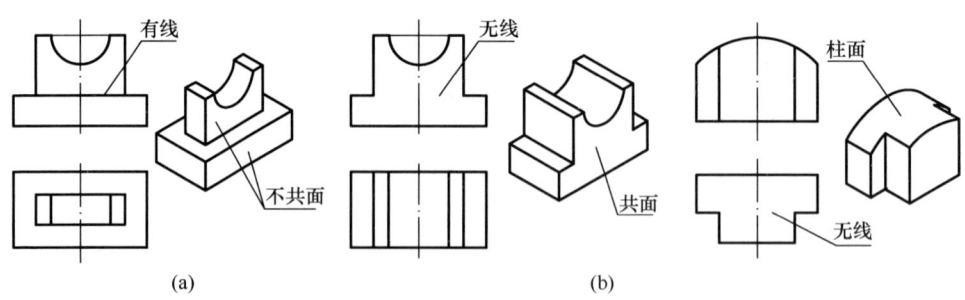

图 3-26  叠合

（2）相切

相切是指两个基本体的表面（平面与曲面或曲面与曲面）光滑过渡。如图 3-27 所示，相切处不存在轮廓线，在视图上一般不画轮廓线。

（3）相交

相交是指两个基本体的表面相交所产生的交线（截交线或相贯线），应画出交线的投影，如图 3-28 所示。

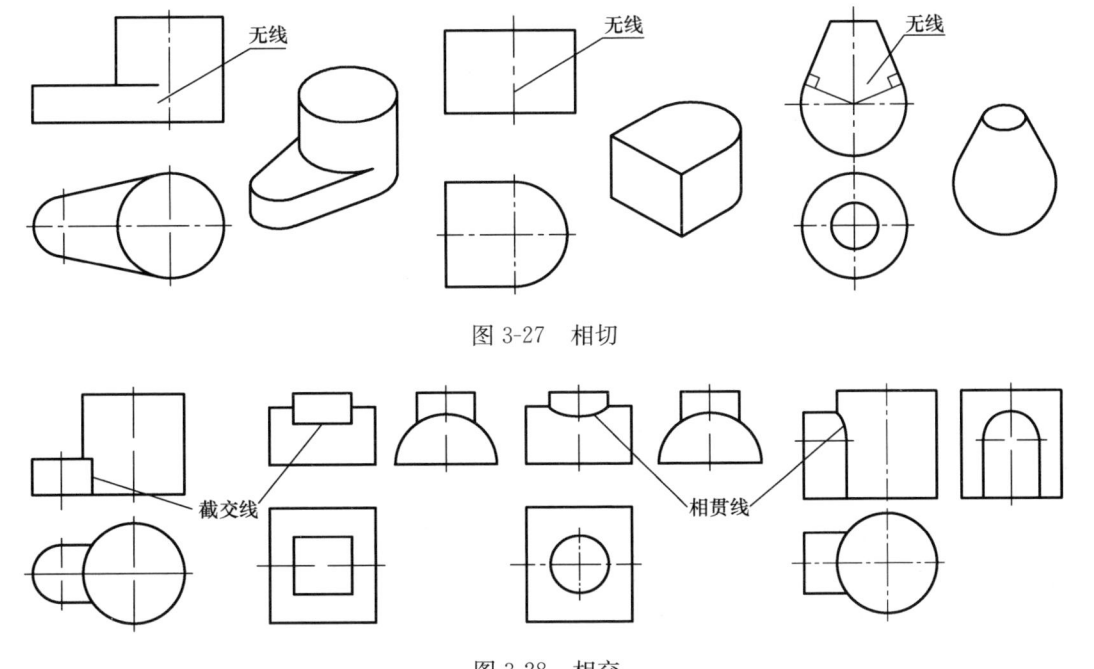

图 3-27 相切

图 3-28 相交

## 2. 组合体视图基本画法

（1）形体分析法

形体分析法是画组合体视图的基本方法，尤其对于叠合形体更为有效。下面以图 3-29 所示的支架为例，说明形体分析法画图的方法和步骤。

1）形体分析

该组合体由五个基本形体组成，如图 3-29（b）所示，它们的基本组合方式都是叠合。其中左下方的底板的侧面与直立空心圆柱相切，肋板和右上方的搭子的侧面均与直立空心圆柱相交而产生交线，肋的左侧面与直立空心圆柱相交产生的交线是曲线（椭圆的一小部分），前方的水平空心圆柱与直立空心圆柱相贯，两孔接通，内外均产生相贯线。

2）确定主视图

三视图中，主视图是最主要的视图，应能反映组合体的形状特征，并使其他视图中的不可见轮廓线尽可能少，使画图、读图方便清晰。

确定主视图时，首先要考虑组合体的安放位置。一般考虑自然位置，但应同时考虑组合体的主要表面平行于投影面，主要轴线垂直于投影面。其次选择投影方向，以能反映形状特征为主。

如图 3-29 所示的支架，通常将直立空心圆柱的轴线放成垂直位置，并把肋、底板、搭子的对称平面放成平行于投影面的位置。显然 A 方向作为主视图最好，因为组成该支架的各基本形体及它们间的相对位置关系在此方向表达最为清晰，因而最能反映该支架的结构形状特征。如选取 B 方向作为主视图的投影方向，则搭子全部变成虚线；底板、肋的形状以及它们与直立空心圆柱间的位置关系也没有像 A 方向那样清晰，故不应选取 B 方向的投影作为主视图。

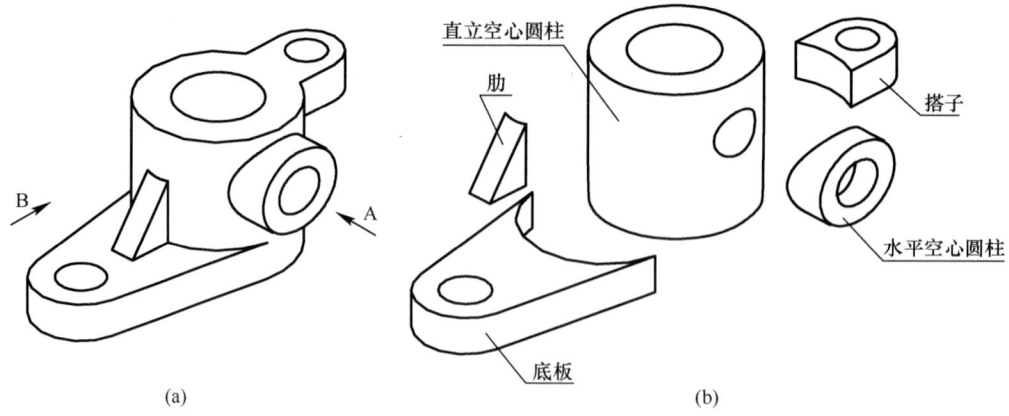

图 3-29 形体分析

3) 组合体视图画法

① 定比例及图幅

根据组合体的大小，先选定适当的比例，大概算出三个视图所占图面的大小、视图间隔，然后选定标准的图幅。

② 布置视图位置

固定好图纸后，根据各视图的大小和位置，画出各视图的定位线。一般以对称中心线、轴线、底平面和端面作为定位线，如图 3-30(a) 所示。

③ 绘制底稿

按形体分析法的分析，逐步画出组合体各部分形体的视图。画图时，应先画主要形体，再画次要形体；先画主要轮廓，再画细节；先画其特征视图，再按三视图投影规律画其他视图；先画实线，后画虚线。如图 3-30(b)、(c)、(d)、(e) 所示。

④ 检查加深

底稿画完之后，必须仔细检查，纠正错误，擦去多余图线，然后按国标规定的线型加深，如图 3-30(f) 所示。当有几种图线重合时，按粗实线、虚线、细点画线和细实线的顺序取舍。

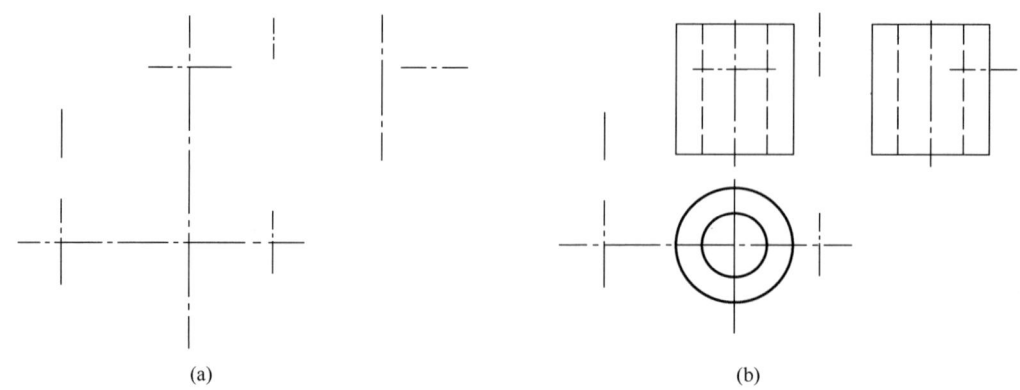

图 3-30 组合体三视图的作图过程（一）
(a) 画出各视图的主要中心线或定位线；(b) 画主要形体直立圆柱

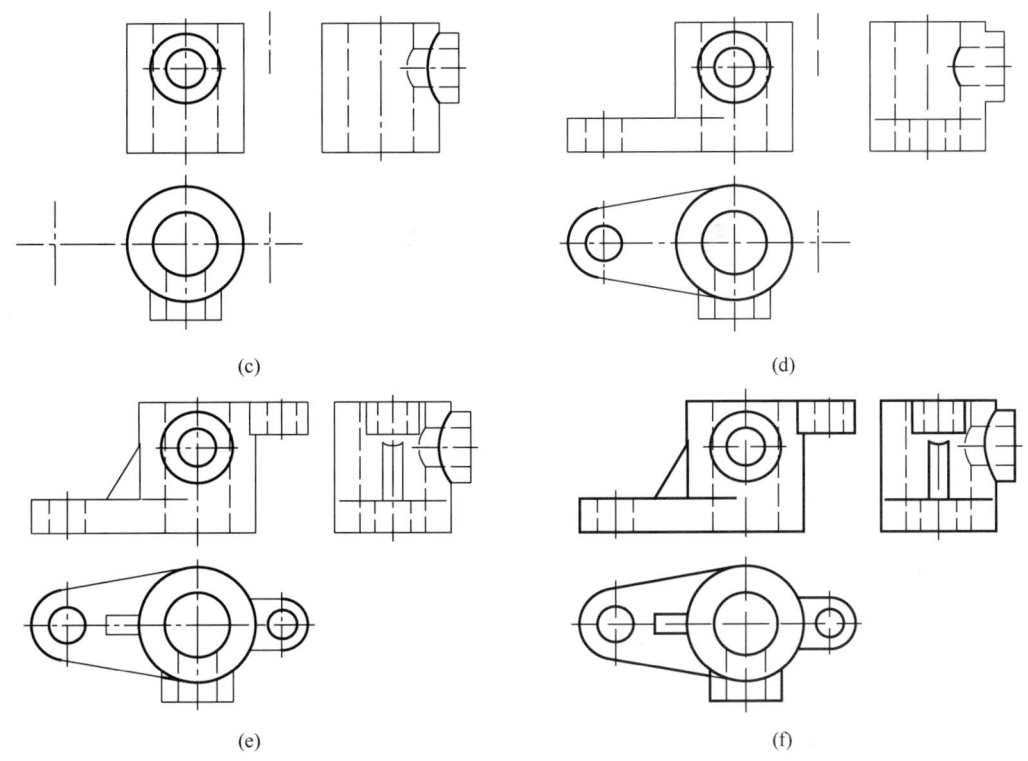

图 3-30 组合体三视图的作图过程（二）
(c) 画水平空心圆柱；(d) 画底板；(e) 画肋和搭子；
(f) 检查并擦去多余线条，并按线型要求加深

（2）线面分析法

对于切割体来说，其表面的交线较多，形体不完整，为此一般在形体分析的基础上，对某些线面作投影分析，从而完成切割体的三视图的绘制。下面以图 3-31(a) 为例说明作图步骤。

1）形体分析。

如图 3-31 所示，对该组合体可进行形体分析。它可视作由上部形体Ⅰ与下部形体Ⅱ对齐叠合，然后被一个铅垂面同时切去前面一部分而形成。

2）线面分析。

由于铅垂面的截切，在组合体表面形成了一个新的 D 面，A、B、C 面的形状也有所变化。其中 A、C 面是水平面，它们在俯视图中反映实形，而在主、左视图中应积聚为水平方向的直线；B 面为正垂面，正面投影应积聚成斜线，而在俯、左视图中应为其类似形；D 面是铅垂面，在俯视图中积聚成斜线，而在主、左视图中应为其类似形。

3）选择主视图。

选择原则如前例所述，现选择箭头所示方向为主视图方向。

4）选比例，定图幅，布图、画基准线，如图 3-32(a) 所示。

5）逐个画出各基本形体的三视图，如图 3-32（b）(c) 所示。

6）用线面分析法作出 D 面的投影。根据前面的分析，D 面为铅垂面，所以首先可作

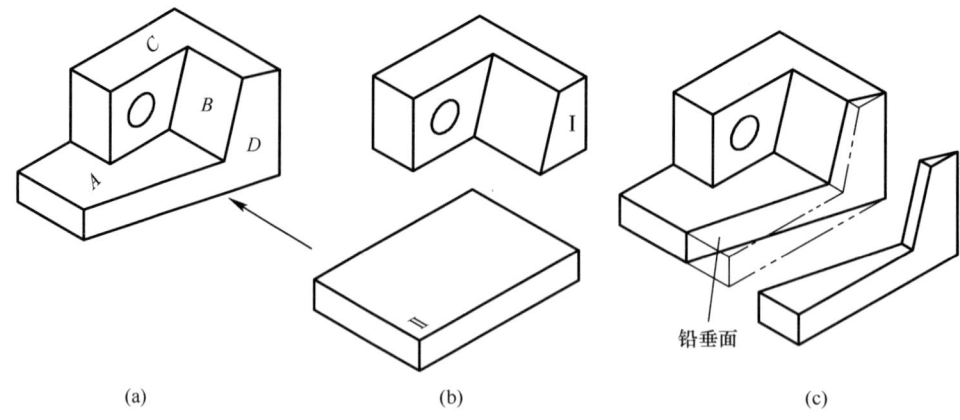

图 3-31 组合体的线面分析法示例

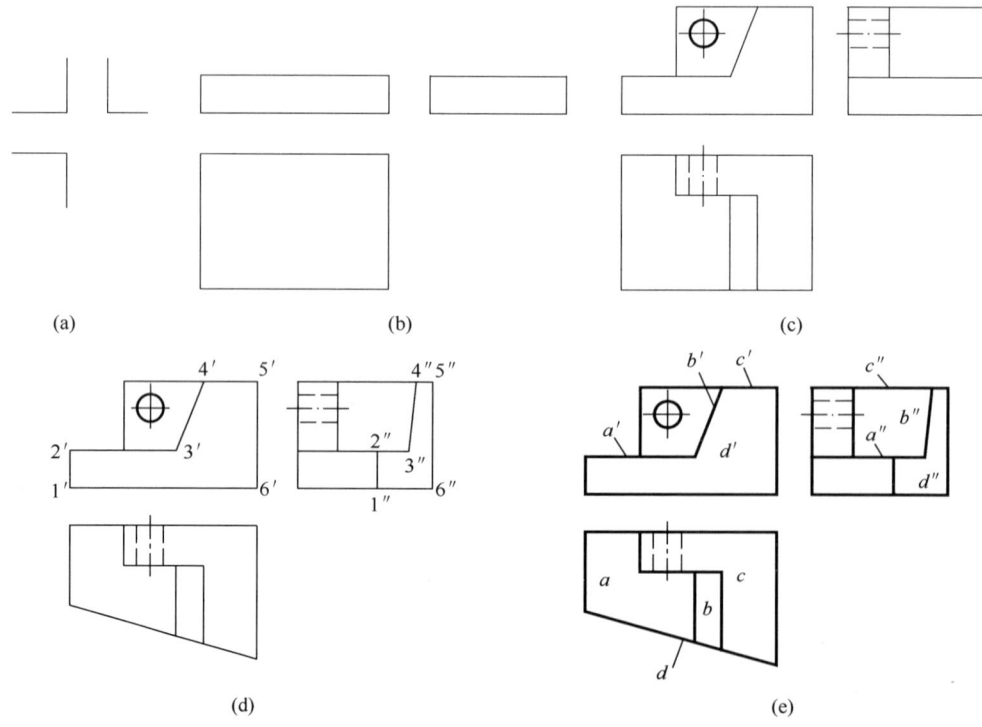

图 3-32 用线面分析法画三视图

出 D 面的水平投影（积聚为一直线），与水平投影相对应的正面投影中的封闭线框为 $1'2'3'4'5'6'$ 六边形，如图 3-32（d）所示，由正面投影和水平投影可求出 D 的侧面投影 $1''\sim6''$。

7) 检查、描深。

检查方法如前例所示。线面分析法中尤其要重点检查一些特殊面的投影是否正确、交线是否正确、有无漏线等。如铅垂面 D 的投影，在俯视图中是斜线，在主、左视图中为类似形，均是正确的。又如正垂面 B，在主视图中为一斜线，在俯、左视图中是类似形，亦正确无误等。经校核、调整、修改、描深后，即完成全图，如图 3-32（e）所示。

## （六）机械零件图及装配图的绘制

### 1. 机械零件图

（1）零件图的内容

一张完整的零件图应该包括以下内容：

1）标题栏

标题栏位于图中的右下角，一般填写零件名称、材料、数量、图样的比例、代号和图样的责任人签名、单位名称等。标题栏的方向与看图的方向应一致。

2）一组图形

一组图形用以表达零件的结构形状，可以采用视图、剖视图、剖面图、规定画法和简化画法等表达方法表达。

3）必要的尺寸

必要的尺寸反映零件各部分结构的大小和相互位置关系，满足零件制造和检验的要求。

4）技术要求

技术要求给出零件的表面粗糙度、尺寸公差、形状和位置公差以及材料的热处理和表面处理等要求。

（2）零件图绘制步骤和方法

1）确定视图方案、图幅

根据零件的用途、形状特点、工作位置、加工方法等选取主视图和其他视图。视图选择的基本原则是：对零件各部分的形状和相对位置的表达要完整、清楚；要便于看图和画图；在明确表示零件的前提下，应使视图（包括剖视图和断面图）的数量为最少；尽量避免使用虚线表达物体的轮廓及棱线；避免不必要的细节重复。因此，必须根据零件的结构形状、加工方法及其在机器或部件中的位置和作用，合理地选择视图。

2）确定各视图的位置

画出各视图的中心线、轴线、基准线，确定各视图的位置，在各视图之间留有适当的间隙，以备标注尺寸之用。

3）画各视图的轮廓线

从主视图开始画各视图的主要轮廓线，注意各视图之间的投影关系。

4）画视图上的各细节

画螺纹孔、销孔、倒角、圆角、槽等。

5）完成轮廓图，并进行标注

仔细检查后描粗并画剖面线；画出全部尺寸线，注写尺寸数字，包括公差；标注表面粗糙度符号和形位公差；填写技术要求和标题栏；确定无误后标题栏内签字。

以轴承支座的画法为例：

① 分析轴承支座是滑动轴承（部件）中的一个零件，如图 3-33 所示，轴承座和轴承盖配合使用，可起到支承轴的作用，因此主视图按工作位置画出，以便于与装配图对照，

方便画图和看图。

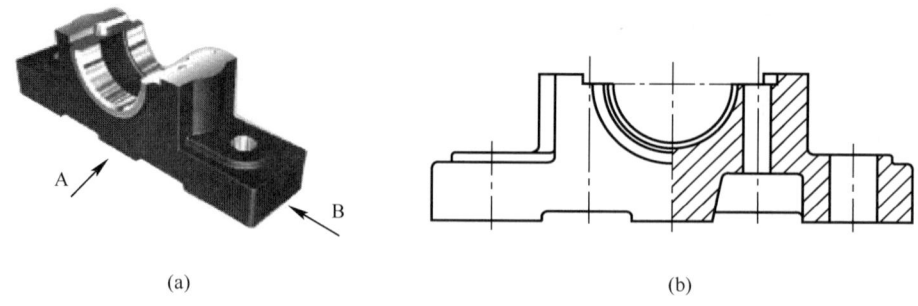

图 3-33 轴承支座及其主视图
(a) 轴承支座；(b) 轴承支座的主视图

② 主视图确定后，还应画出俯视图，用以表达轴承座的宽度和左右两个凸台的位置、形状以及安装孔、连接孔的数目和位置。同时为了表达这些孔的内部结构，主视图可画成半剖视。按形体分析的方法，用细实线画出零件各视图的轮廓线，画出零件的各视图的细节和各个局部结构（图 3-34）。

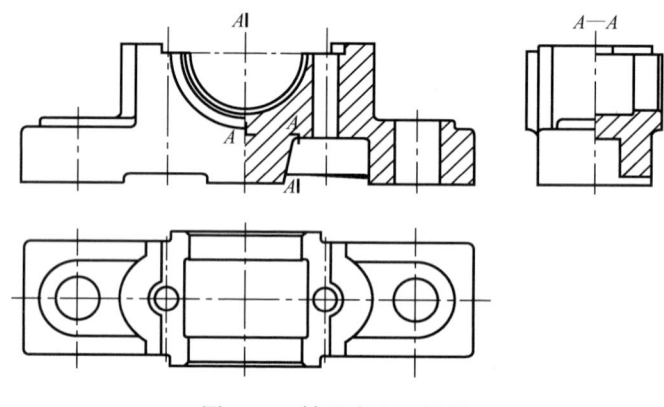

图 3-34 轴承支座三视图

③ 画出全部尺寸线，逐个填写尺寸数字，加深并填写技术要求和标题栏。

## 2. 装配图

一台机器或一个部件是由若干零件按一定的技术要求装配而成的，表达整台机器或部件的工作原理、装配关系、连接方式及结构形状的图样称为装配图。

装配图既表达了产品结构和设计思想，又作为生产中装配、检验、调试和维修的技术依据和准则。

（1）装配图内容

一张完整的装配图应该具备下列基本内容：

1）一组视图：用必要的视图、剖视图和剖面图来表达产品的结构、工作原理、装配关系、连接方式及主要零件的基本形状。

2）必要尺寸：根据装配图的功用，装配图只标注与产品性能、装配、调试、安装、包装等有关尺寸。一般只标注以下几类尺寸：

① 规格尺寸、性能尺寸，表示产品规格或性能的尺寸。
② 配合尺寸，表示零件之间配合性质的尺寸。
③ 相对位置尺寸，表示零件或部件之间比较重要的相对位置的尺寸。
④ 外形尺寸，表示产品长、宽、高的最大尺寸，可供产品包装、运输、安装时参考。
⑤ 安装尺寸，表示产品安装到其他结构上或基础上的位置尺寸。
⑥ 其他尺寸，根据产品结构特点和需要必须标注的尺寸。

3）技术要求：技术要求可以用文字或符号表明，一般标注在标题栏的左上方空白处。技术要求的内容，一般有以下几个方面：
① 装配过程中的注意事项和装配后应满足的要求等。
② 实验和检验方法。
③ 镀涂、焊接、形位公差等方面的文字说明。
④ 安装和使用方面的要求。

4）明细表和标题栏：根据生产组织和管理工作的需要，装配图中按一定的方法和格式，将零件编号填写明细表和标题栏。

装配图的标题栏位于图样右下角，各部门所用的标题栏格式不尽相同，但基本的内容是一样的，包括名称、图号、比例、重量、设计（者）、审核（者）等。

明细表放在标题栏上方，并与标题栏对齐，其底边与标题栏顶边重合。内容包括序号、代号（图号）、名称、数量、材料、重量与备注。装配图中零、部件序号一致。序号由下往上填写，必要时可以左移延续编写下去。

（2）绘制步骤和方法

装配图的绘制步骤和方法与零件图大体相同，主要是：

1）拟定表达方案，选择主视图：

画装配图时，部件大多按工作位置放置。主视图方向应选择反映部件主要装配关系及工作原理的方位，主视图的表达方法多采用剖视的方法。

对其他视图的选择，以进一步准确、完整、简便地表达各零件间的结构形状及装配关系为原则，因此多采用局部剖、拆去某些零件后的视图、断面图等表达方法。

2）装配图画图步骤：
① 选比例、定图幅、布图。
② 按装配关系依次绘制主要零件的投影。
③ 绘制部件中的连接、密封等装置的投影。
④ 标注必要的尺寸、编序号、填写明细表和标题栏，写技术要求。

## （七）施工图的识读

### 1. 房屋建筑施工图的识读方法

（1）总揽全局

识读施工图前，先识读建筑施工图，建立起建筑物的轮廓概念，了解和明确建筑施工图平面、立面、剖面的情况。在此基础上，阅读结构施工图目录，对图样数量和类型做到心中有数。阅读结构设计说明，了解工程概况及所采用的标准图等。粗读结构平面图，了解构件类型、数量和位置。

（2）循序渐进

根据投影关系、构造特点和图纸顺序，从前往后、从上往下、从左往右、由外向内、由大到小、由粗到细反复阅读。

（3）相互对照

识读施工图时，应将图样与说明对照看，建施图、结施图、设施图对照看，基本图与详图对照看。

（4）重点细读

以不同工种身份，有重点地细读施工图，掌握施工必需的重要信息。

**2. 施工图的识读步骤**

识读施工图的一般顺序如下：

（1）阅读图纸目录

根据目录对照检查全套图纸是否齐全，标准图和重复利用的旧图是否配齐，图纸有无缺损。

（2）阅读设计总说明

了解本工程的名称、建筑规模、建筑面积、工程性质以及采用的材料和特殊要求等。对本工程有一个完整的概念。

（3）通读图纸

按建施图、结施图、设施图的顺序对图纸进行初步阅读，也可根据技术分工的不同进行分读。读图时，按照先整体后局部，先文字说明后图样，先图形后尺寸的顺序进行。

（4）精读图纸

在对图纸分类的基础上，对图纸及该图的剖面图、详图进行对照、精细阅读，对图样上的每个线面、每个尺寸都务必认清看懂，并掌握它与其他图的关系。

# 四、建筑施工技术

## （一）地基与基础工程

### 1. 岩土的工程分类

在建筑施工中，按照施工开挖的难易程度将岩土分为八类，见表4-1，其中，一至四类为土，五至八类为岩石。

岩土的工程分类　　　　　　　　　　　　　　　　表 4-1

| 类 别 | 土的名称 | 现场鉴别方法 |
| --- | --- | --- |
| 第一类（松软土） | 砂，粉土，冲积砂土层，种植土，泥炭（淤泥） | 用锹挖掘 |
| 第二类（普通土） | 粉质黏土，潮湿的黄土，夹有碎石、卵石的砂，种植土，填筑土和粉土 | 用锄头挖掘 |
| 第三类（坚土） | 软及中等密实黏土，重粉质、粉质黏土，粗砾石，干黄土及含碎石、卵石的黄土、压实填土 | 用镐挖掘 |
| 第四类（砂砾坚土） | 重粉质黏土及含碎石、卵石的黏土，粗卵石，密实的黄土，天然级配砂石，软泥灰岩及蛋白石 | 用镐挖掘吃力，冒火星 |
| 第五类（软石） | 硬石炭纪黏土，中等密实的页岩、泥灰岩、白垩土，胶结不紧的砾岩，软的石灰岩 | 用风镐、大锤等 |
| 第六类（次坚石） | 泥岩，砂岩，砾岩，坚实的页岩、泥灰岩，密实的石灰岩，风化花岗岩、片麻岩 | 用爆破，部分用风镐 |
| 第七类（坚石） | 大理岩，辉绿岩，玢岩，粗、中粒花岗岩，坚实的白云岩、砂岩、砾岩、片麻岩、石灰岩 | 用爆破方法 |
| 第八类（特坚石） | 安山岩，玄武岩，花岗片麻岩，坚实细粒花岗岩、闪长岩、石英岩、辉长岩、辉绿岩、玢岩 | 用爆破方法 |

### 2. 基坑（槽）开挖、支护及回填的主要方法

（1）基坑（槽）开挖

1）施工工艺流程

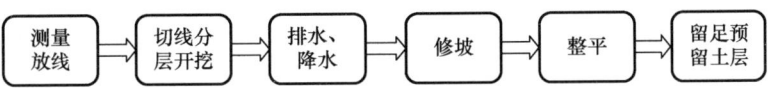

测量放线 → 切线分层开挖 → 排水、降水 → 修坡 → 整平 → 留足预留土层

2) 施工要点

① 浅基坑（槽）开挖，应先进行测量定位，抄平放线，定出开挖长度。

② 按放线分块（段）分层挖土。根据土质和水文情况，采取在四侧或两侧直立开挖或放坡，以保证施工操作安全。

③ 在地下水位以下挖土。应在基坑（槽）四周挖好临时排水沟和集水井，或采用井点降水，将水位降低至坑、槽底以下 500mm，以利土方开挖。降水工作应持续到基础（包括地下水位下回填土）施工完成。雨期施工时，基坑（槽）应分段开挖，挖好一段浇筑一段垫层，并在基槽四周围以土堤或挖排水沟，以防地面雨水流入基坑（槽），同时应经常检查边坡和支撑情况，以防止坑壁受水浸泡造成塌方。

④ 基坑开挖应尽量防止对地基土的扰动。当基坑挖好后不能立即进行下道工序时，应预留 15~30cm 一层土不挖，待下道工序开始再挖至设计标高。采用机械开挖基坑时，为避免破坏基底土，应在基底标高以上预留 15~30cm 的土层由人工挖掘修整。

⑤ 基坑开挖时。应对平面控制桩、水准点、基坑平面位置、水平标高、边坡坡度等经常复测检查。

⑥ 基坑挖完后应进行验槽，做好记录，当发现地基土质与地质勘探报告、设计要求不符时，应及时与有关人员研究处理。

（2）基坑支护

1) 钢板桩施工

钢板桩支护具有施工速度快、可重复使用的特点。常用的钢板桩有 U 形和 Z 形，还有直腹板式、H 形和组合式钢板桩。常用的钢板桩施工机械有自由落锤、气动锤、柴油锤、振动锤，使用较多的是振动锤。

2) 水泥土桩墙施工

深层搅拌水泥土桩墙是采用水泥作为固化剂，通过特制的深层搅拌机械，在地基深处就地将软土和水泥强制搅拌形成水泥土，利用水泥和软土之间所产生的一系列物理、化学反应，使软土硬化成整体性的并有一定强度的挡土、防渗墙。

3) 地下连续墙施工

用特制的挖槽机械在泥浆护壁下开挖一个单元槽段的沟槽，清底后放入钢筋笼，用导管浇筑混凝土至设计标高，一个单元槽段即施工完毕。各单元槽段间由特制的接头连接，形成连续的钢筋混凝土墙体。工程开挖土方时，地下连续墙可用作支护结构，既挡土又挡水，地下连续墙还可同时用作建筑物的承重结构。

（3）土方回填压实

1) 施工工艺流程

2) 施工要点

① 土料要求与含水量控制

填方土料应符合设计要求，以保证填方的强度和稳定性。当设计无要求时，应符合以下规定：

A. 碎石类土、砂土和爆破石渣（粒径不大于每层铺土厚度的2/3），可作为表层下的填料；
B. 含水量符合压实要求的黏性土，可用作各层填料；
C. 淤泥和淤泥质土，一般不能用作填料。

填土土料含水量的大小，直接影响夯实（碾压）质量。土料含水量一般以手握成团，落地开花为适宜。当含水量过大时，应采取翻松、晾干、风干、换土回填、掺入干土或其他吸水性材料等措施；当含水量小时，则应预先洒水润湿。亦可采取增加压实遍数或使用大功率压实机械等措施。

② 基底处理

A. 场地回填应先清除基底上垃圾、草皮、树根，排除坑穴中积水、淤泥和杂物，并应采取措施防止地表清水流入填方区，浸泡地基，造成地基土下陷。
B. 当填方基底土为耕植土或松土时，应将基底充分夯实和碾压密实。

③ 填土压实要求

铺土应分层进行，每次铺土厚度不大于30～50cm（视所用压实机械的要求而定）。

④ 填土的压实密实度要求

填方的密实度要求和质量指标通常以压密系数 $\lambda_c$ 表示，密实度要求一般由设计根据工程结构性质、使用要求以及土的性质确定，如未作规定，可参考表4-2确定。

压实填土的质量控制　　　　　　　　　　表4-2

| 结构类型 | 填土部位 | 压实系数 $\lambda_c$ | 控制含水量 |
| --- | --- | --- | --- |
| 砌体承重结构和框架结构 | 在地基主要受力层范围内 | ≥0.97 | $\omega \pm 2$ |
| | 在地基主要受力层范围以下 | ≥0.95 | |
| 排架结构 | 在地基主要受力层范围内 | ≥0.96 | $\omega_{op} \pm 2$ |
| | 在地基主要受力层范围以下 | ≥0.94 | |
| 地坪垫层以下及基础底面标高以上的压实填土，压实系数不应小于0.94 | | | |

A. 人工填土要求

填土应从场地最低部分开始，由一端向另一端自下而上分层铺填。每层虚铺厚度，用人工打夯夯实时不大于20cm，用打夯机械夯实时宜为20cm。深浅坑（槽）相连时，应先填深坑（槽），填平后与浅坑全面分层填夯。如采取分段填筑，交接处应填成阶梯形。墙基及管道回填应在两侧用细土同时均匀回填、夯实，以防止墙基及管道中心线位移。

夯填土应按次序进行，一夯压半夯。较大面积人工回填用打夯机夯实。两机平行时其间距不得小于3m。在同一夯打路线上，前后间距不得小于10m。

B. 机械填土要求

铺土应分层进行，每次铺土厚度不大于30～40cm（视所用压实机械的要求而定）。每层铺土后，利用填土机械将地表面刮平。填土程序一般尽量采取横向或纵向分层卸土，以利于行驶时初步压实。

### 3. 混凝土基础施工工艺

（1）钢筋混凝土扩展基础

钢筋混凝土扩展基础系指柱下钢筋混凝土独立基础和墙下钢筋混凝土条形基础。

1) 施工工艺流程

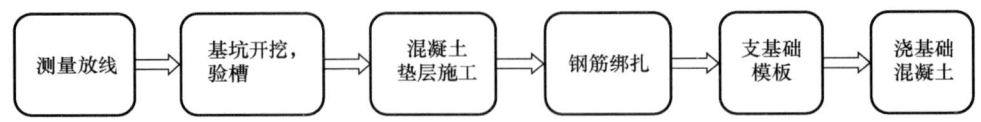

2) 施工要点

① 混凝土浇筑前应先行验槽,基坑尺寸及轴线定位应符合设计要求,对局部软弱土层应挖去,用灰土或砂砾回填夯实且与基底相平。

② 在地基或基土上浇筑混凝土时,应清除淤泥和杂物,并应有排水和防水措施。对干燥的黏性土,应用水湿润;对未风化的岩石,应用水清洗,但其表面不得留有积水。

③ 垫层混凝土在验槽后应立即浇筑,以保护地基。

④ 钢筋绑扎时,钢筋上的泥土、油污,模板内的垃圾、杂物应清除干净。木模板应浇水湿润,缝隙应堵严,基坑积水应排除干净。

⑤ 当垫层素混凝土达到一定强度后,在其上弹线、支模,模板要求牢固、无缝隙。

⑥ 混凝土宜分段分层浇筑,每层厚度不超过500mm。各段各层间应互相衔接,每段长2~3m,使逐段逐层呈阶梯形推进,并注意先使混凝土充满模板边角,然后浇筑中间部分。混凝土应连续浇筑,以保证结构良好的整体性。混凝土自高处倾落时,其自由倾落高度不宜超过2m。如高度超过2m,应设料斗、漏斗、串筒、斜槽、溜管,以防止混凝土产生分层离析。

(2) 筏形基础

筏形基础分为梁板式和平板式两种类型,梁板式又分正向梁板式和反向梁板式。

1) 施工工艺流程

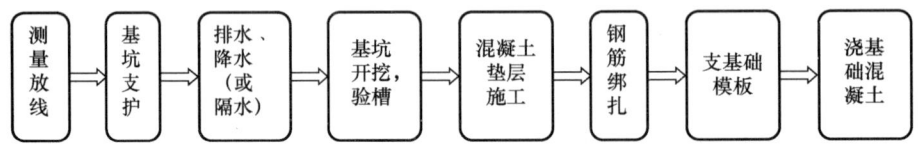

2) 施工要点

① 基坑支护结构应安全,当基坑开挖危及邻近建、构筑物,道路及地下管线的安全与使用时,开挖也应采取支护措施。

② 当地下水位影响基坑施工时,应采取人工降低地下水位或隔水措施。

③ 当采用机械开挖时,应保留200~300mm土层由人工挖除。

④ 基坑开挖完成并经验收后,应立即进行基础施工,防止暴晒和雨水浸泡造成基土破坏。

⑤ 基础长度超过40m时,宜设置施工缝,缝宽不宜小于80cm。在施工缝处,钢筋必须贯通;当主楼与裙房采用整体基础,且主楼基础与裙房基础之间采用后浇带时,后浇带的处理方法应与施工缝相同。

⑥ 基础混凝土应采用同一品种水泥、掺合料、外加剂和同一配合比。大体积混凝土可采用掺合料和外加剂改善混凝土和易性,减少水泥用量,降低水化热。

⑦ 基础施工完毕后，基坑应及时回填。回填前应清除基坑中的杂物；回填应在相对的两侧或四周同时均匀进行，并分层夯实。

(3) 箱形基础

箱形基础的施工工艺与筏形基础相同。

## (二) 砌体工程

### 1. 砌体工程的种类

根据砌筑主体的不同，砌体工程可分为砖砌体工程、石砌体工程、砌块砌体工程、配筋砌体工程。

(1) 砖砌体

由砖和砂浆砌筑而成的砌体称为砖砌体。砖有烧结黏土砖、烧结多孔砖、蒸压灰砂砖、粉煤灰砖、混凝土砖等，并有实心砖和空心砖两种形式。

(2) 石砌体

由石材和砂浆砌筑的砌体称为石砌体。常用的石砌体有料石砌体、毛石砌体、毛石混凝土砌体。

(3) 砌块砌体

由砌块和砂浆砌筑的砌体称为砌块砌体。常用的砌块砌体有混凝土空心砌块砌体、加气混凝土砌块砌体、水泥炉渣空心砌块砌体、粉煤灰硅酸盐砌块砌体等。

(4) 配筋砌体

为了提高砌体的受压承载力和减小构件的截面尺寸，可在砌体内配置适量的钢筋形成配筋砌体。

### 2. 砌体施工工艺

(1) 砖砌体

1) 施工工艺流程

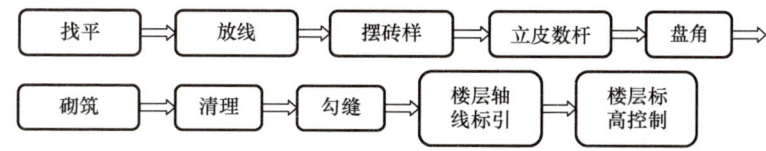

2) 施工要点

① 找平、放线：砌筑前，在基础防潮层或楼面上先用水泥砂浆或细石混凝土找平，然后在龙门板上以定位钉为标志，弹出墙的轴线、边线，定出门窗洞口位置，如图4-1所示。

② 摆砖：摆砖是指在放线的基面上按选定的组砌形式用于砖试摆。一般在房屋外纵墙方向摆顺砖，在山墙方向摆丁砖，摆砖由一个大角摆到另一个大角，砖与砖留10mm缝隙。摆砖的目的是校对放出的墨线在门窗洞口、附墙垛等处是否符合砖的模数，以尽可能减少砍砖，并使砌体灰缝均匀，组砌得当。

③ 立皮数杆：皮数杆是指在其上划有每皮砖和灰缝厚度，以及门窗洞口、过梁、楼板、梁底、预埋件等标高位置的一种木制标杆，如图 4-2 所示。其在砌筑时控制每皮砖的竖向尺寸，并使铺灰、砌砖的厚度均匀，洞口及构件位置留设正确，同时还可以保证砌体的垂直度。

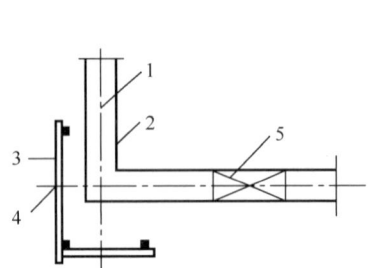

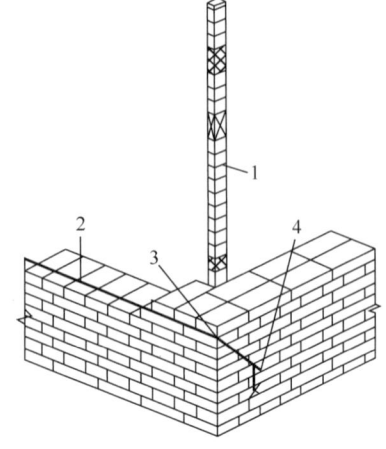

图 4-1　墙身放线
1—墙轴线；2—墙边线；3—龙门板；
4—墙轴线标志；5—门洞位置标志

图 4-2　皮数杆示意图
1—皮数杆；2—准线；3—竹片；
4—圆铁钉

皮数杆一般立于房屋的四大角、内外墙交接处、楼梯间以及洞口多的地方。一般可每隔 10~15m 立一根。皮数杆的设立，应有两个方向斜撑或锚钉加以固定，以保证其固定和垂直。一般每次开始砌砖前应用水准仪校正标高，并检查一遍皮数杆的垂直度和牢固程度。

④ 盘角、砌筑：砌筑时应先盘角，盘角是确定墙身两面横平竖直的主要依据，盘角时主要大角不宜超过 5 皮砖，且应随砌随盘，做到"三皮一吊，五皮一靠"，对照皮数杆检查无误后，才能挂线砌筑中间墙体。为了保证灰缝平直，要挂线砌筑。一般一砖墙单面挂线，一砖半以上砖墙则宜双面挂线。

⑤ 清理、勾缝：当该层该施工面墙体砌筑完成后，应及时对墙面和落地灰进行清理。勾缝是清水砖墙的最后的一道工序，具有保护墙面和增加墙面美观的作用。墙面勾缝有采用砌筑砂浆随砌随勾缝的原浆勾缝和加浆勾缝，加浆勾缝系指在砌筑几皮砖以后，先在灰缝处划出 1cm 深的灰槽。待砌完整个墙体以后，再用细砂拌制 1：1.5 水泥砂浆勾缝，勾缝完的墙面应及时清扫。

⑥ 楼层轴线引测：为了保证各层墙身轴线的重合和施工方便，在弹墙身线时，应根据龙门板上标注的轴线位置将轴线引测到房屋的外墙基上，二层以上各层墙的轴线，可用经纬仪或锤球引测到楼层上去，同时还须根据图上轴线尺寸用钢尺进行校核。

⑦ 楼层标高控制：各层标高除立皮数杆控制外，还可弹出室内水平线进行控制。底层砌到一定高度后，在各层的里墙身，用水准仪根据龙门板上的±0.000 标高，引出统一标高的测量点（一般比室内地坪高出 200~500mm），然后在墙角两点弹出水平线，依次控制底层过梁、圈梁和楼板底标高。当楼层墙身砌到一定高度后，先从底层水平线用钢尺

往上量各层水平控制线的第一个标志,然后以此标志为准,用水准仪引测再定出各层墙面的水平控制线,以此控制各层标高。

(2) 砌块砌体

1) 施工工艺流程

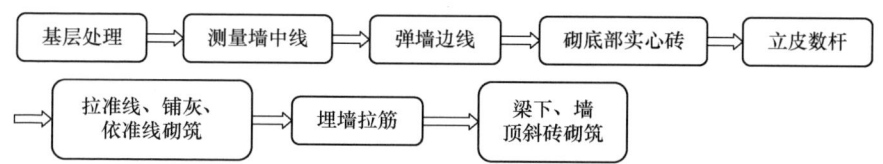

2) 施工要点

① 基层处理:将砌筑加气砖墙体根部的混凝土梁、柱的表面清扫干净,用砂浆找平,拉线,用水平尺检查其平整度。

② 砌底部实心砖:在墙体底部,在砌第一皮加气砖前,应用实心砖砌筑,其高度不宜小于 200mm。

③ 拉准线、铺灰、依准线砌筑:为保证墙体垂直度、水平度,采取分段拉准线砌筑,铺浆要厚薄均匀,每一块砖全长上铺满砂浆,浆面平整,保证灰缝厚度,灰缝厚度宜为 15mm,灰缝要求横平竖直,水平灰缝应饱满,竖缝采用挤浆和加浆方法,不得出现透明缝,严禁用水冲洗灌缝。铺浆后立即放置砌块,要求一次摆正找平。如铺浆后不立即放置砌块,砂浆凝固了,须铲去砂浆,重新砌筑。

④ 埋墙拉筋:与钢筋混凝土柱(墙)的连接,应沿柱(墙)高每隔 500mm 配置 2ϕ6 拉结钢筋,每边伸入墙内不应少于 1000mm。

⑤ 梁下、墙顶斜砖砌筑:与梁的接触处待加气砖砌完一星期后采用灰砂砖斜砌顶紧。

(3) 毛石砌体

1) 施工工艺流程

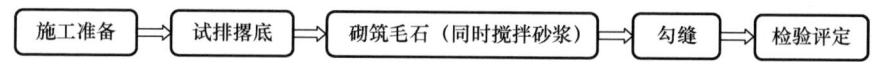

2) 施工要点

① 砂浆用水泥砂浆或水泥混合砂浆,一般用铺浆法砌筑,灰缝厚度应符合要求,且砂浆饱满。毛料石和粗料石砌体的灰缝厚度不宜大于 20mm,细料石砌体的灰缝厚度不宜大于 5mm。

② 毛石砌体宜分皮卧砌,且按内外搭接,上下错缝,拉结石、丁砌石交错设置的原则组砌,不得采用外面侧立石块、中间填心的砌筑方法。每日砌筑高度不宜超过 1.2m,在转角处及交接处应同时砌筑,如不能同时砌筑时,应留斜槎。

③ 毛石墙一般灰缝不规则,对外观要求整齐的墙面,其外皮石材可适当加工。毛石墙的第一皮及转角、交接处和洞口处,应用料石或较大的平毛石砌筑,每个楼层砌体最上一皮应选用较大的毛石砌筑。墙角部分纵横宽度至少为 0.8m。毛石墙在转角处,应采用有直角边的石料砌在墙角一面,根据长短形状纵横搭接砌入墙内,丁字接头处,要选取较为平整的长方形石块,长短纵横砌入墙内,使其在纵横墙中上下皮能相互搭接;毛石墙的第一皮石块及最上一皮石块应选用较大的石块。

④ 平毛石砌筑，第一皮大面向下，以后各皮上下错缝，内外搭接，墙中不应放铲口石和全部对合石，毛石墙必须设置拉结石，拉结石应均匀分布，相互错开，一般每 0.7m² 墙面至少设置一块，且同皮内的中距不大于 2m。拉结石长度，如墙厚等于或小于 400mm，应等于墙厚。墙厚大于 400mm，可用两块拉结石内外搭接，搭接长度不小于 150mm，且其中一块长度不小于墙厚的 2/3。

⑤ 毛石挡土墙一般按 3～4 皮为一个分层高度砌筑，每砌一个分层高度应找平一次；毛石挡土墙外露面灰缝厚度不得大于 40mm，两个分层高度间分层处的错缝不得小于 80mm；对于中间毛石砌筑的料石挡土墙，丁砌料石应深入中间毛石部分的长度不应小于 200mm；挡土墙的泄水孔应按设计施工，若无设计规定时，应按每米高度上间隔 2m 左右设置一个泄水孔。

## （三）钢筋混凝土工程

### 1. 常见的模板种类

（1）组合式模板

组合式模板是在现代模板技术中具有通用性强、装拆方便、周转使用次数多的一种新型模板，用它进行现浇混凝土结构施工。可事先按设计要求组拼成梁、柱、墙、楼板的大型模板，整体吊装就位，也可采用散支散拆方法。

1）组合钢模板

组合钢模板由钢模板和配件两大部分组成。配件又由连接件和支承件组成。钢模板主要包括平面模板、阴角模板、阳角模板、连接角模板等。

2）钢框木（竹）胶合板模板

钢框木（竹）胶合板模板，是以热轧异型钢为钢框架，以覆面胶合板作板面，并加焊若干钢筋承托面板的一种组合式模板。面板有木、竹胶合板，单片木面竹芯胶合板等。

（2）工具式模板

工具式模板是针对工程结构构件的特点，研制开发的可持续周转使用的专用性模板。包括大模板、滑动模板、爬升模板、飞模、模壳等。

1）大模板

大模板是大型模板或大块模板的简称。它的单块模板面积大，通常是一面现浇墙使用一块模板，区别于组合钢模板和钢框胶合板模板，故称大模板。如图 4-3、图 4-4 所示。

大模板依其构造和组拼方式可以分为整体式大模板、组合式大模板、拼装式大模板和筒形模板，以及用于外墙面施工的装饰混凝土模板。

2）滑动模板

滑动模板（简称滑模）施工，是现浇混凝土工程的一项施工工艺，与常规施工方法相比，这种施工工艺具有施工速度快、机械化程度高、可节省支模和搭设脚手架所需的工料、能较方便地将模板进行拆散和灵活组装并可重复使用的特点。

3）爬升模板

爬升模板是综合大模板与滑动模板工艺和特点的一种模板工艺，具有大模板和滑动模

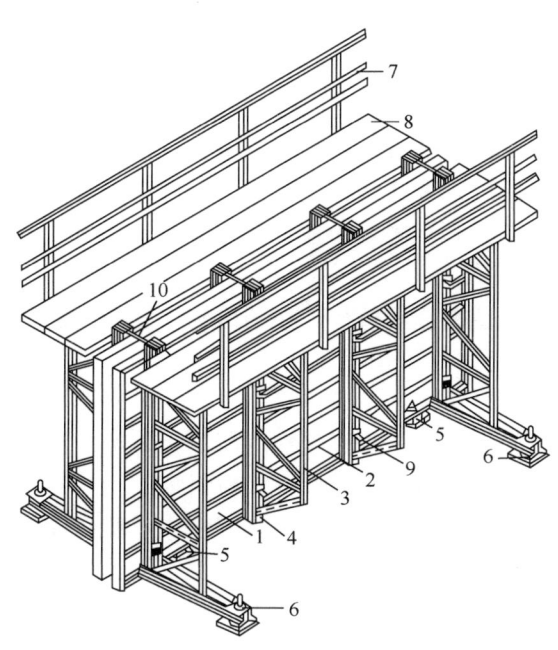

图 4-3 桁架式大模板构造示意

1—面板；2—水平肋；3—支撑桁架；4—竖肋；5—水平调整装置；
6—垂直调整装置；7—栏杆；8—脚手板；9—穿墙螺栓；10—固定卡具

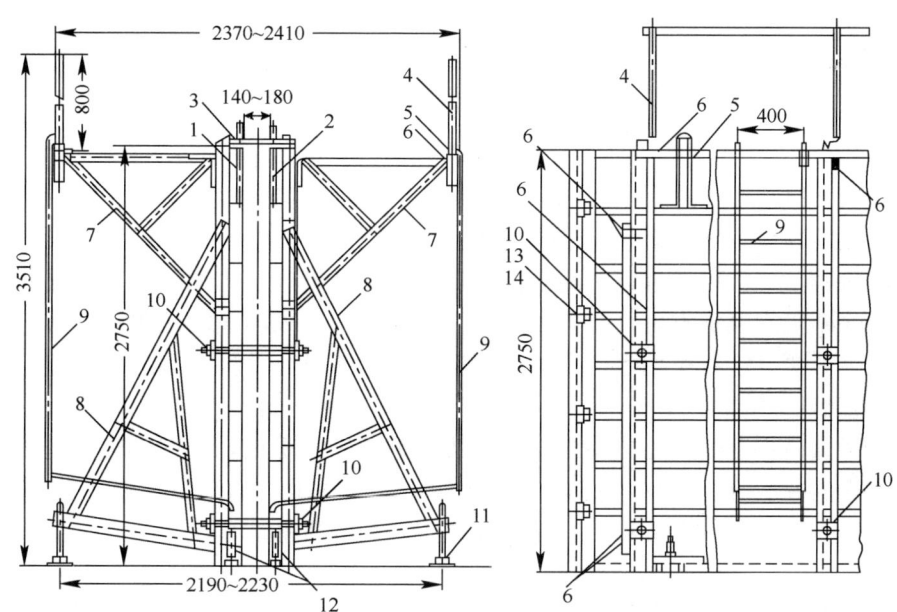

图 4-4 大模板构造

1—反向模板；2—正向模板；3—上口卡板；4—活动护身栏；5—爬梯横担；6—螺栓连接；7—操作平台斜撑；
8—支撑架；9—爬梯；10—穿墙螺栓；11—地脚螺栓；12—地脚；13—反活动角模；14—正活动角模

板共同的优点，尤其适用于超高层建筑施工。它也是一种适用于现浇钢筋混凝土竖向（或倾斜）结构的模板工艺，如墙体、电梯井、桥梁、塔柱等。

4) 飞模

飞模是一种大型工具式模板，因其外形如桌，故又称桌模或台模。由于它可以借助起重机械从已浇筑完混凝土的楼板下吊运飞出转移到上层重复使用，故称飞模。

飞模主要由平台板、支撑系统（包括梁、支架、支撑、支腿等）和其他配件（如升降和行走机构等）组成。它适用于大开间、大柱网、大进深的现浇钢筋混凝土楼盖施工，尤其适用于现浇板柱结构（无柱帽）楼盖的施工。

（3）永久性模板

永久性模板，亦称一次性消耗模板，是在结构构件混凝土浇筑后模板不拆除，并构成构件受力或非受力的组成部分。

1) 压型钢板模板

压型钢板模板，是采用镀锌或经防腐处理的薄钢板，经成型机冷轧成具有梯波形截面的槽型钢板或开口式方盒状钢壳的一种工程模板材料。

压型钢板模板具有加工容易，重量轻，安装速度快，操作简便和取消支、拆模板的烦琐工序等优点。

2) 预应力混凝土薄板模板

预应力混凝土薄板模板，一般是在构件预制工厂的台座上生产，通过施加预应力配筋制作成的一种预应力混凝土薄板构件，这种薄板主要应用于现浇钢筋混凝土楼板工程，薄板本身既是现浇楼板的永久性模板，又是构成楼板的受力结构部分（当与楼板的现浇混凝土叠合后），与楼板组成组合板，或构成楼板的非受力结构部分，只作永久性模板使用。

## 2. 钢筋工程施工工艺

（1）钢筋加工

1) 钢筋除锈

钢筋的表面应洁净。油渍、漆污和用锤敲击时能剥落的浮皮、铁锈等应在使用前清除干净。在焊接前，焊点处的水锈应清除干净。

钢筋的除锈，一般可通过以下两个途径：一是在钢筋冷拉或钢丝调直过程中除锈，对大量钢筋的除锈较为经济省力；二是用机械方法除锈。如采用电动除锈机除锈，对钢筋的局部除锈较为方便。还可采用手工除锈（用钢丝刷、沙盘）、喷砂和酸洗除锈等。

2) 钢筋调直

钢筋的调直是在钢筋加工成型之前，对热轧钢筋进行矫正，使钢筋成为直线的一道工序。钢筋调直的方法分为机械调直和人工调直。以盘圆供应的钢筋在使用前需要进行调直，调直应优先采用机械方法调直，以保证调直钢筋的质量。

3) 钢筋切断

断丝钳切断法：主要用于切断直径较小的钢筋，如钢丝网片、分布钢筋等。

手动切断机：主要用于切断直径在 16mm 以下的钢筋，其手柄长度可根据切断钢筋直径的大小来调，以达到切断时省力的目的。

液压切断器切断法：切断直径在 16mm 以上的钢筋。

4) 钢筋弯曲成型

弯曲成型是指将钢筋加工成设计图纸要求的形状。常用弯曲成型设备是钢筋弯曲成型机，也有的采用简易钢筋弯曲成型装置。

钢筋弯钩和弯折的有关规定如下：

① 受力钢筋

A. HPB300级钢筋末端应作180°弯钩，其弯弧内直径不应小于钢筋直径的2.5倍，弯钩的弯后平直部分长度不应小于钢筋直径的3倍。

B. 当设计要求钢筋末端需作135°弯钩时，300MPa级、400MPa级、500MPa级钢筋的弯弧内直径$D$不应小于钢筋直径的4倍，弯钩的弯后平直部分长度应符合设计要求。

C. 钢筋作不大于90°的弯折时，弯折处的弯弧内直径不应小于钢筋直径的5倍。

② 箍筋

除焊接封闭环式箍筋外，箍筋的末端应作弯钩。弯钩形式应符合设计要求；当设计无具体要求时，应符合下列规定：

A. 箍筋弯钩的弯弧内直径除应满足前述受力钢筋要求外，尚应不小于受力钢筋的直径。

B. 箍筋弯钩的弯折角度：对一般结构，不应小于90°；对有抗震等要求的结构应为135°。

C. 钢筋弯后的平直部分长度：对一般结构，不宜小于箍筋直径的5倍，对有抗震等要求的结构，不应小于箍筋直径的10倍。

(2) 钢筋的连接

钢筋的连接可分为两类：绑扎搭接和机械连接或焊接。当受拉钢筋的直径$d>28$mm及受压钢筋的直径$d>32$mm时，不宜采用绑扎搭接接头。

1) 钢筋绑扎搭接连接

绑扎搭接连接是用20~22号铁丝将两段钢筋扎牢使其连接起来以达到接长的目的。

① 同一构件中相邻纵向受力钢筋的绑扎搭接接头宜相互错开。

② 钢筋绑扎搭接接头连接区段的长度为1.3倍搭接长度，凡搭接接头中点位于该连接区段长度内的搭接接头均属于同一连接区段。当钢筋直径相同时，钢筋搭接接头面积百分率为50%。

③ 位于同一连接区段内的受拉钢筋搭接接头面积百分率：对梁类、板类及墙类构件，不宜大于25%；对柱类构件，不宜大于50%。

④ 在任何情况下，纵向受拉钢筋绑扎搭接接头的搭接长度不应小于300mm，纵向受压钢筋的受压搭接长度不应小于200mm。

2) 钢筋焊接连接

① 钢筋电阻点焊

钢筋电阻点焊是将两根钢筋安放成交叉叠接形式，压紧于两电极之间，利用电阻热熔化母材金属，加压形成焊点的一种压焊方法。

② 钢筋电弧焊

钢筋电弧焊是以焊条作为一极、钢筋为另一极，利用焊接电流通过产生的电弧热进行焊接的一种熔焊方法。

③ 钢筋电渣压力焊

钢筋电渣压力焊是将两根钢筋安放成竖向对接形式，利用焊接电流通过两根钢筋端面间隙,在焊剂层下形成电弧过程和电渣过程,产生电弧热和电阻热,熔化钢筋,加压完成的一种压焊方法。

3) 钢筋机械连接

① 钢筋套筒挤压连接

钢筋套筒挤压连接是将两根待接钢筋插入钢套筒,用挤压连接设备沿径向挤压钢套筒,使之产生塑性变形,依靠变形后的钢套筒与被连接钢筋纵、横肋产生的机械咬合成为整体的钢筋连接方法。

② 钢筋锥螺纹套筒连接

钢筋锥螺纹套筒连接是将两根待接钢筋端头用套丝机做出锥形外丝,然后用带锥形内丝的套筒将钢筋两端拧紧的钢筋连接方法。

③ 钢筋镦粗直螺纹套筒连接

钢筋墩粗直螺纹套筒连接是先将钢筋端头镦粗,再切削成直螺纹,然后用带直螺纹的套筒将钢筋两端拧紧的钢筋连接方法。

④ 钢筋滚压直螺纹套筒连接

钢筋滚压直螺纹套筒连接是利用金属材料塑性变形后冷作硬化增强金属材料强度的特性,使接头与母材等强的连接方法。根据滚压直螺纹成型方式,又可分为直接滚压螺纹、压肋滚压螺纹、剥肋滚压螺纹三种类型。

(3) 钢筋安装

1) 钢筋现场绑扎

钢筋绑扎用的铁丝,可采用20~22号铁丝,其中22号铁丝只用于绑扎直径12mm以下的钢筋。

控制混凝土保护层厚度采用水泥砂浆垫块或塑料卡。水泥砂浆垫块的厚度应等于保护层厚度。垫块的平面尺寸:当保护层厚度等于或小于20mm时为30mm×30mm,大于20mm时为50mm×50mm。当在垂直方向使用垫块时,可在垫块中埋入20号铁丝。

2) 基础钢筋绑扎

① 工艺流程

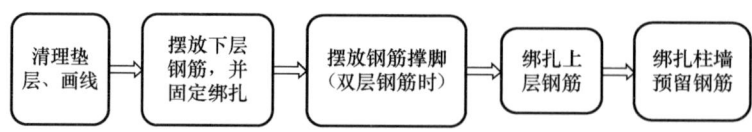

② 施工要点

A. 钢筋网的绑扎。四周两行钢筋交叉点应每点扎牢。中间部分交叉点可相隔交错扎牢,但必须保证受力钢筋不位移。双向主筋的钢筋网,则须将全部钢筋相交点扎牢。绑扎时应注意相邻绑扎点的铁丝扣要成八字形,以免网片歪斜变形。

B. 基础底板采用双层钢筋网时,在上层钢筋网下面应设置钢筋撑脚或混凝土撑脚,以保证钢筋位置正确。

钢筋撑脚每隔1m放置一个。其直径选用:当板厚$h \leqslant 30cm$时为8~10mm;当板厚$h=30~50cm$时为12~14mm;当板厚$h>50cm$时为16~18mm。

C. 钢筋的弯钩应朝上。不要倒向一边；但双层钢筋网的上层钢筋弯钩应朝下。

D. 独立柱基础为双向弯曲，其底面短边的钢筋应放在长边钢筋的上面。

E. 现浇柱与基础连接用的插筋，其箍筋应比柱的箍筋缩小一个柱筋直径，以便连接。插筋位置一定要固定牢靠，以免造成柱轴线偏移。

F. 对厚片筏上部钢筋网片，可采用钢管临时支撑体系。

3) 柱钢筋绑扎

① 工艺流程

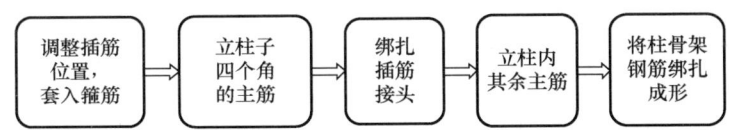

② 施工要点

A. 柱中的竖向钢筋搭接时，角部钢筋的弯钩应与模板成45°（多边形柱为模板内角的平分角，圆形柱应与模板切线垂直）。中间钢筋的弯钩应与模板成90°。如果用插入式振捣器浇筑小型截面柱时，弯钩与模板的角度不得小于15°。

B. 箍筋的接头（弯钩叠合处）应交错布置在四角纵向钢筋上，箍筋转角与纵向钢筋交叉点均应扎牢（箍筋平直部分与纵向钢筋交叉点可间隔扎牢），绑扎箍筋时绑扣相互间应成八字形。

C. 下层柱的钢筋露出楼面部分宜用工具式柱箍将其收进一个柱筋直径，以利于上层柱的钢筋搭接。当柱截面有变化时，其下层柱钢筋的露出部分必须在绑扎梁的钢筋之前先行收缩准确。

D. 框架梁、牛腿及柱帽等钢筋，应放在柱的纵向钢筋内侧。

E. 柱钢筋的绑扎应在模板安装前进行。

4) 墙钢筋绑扎

① 工艺流程

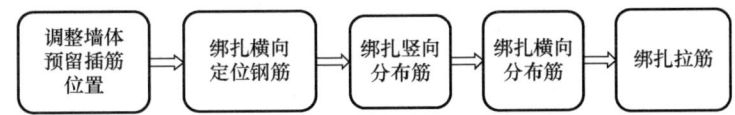

② 施工要点

A. 墙（包括水塔壁、烟囱筒身、池壁等）的垂直钢筋每段长度不宜超过4m（钢筋直径≤12mm）或6m（直径>12mm），水平钢筋每段长度不宜超过8m，以利于绑扎。

B. 墙的钢筋网绑扎同基础，钢筋的弯钩应朝向混凝土内。

C. 采用双层钢筋网时，在两层钢筋间应设置撑铁，以固定钢筋间距。撑铁可用直径6～10mm的钢筋制成，长度等于两层网片的净距，间距约为1m，相互错开排列。

D. 墙的钢筋可在基础钢筋绑扎之后浇筑混凝土前插入基础内。

E. 墙钢筋的绑扎也应在模板安装前进行。

5) 梁钢筋绑扎

① 工艺流程

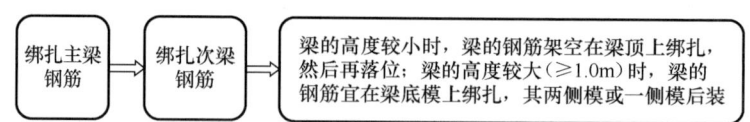

② 施工要点

A. 纵向受力钢筋采用双层排列时,两排钢筋之间应垫以直径≥25mm 的短钢筋,以保持其设计距离。

B. 箍筋的接头(弯钩叠合处)应交错布置在两根架立钢筋上。其余同柱。

C. 框架节点处钢筋穿插十分稠密时,应特别注意梁顶面主筋间的净距要有 30mm,以利于浇筑混凝土。

D. 梁钢筋的绑扎与模板安装之间的配合关系:a. 梁的高度较小时,梁的钢筋架空在梁顶上绑扎,然后再落位;b. 梁的高度较大(≥1.0m)时,梁的钢筋宜在梁底模上绑扎,其两侧模或一侧模后装。

6) 板钢筋绑扎

① 工艺流程

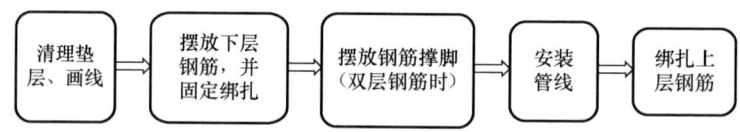

② 施工要点

A. 现浇楼板钢筋的绑扎是在梁钢筋骨架放下之后进行的。在现浇楼板钢筋铺设时,对于单向受力板,应先铺设平行于短边方向的受力钢筋,后铺设平行于长边方向的分布钢筋;对于双向受力板,应先铺设平行于短边方向的受力钢筋,后铺设平行于长边方向的受力钢筋。须特别注意,板上部的负筋、主筋与分布钢筋的相交点必须全部绑扎,并垫上保护层垫块。如楼板为双层钢筋时,两层钢筋之间应撑铁,以确保两层钢筋之间的有效高度。管线应在负筋没有绑扎前预埋好,以免施工人员施工时过多地踩到负筋。

B. 板、次梁与主梁交叉处,板的钢筋在上,次梁的钢筋居中,主梁的钢筋在下;当有圈梁或垫梁时,主梁的钢筋在上。

C. 板的钢筋网绑扎与基础相同。但应注意板上部的负筋,要防止被踩下,特别是雨篷、挑檐、阳台等悬臂板。要严格控制负筋位置,以免拆模后断裂。

(4) 植筋施工

在钢筋混凝土结构上钻出孔洞,注入胶粘剂,植入钢筋,待其固化后即完成植筋施工。用此法植筋犹如原有结构中的预埋筋,能使所植钢筋的技术性能得以充分利用。

### 3. 混凝土工程施工工艺

混凝土工程施工包括混凝土拌合料的制备、运输、浇筑、振捣、养护等工艺过程,传统的混凝土拌合料是在混凝土配合比确定后在施工现场进行配料和拌制而成的。近年来,混凝土拌合料的制备实现了工业化生产,大多数城市实现了混凝土集中预拌,商品化供应混凝土拌合料,施工现场的混凝土工程施工工艺减少了制备过程。

(1) 混凝土拌合料的运输

1) 运输要求

混凝土拌合料自商品混凝土厂装车后,应及时运至浇筑地点。混凝土拌合料运输过程中一般要求:

① 保持其均匀性,不离析、不漏浆;
② 运到浇筑地点时应具有设计配合比所规定的坍落度;
③ 应在混凝土初凝前浇入模板并捣实完毕;
④ 保证混凝土浇筑能连续进行。

2) 运输时间

混凝土从搅拌机中卸出到浇筑完毕的延续时间不得超过表 4-3 中所列的数值。若使用快硬水泥或掺有促凝剂的混凝土,其运输时间由试验确定,轻骨料混凝土的运输、浇筑延续时间应适当缩短。

混凝土从搅拌机中卸出到浇筑完毕的延续时间 (min)　　　　表 4-3

| 混凝土强度等级 | 气温低于 25℃ | 气温高于 25℃ |
| --- | --- | --- |
| C30 及 C30 以下 | 120 | 90 |
| 高于 C30 | 90 | 60 |

3) 运输方案及运输设备

混凝土拌合料自搅拌站运至工地,多采用混凝土搅拌运输车,在工地内,混凝土运输目前可以选择的组合方案有:

①"泵送"方案;
②"塔式起重机+料斗"方案。

(2) 混凝土浇筑

混凝土浇筑就是将混凝土放入已安装好的模板内并振捣密实以形成符合要求的结构或构件的施工过程,包括布料、振捣、抹平等工序。

1) 混凝土浇筑的基本要求

① 混凝土应分层浇筑,分层捣实,但两层混凝土浇捣时间间隔不超过规范规定。
② 浇筑应连续作业,在竖向结构中如浇灌高度超过 3m 时,应采用溜槽或串筒下料。
③ 在浇筑竖向结构混凝土前,应先在浇筑处底部填入 50~100mm 厚与混凝土内砂浆成分相同的水泥浆或水泥砂浆(接浆处理)。
④ 浇筑过程应经常观察模板及其支架、钢筋、埋设件和预留孔洞的情况,当发现有变形或位移时,应立即快速处理。

2) 混凝土振捣

在浇筑过程中,必须使用振捣工具振捣混凝土,尽快将拌合物中的空气振出,因为空气含量太多的混凝土会降低强度。用于振捣密实混凝土拌合物的机械,按其作业方式可分为内部振动器、表面振动器、外部振动器和振动台。

(3) 混凝土养护

养护方法有自然养护、蒸汽养护、蓄热养护等。

对混凝土进行自然养护,是指在平均气温高于+5℃的条件下于一定时间内使混凝土保持湿润状态。自然养护又可分为洒水养护和喷洒塑料薄膜养生液养护等。

洒水养护是用吸水保温能力较强的材料(如草帘、芦席、麻袋、锯末等)将混凝土覆盖,经常洒水使其保持湿润。养护时间长短取决于水泥品种,硅酸盐水泥、普通硅酸盐水泥和矿渣硅酸盐水泥拌制的混凝土,不少于 7d;火山灰质硅酸盐水泥和粉煤灰硅酸盐水泥拌制的混凝土,不少于 14d;有抗渗要求的混凝土,不少于 14d。洒水次数以能保持混凝土具有足够的润湿状态为宜。养护初期和气温较高时应增加洒水次数。

喷洒塑料薄膜养生液养护适用于不易洒水养护的高耸构筑物和大面积混凝土结构及缺水地区。

对于表面积大的构件(如地坪、楼板、屋面、路面等),也可用湿土、湿砂覆盖,或沿构件周边用黏土等围住,在构件中间蓄水进行养护。

混凝土必须养护至其强度达到 1.2MPa 以上,才准在上面行人和架设支架、安装模板,且不得冲击混凝土,以免振动和破坏正在硬化过程中的混凝土的内部结构。

## (四)钢结构工程

### 1. 钢结构的主要连接方法

(1) 焊接

钢结构工程常用的焊接方法有:药皮焊条手工电弧焊、埋弧焊、气体保护焊。

1) 药皮焊条手工电弧焊:原理是在涂有药皮的金属电极与焊件之间施加电压,由于电极强烈放电导致气体电离,产生焊接电弧,高温下致使焊条和焊件局部熔化,形成气体、熔渣、熔池,气体和熔渣对熔池起保护作用,同时,熔渣与熔池金属产生冶炼反应后凝固成焊渣,冷却凝成焊缝,固态焊渣覆盖于焊缝金属表面后成形。

2) 埋弧焊:是当今生产效率较高的机械化焊接方法之一,又称焊剂层下自动电弧焊。焊丝与母材之间施加电压并相互接触放弧后使焊丝端部及电弧区周围的焊剂及母材熔化,形成金属熔滴、熔池及熔渣。金属熔池受到浮于表面的熔渣和焊剂蒸气的保护,不与空气接触,避免有害气体侵入。埋弧焊焊接具有质量稳定、焊接生产率高、无弧光、烟尘少等优点,是压力容器、管段制造、焊接 H 型钢、十字形、箱形截面梁柱制作的主要方法。

3) 气体保护焊:包括钨极氩弧焊(TIG)、熔化极气体保护焊(GMAW)。目前应用较多的是 $CO_2$ 气体保护焊。$CO_2$ 气体保护焊是采用喷枪喷出 $CO_2$ 气体作为电弧焊的保护介质,使熔化金属与空气隔绝,保护焊接过程的稳定。用于钢结构的 $CO_2$ 气体保护焊按焊丝分为:实心焊丝 $CO_2$ 气体保护焊(GMAW)和药芯焊丝 $CO_2$ 气体保护焊(FCAW)。按熔滴过渡形式分为:短路过渡、滴状过渡、射滴过渡。按保护气体性质分为:纯 $CO_2$ 气体保护焊和 $Ar+CO_2$ 气体保护焊。

(2) 螺栓连接

1) 普通螺栓连接

建筑钢结构中常用的普通螺栓牌号为 Q235。普通螺栓强度等级要低,一般为 4.4S、

4.8S、5.6S 和 8.8S。例如 4.8S，"S"表示级，"4"表示栓杆抗拉强度为 400MPa，0.8 表示屈强比，则屈服强度为 400×0.8＝320MPa。

建筑钢结构中使用的普通螺栓，一般为六角头螺栓，常用规格有 M8、M10、M12、M16、M20、M24、M30、M36、M42、M48、M56、M64 等。普通螺栓质量等级按加工制作质量及精度分为 A、B、C 三个等级，A 级加工精度最高，C 级最差，A 级螺栓为精制螺栓，B 级螺栓为半精制螺栓，A、B 级适用于拆装式结构或连接部位需传递较大剪力的重要结构中，C 级螺栓为粗制螺栓，由圆钢压制而成，适用于钢结构安装中的临时固定，或用于承受静载的次要连接。普通螺栓可重复使用，建筑结构主结构螺栓连接，一般应选用高强螺栓，高强螺栓不可重复使用，属于永久连接的预应力螺栓。

2）高强度螺栓连接

高强度螺栓连接按受力机理分为：摩擦型高强度螺栓和承压型高强度螺栓。摩擦型高强度螺栓靠连接板叠间的摩擦阻力传递剪力，以摩擦力刚好被克服作为连接承载力的极限状态；承压型高强度螺栓是当剪力大于摩擦阻力后，以栓杆被剪断或连接板被挤坏作为承载力极限。

高强度螺栓按形状不同分为：大六角头型高强度螺栓和扭剪型高强度螺栓。大六角头型高强度螺栓一般采用指针式扭力（测力）扳手或预置式扭力（定力）扳手施加预应力，目前使用较多的是电动扭矩扳手，按拧紧力矩的 50% 进行初拧，然后按 100% 拧紧力矩进行终拧，大型节点初拧后，按初拧力矩进行复拧，最后终拧。扭剪型高强度螺栓的螺栓头为盘头，栓杆端部有一个承受拧紧反力矩的十二角体（梅花头），和一个能在规定力矩下剪断的断颈槽。扭剪型高强度螺栓通过特制的电动扳手，拧紧时对螺母施加顺时针力矩，对梅花头施加逆时针力矩，终拧至栓杆端部断颈拧掉梅花头为止。

大六角头螺栓常用的是 8.8S 和 10.9S 这两个强度等级，扭剪型螺栓只有 10.9S，目前扭剪型 10.9S 使用较为广泛。10.9S 中的 10 表示抗拉强度为 1000MPa，9 表示屈服强度比为 0.9，屈服强度为 900MPa。国标扭剪型高强螺栓为 M16、M20、M22、M24 四种，非国标有 M27、M30 两种；国标大六角高强螺栓有 M12、M16、M20、M22、M24、M27、M30 等型号。

（3）自攻螺钉连接

自攻螺钉多用于薄金属板间的连接，连接时先对被连接板制出螺纹底孔，再将自攻螺钉拧入被连接件螺纹底孔中，由于自攻螺钉螺纹表面具有较高硬度（≥HRC45），其螺纹具有弧形三角截面普通螺纹，螺纹表面也具有较高硬度，可在被连接板的螺纹底孔中攻出内螺纹，从而形成连接。

自攻螺钉分为自钻自攻螺钉与普通自攻螺钉。不同之处在于普通自攻螺钉在连接时，须经过钻孔（钻螺纹底孔）和攻丝（包括紧固连接）两道工序；而自钻自攻螺钉在连接时，是将钻孔和攻丝两道工序合并后一次完成，先用螺钉前面的钻头进行钻孔，接着就用螺钉进行攻丝和紧固连接，可节约施工时间，提高工效。

自攻螺钉具有低拧入力矩和高锁紧性能的特点，在轻型钢结构中广泛应用。

（4）铆钉连接

铆钉连接按照铆接应用情况，可以分为活动铆接、固定铆接、密缝铆接，在建筑工程中一般不使用。

## 2. 钢结构安装施工工艺

钢结构施工包括制作与安装两部分。
(1) 钢结构安装工艺流程

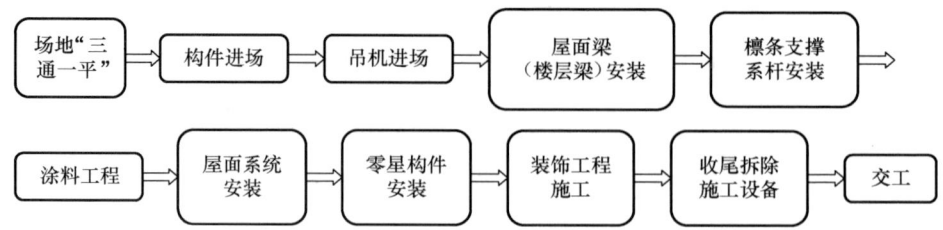

(2) 钢结构安装施工要点
1) 吊装前准备工作

① 安装前应对基础轴线和标高、预埋板位置、预埋与混凝土紧贴性进行检查、检测和办理交接手续。

② 超出规定的偏差，在吊装之前应设法消除，构件制作允许偏差应符合规范要求。

③ 准备好所需的吊具、吊索、钢丝绳、电焊机及劳保用品，为调整构件的标高准备好各种规格的铁垫片、钢楔。

2) 吊装工作

① 吊点采用四点绑扎，绑扎点应用软材料垫至其中以防钢构件受损。

② 起吊时先将钢构件吊离地面50cm左右，使钢构件中心对准安装位置中心，然后徐徐升钩，将钢构件吊至需连接位置即刹车对准预留螺栓孔，并将螺栓穿入孔内，初拧作临时固定，同时进行垂直度校正和最后固定，经校正后，并终拧螺栓作最后固定。

3) 钢构件连接要点

① 钢构件螺栓连接要点

A. 钢构件拼装前应检查清除飞边、毛刺、焊接飞溅物等，摩擦面应保持干燥、整洁，不得在雨中作业。

B. 高强度螺栓在大六角头上部有规格和螺栓号，安装时其规格和螺栓号要与设计图上要求相同，螺栓应能自由穿入孔内，不得强行敲打，并不得气割扩孔，穿放方向符合设计图纸的要求。

C. 从构件组装到螺栓拧紧，一般要经过一段时间，为防止高强度螺栓连接副的扭矩系数、标高偏差、预拉力和变异系数发生变化，高强度螺栓不得兼作安装螺栓。

D. 为使被连接板叠密贴，应从螺栓群中央顺序向外施拧，即从节点中刚变大的中央按顺序向下受约束的边缘施拧。为防止高强度螺栓连接副的表面处理涂层发生变化影响预拉力，应在当天终拧完毕，为了减少先拧与后拧的高强度螺栓预拉力的差别，其拧紧必须分为初拧和终拧两步进行，对于大型节点，螺栓数量较多，则需要增加一道复拧工序，复拧扭矩仍等于初拧的扭矩，以保证螺栓均达到初拧值。

E. 高强度六角头螺栓施拧采用的扭矩扳手和检查采用的扭矩扳手在扳前和扳后均应进行扭矩校正。其扭矩误差应分别为使用扭矩的±5%和±3%。

对于高强度螺栓终拧后的检查，可用"小锤击法"逐个进行检查，此外应进行扭矩抽查，如果发现欠拧漏拧者，应及时补拧到规定扭矩，如果发现超拧的螺栓应更换。

对于高强度大六角螺栓扭矩检查采用"松扣、回扣法"，即先在累平杆的相对应位置划一组直线，然后将螺母退回约 30°～50°，再拧到与细直线重合时测定扭矩，该扭矩与检查扭矩的偏差在检查扭矩的±10%范围内为合格，扭矩检查应在终拧 1h 后进行，并在终拧后 24h 之内完成检查。

F. 高强度螺栓上、下接触面处加有 1/20 以上斜度时应采用垫圈垫平。高强度螺栓孔必须是钻成的，孔边应无飞边、毛刺，中心线倾斜度不得大于 2mm。

② 钢构件焊接连接要点

A. 焊接区表面及其周围 20mm 范围内，应用钢丝刷、砂轮、氧乙炔火焰等工具，彻底清除待焊处表面的氧化皮、锈、油污、水等污物。施焊前，焊工应复核焊接件的接头质量和焊接区域的坡口、间隙、钝边等的处理情况。当发现有不符合要求时，应修整合格后方可施焊。

B. 厚度 12mm 以下板材，可不开坡口，采用双面焊，正面焊电流稍大，熔深达 65%～70%，反面达 40%～55%。厚度大于 12～20mm 的板材，单面焊后，背面清根，再进行焊接。厚度较大板，开坡口焊，一般采用手工打底焊。

C. 多层焊时，一般每层焊高为 4～5mm，多道焊时，焊丝离坡口面 3～4mm 处焊。

D. 填充层总厚度低于母材表面 1～2mm，稍凹，不得熔化坡口边。

E. 盖面层应使焊缝对坡口熔宽每边 3±1mm，调整焊速，使余高为 0～3mm。

F. 焊道两端加引弧板和熄弧板，引弧和熄弧焊缝长度应大于或等于 80mm。引弧和熄弧板长度应大于或等于 150mm。引弧和熄弧板应采用气割方法切除，并修磨平整，不得用锤击落。

G. 埋弧焊每道焊缝熔敷金属横截面的成型系数（宽度：深度）应大于 1。

H. 不应在焊缝以外的母材上打火引弧。

## （五）防水工程

### 1. 防水工程的主要种类

根据所用材料的不同，防水工程可分为柔性防水和刚性防水两大类。柔性防水用的是各类卷材和沥青胶结料等柔性材料；刚性防水采用的主要是砂浆和混凝土类的刚性材料。防水砂浆防水通过增加防水层厚度和提高砂浆层的密实性来达到防水要求。防水混凝土是通过采用较小的水灰比，适当增加水泥用量和砂率，提高灰砂比，采用较小的骨料粒径，严格控制施工质量等措施，从材料和施工两方面抑制和减少混凝土内部孔隙的形成，特别是抑制孔隙间的连通，堵塞渗透水通道，靠混凝土本身的密实性和抗渗性来达到防水要求的混凝土。为了提高混凝土的防水要求，还可通过在混凝土中加入一定量的外加剂，如减水剂、加气剂、防水剂及膨胀剂等，以改善混凝土性能和结构的组成，提高其密实性和抗渗性，达到防水要求。一般有加气剂防水混凝土、减水剂防水混凝土、三乙醇胺防水混凝土、氯化铁防水混凝土等。

按工程部位和用途，防水工程又可分为屋面防水工程、地下防水工程、楼地面防水工程三大类。

## 2. 防水工程施工工艺

(1) 防水砂浆工程施工工艺

1) 刚性多层抹面水泥砂浆防水施工

刚性多层抹面水泥砂浆防水工程是利用不同配合比的水泥浆和水泥砂浆分层分次施工，相互交替抹压密实，充分切断各层次毛细孔网，形成一多层防渗的封闭防水整体。

① 工艺流程

② 施工要点

A. 刚性防水层的背水面基层的防水层采用四层做法（"二素二浆"），迎水面基层的防水层采用五层做法（"三素二浆"）。素浆和水泥浆的配合比按表4-4选用。

普通水泥砂浆防水层的配合比　　　表4-4

| 名称 | 配合比（质量比） | | 水灰比 | 适用范围 |
|---|---|---|---|---|
| | 水泥 | 砂 | | |
| 素浆 | 1 | — | 0.55～0.60 | 水泥砂浆防水层的第一层 |
| 素浆 | 1 | — | 0.37～0.40 | 水泥砂浆防水层的第三、五层 |
| 砂浆 | 1 | 1.5～2.0 | 0.40～0.50 | 水泥砂浆防水层的第二、四层 |

B. 施工前要进行基层处理，清理干净表面、浇水湿润、补平表面蜂窝孔洞，使基层表面平整、坚实、粗糙，以增加防水层与基层间的粘结力。

C. 防水层每层应连续施工，素灰层与砂浆层应在同一天内施工完毕。为了保证防水层抹压密实，防水层各层间及防水层与基层间粘结牢固，必须做好素灰抹面、水泥砂浆揉浆和收压等施工关键工序。素灰层要求薄而均匀，抹面后不易干撒水泥粉。揉浆是使水泥砂浆素灰相互渗透结合牢固，即保护素灰层又起防水作用，揉浆时严禁加水，以免引起防水层开裂、起粉、起砂。

2) 掺防水剂水泥砂浆防水施工

掺防水剂的水泥砂浆又称防水砂浆，是在水泥砂浆中掺入占水泥重量的3%～5%各种防水剂配制而成，常用的防水剂有氯化物金属盐类防水剂和金属皂类防水剂。

防水层施工时的环境温度为5～35℃，必须在结构变形或沉降趋于稳定后进行。为防止裂缝产生，可在防水层内增设金属网片。其施工方法有：

① 抹压法。先在基层涂刷一层1∶0.4的水泥浆（重量比），随后分层铺抹防水砂浆，每层厚度为5～10mm，总厚度不小于20mm。每层应抹压密实，待下一层养护凝固后再铺抹上一层。

② 扫浆法。施工先在基层薄涂一层防水净浆，随后分层铺刷防水砂浆，第一层防水砂浆经养护凝固后铺刷第二层，每层厚度为10mm，相邻两层防水砂浆铺刷方向互相垂直，最后将防水砂浆表面扫出条纹。

③ 氯化铁防水砂浆施工。先在基层涂刷一层防水净浆，然后抹底层防水砂浆，其厚

12mm 分两遍抹压，第一遍砂浆阴干后，抹压第二遍砂浆；底层防水砂浆抹完 12h 后，抹压面层防水砂浆，其厚 13mm 分两遍抹压，操作要求同底层防水砂浆。

3）聚合物水泥砂浆施工

掺入各种树脂乳液的防水砂浆，其抗渗能力，可单独用于防水工程或作防渗漏水工程的修补，获得较好的防水效果。因其价格较高，聚合物掺量比例要求较严。

（2）防水混凝土施工工艺

1）施工工艺流程

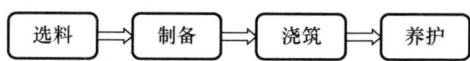

2）施工要点

① 选料：水泥强度等级不低于 42.5MPa，水化热低，抗水（软水）性好，泌水性小（即保水性好），有一定的抗侵蚀性的水泥。粗骨料选用级配良好、粒径 5～30mm 的碎石。细骨料选用级配良好、平均粒径 0.4mm 的中砂。

② 制备：在保证能振捣密实的前提下水灰比尽可能小，一般不大于 0.6，坍落度不大于 50mm，水泥用量在 320～400kg/m³ 之间，砂率取 35%～40%。

③ 防水混凝土施工

A. 模板

防水混凝土所用模板，除满足一般要求外，应特别注意模板拼缝严密，保证不漏浆。对于贯穿墙体的对拉螺栓，要加止水片，做法是在对拉螺栓中部焊一块 2～3mm 厚，80mm×80mm 的钢板，止水片与螺栓必须满焊严密，拆模后沿混凝土结构边缘将螺栓割断。也可以使用膨胀橡胶止水片，做法是将膨胀橡胶止水片紧套于对拉螺栓中部即可。

B. 钢筋

为了有效地保护钢筋和阻止钢筋的引水作用，迎水面防水混凝土的钢筋保护层厚度，不得小于 50mm。留设保护层，应以相同配合比的细石混凝土或水泥砂浆制成垫块，将钢筋垫起，严禁以钢筋垫钢筋。钢筋以及绑扎铁丝均不得接触模板。若采用铁马凳架设钢筋时，在不能取掉的情况下，应在铁马凳上加焊止水环，防止水沿铁马凳渗入混凝土结构。

C. 混凝土

在浇筑过程中，应严格分层连续浇筑，每层厚度不宜超过 300～400mm，机械振捣密实。浇筑防水混凝土的自由落下高度不得超过 1.5m。在常温下，混凝土终凝后（一般浇筑后 4～6h），就应在其表面覆盖草袋，并经常浇水养护，保持湿润，由于抗渗等级发展慢，养护时间比普通混凝土要长，故防水混凝土养护时间不少于 14d。防水混凝土结构拆模时，必须注意结构表面与周围气温的温差不应过大（一般不大于 15℃），否则会由于混凝土结构表面局部产生温度应力而出现裂缝，影响混凝土的抗渗性。拆模后应及时进行填土，以避免混凝土因干缩和温差产生裂缝，也有利于混凝土后期强度的增长和抗渗性提高。

D. 施工缝

底板混凝土应连续浇筑，不得留施工缝。墙体一般只允许留水平施工缝，其位置一般宜留在高出底板上表面不小于 500mm 的墙身上，如必须留设垂直施工缝时，则应留在结构的变形缝处。

为了使接缝严密，继续浇筑混凝土前，应将施工缝处混凝土凿毛，清除浮粒和杂物，用水清洗干净并保持湿润，再铺上一层厚 20～50mm 与混凝土成分相同的水泥砂浆，然后继续浇筑混凝土。

（3）防水涂料防水工程施工工艺

防水涂料防水层属于柔性防水层。

涂料防水层是用防水涂料涂刷于结构表面所形成的表面防水层。一般采用外防外涂和外防内涂施工方法。常用的防水涂料有橡胶沥青类防水涂料、聚氨酯防水涂料、硅橡胶防水涂料、丙烯酸酯防水涂料、沥青类防水涂料等。

1）施工工艺流程

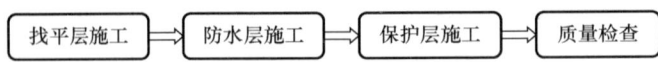

找平层施工 ⇒ 防水层施工 ⇒ 保护层施工 ⇒ 质量检查

2）施工要点

① 找平层施工（表 4-5）

找平层的种类及施工要求　　　　表 4-5

| 找平层类别 | 施工要点 | 施工注意事项 |
| --- | --- | --- |
| 水泥砂浆找平层 | （1）砂浆配合比要称量准确，搅拌均匀，砂浆铺设应按由远到近、由高到低的程序进行，在每一分格内最好一次连续抹成，并用 2m 左右的直尺找平，严格掌握坡度。<br>（2）待砂浆稍收水后，用抹子抹平压实压光。终凝前，轻轻取出嵌缝木条。<br>（3）铺设找平层 12h 后，需洒水养护或喷冷底子油养护。<br>（4）找平层硬化后，应用密封材料嵌填分格缝 | （1）注意气候变化，如气温在 0℃ 以下，或终凝前可能下雨时，不宜施工。<br>（2）底层为塑料薄膜隔离层防水层或不吸水保温层时，宜在砂浆中加减水剂并严格控制稠度。<br>（3）完工后表面少踩踏。砂浆表面不允许撒干水泥或水泥浆压光。<br>（4）屋面结构为装配式钢筋混凝土屋面板时，应用细石混凝土嵌缝，嵌缝的细石混凝土宜掺微膨胀剂，强度等级不应小于 C20。当板缝宽度大于 40mm 或上窄下宽时，板缝内应设置构造钢筋。灌缝高度应与板平齐，板端应用密封材料嵌缝 |
| 沥青砂浆找平层 | （1）基层必须干燥，然后满涂冷底子油 1～2 道，涂刷要薄而均匀，不得有气泡和空白，涂刷后表面保持清洁。<br>（2）待冷底子油干燥后可铺设沥青砂浆，其虚铺厚度约为压实后厚度的 1.30～1.40 倍。<br>（3）待砂浆刮平后，即用火滚进行滚压（夏天温度较高时，筒内可不生火）。滚压至平整、密实、表面没有蜂窝、不出现压痕为止。滚筒应保持清洁，表面可涂刷柴油。滚压不到之处可用烙铁烫压平整，施工完毕后避免在上面踩踏。<br>（4）施工缝应留成斜槎，继续施工时接槎处应清理干净并刷热沥青一遍，然后铺沥青砂浆，用火滚或烙铁烫平 | （1）检查屋面板等基层安装牢固程度。不得有松动之处。屋面应平整、找好坡度并清扫干净。<br>（2）雾、雨、雪天不得施工。一般不宜在气温 0℃ 以下施工。如在严寒地区必须在气温 0℃ 以下施工时应采取相应的技术措施（如分层分段流水施工及采取保温措施等） |

续表

| 找平层类别 | 施工要点 | 施工注意事项 |
| --- | --- | --- |
| 细石混凝土找平层 | （1）细石混凝土宜采用机械搅拌和机械振捣。浇筑时混凝土的坍落度应控制在10mm，浇捣密实。灌缝高度应低于板面10~20mm。表面不宜压光。<br>（2）浇筑完板缝混凝土后，应及时覆盖并浇水养护7d，待混凝土强度等级达到C15时，方可继续施工 | 施工前用细石混凝土对管壁四周处稳固堵严并进行密封处理，施工时节点处应清洗干净予以湿润，吊模后振捣密实。沿管的周边划出8~10mm沟槽，采用防水类卷材、涂料或油膏裹住立管、套管和地漏的沟槽内，以防止楼面的水有可能顺管道接缝处出现渗漏现象 |

② 防水层施工

A. 涂刷基层处理剂

基层处理剂涂刷时应用刷子用力薄涂，使涂料尽量刷进基层表面的毛细孔。并将基层可能留下来的少量灰尘等无机杂质，像填充料一样混入基层处理剂中，使之与基层牢固结合。这样即使屋面上灰尘不能完全清扫干净，也不会影响涂层与基层的牢固粘结。特别在较为干燥的屋面上进行溶剂型防水涂料施工时，使用基层处理剂打底后再进行防水涂料涂刷，效果相当明显。

B. 涂布防水涂料

厚质涂料宜采用铁抹子或胶皮板刮涂施工；薄质涂料可采用棕刷、长柄刷、圆滚刷等进行人工涂布，也可采用机械喷涂。涂料涂布应分条或按顺序进行，分条进行时，每条宽度应与胎体增强材料宽度相一致，以避免操作人员踩踏刚涂好的涂层。流平性差的涂料，为便于抹压，加快施工进度，可以采用分条间隔施工的方法，条带宽800~1000mm。

C. 铺设胎体增强材料

在涂刷第二遍涂料时，或第三遍涂料涂刷前，即可加铺胎体增强材料。胎体增强材料可采用湿铺法或干铺法铺贴。

湿铺法是在第二遍涂料涂刷时，边倒料、边涂布、边铺贴的操作方法。

干铺法是在上道涂层干燥后，边干铺胎体增强材料，边在已展平的表面上用刮板均匀满刮一道涂料。也可将胎体增强材料按要求在已干燥的涂层上展平后，用涂料将边缘部位点粘固定，然后再在上面满刮一道涂料，使涂料浸入网眼渗透到已固化的涂膜上。

胎体增强材料可以是单一品种的，也可以采用玻璃纤维布和聚酯纤维布混合使用。混合使用时，一般下层采用聚酯纤维布，上层采用玻璃纤维布。

D. 收头处理

为了防止收头部位出现翘边现象，所有收头均应用密封材料压边，压边宽度不得小于10mm，收头处的胎体增强材料应裁剪整齐，如有凹槽时应压入凹槽内，不得出现翘边、皱折、露白等现象，否则应进行处理后再涂封密封材料。

③ 保护层施工（表4-6）

保护层的种类及施工要求　　　　　表 4-6

| 保护层类别 | 施工要点 | 施工注意事项 |
|---|---|---|
| 细石混凝土保护层 | 适宜顶板和底板使用。先以氯丁系胶粘剂（如 404 胶等）花粘虚铺一层石油沥青纸胎油毡作保护隔离层，再在油毡隔离层上浇筑细石混凝土，用于顶板保护层时厚度不应小于 70mm。用于底板时厚度不应小于 50mm | 浇筑混凝土时不得损坏油毡隔离层和卷材防水层，如有损坏应及时用卷材接缝胶粘剂补粘一块卷材修补牢固，再继续浇筑细石混凝土 |
| 水泥砂浆保护层 | 适宜立面使用。在三元乙丙等高分子卷材防水层表面涂刷胶粘剂，以胶粘剂撒粘一层细砂，并用压辊轻轻滚压使细砂粘牢在防水层表面，然后再抹水泥砂浆保护层。使之与防水层能粘结牢固，起到保护立面卷材防水层的作用 |  |
| 泡沫塑料保护层 | 适用于立面。在立面卷材防水层外侧用氯丁系胶粘剂直接粘贴 5～6mm 厚的聚乙烯泡沫塑料板做保护层。也可以用聚醋酸乙烯乳液粘贴 40mm 厚的聚苯泡沫塑料做保护层 | 这种保护层为轻质材料，故在施工及使用过程中不会损坏卷材防水层 |
| 砖墙保护层 | 适用于立面。在卷材防水层外侧砌筑永久保护墙，并在转角处及每隔 5～6m 断开，断开的缝中填以卷材条或沥青麻丝；保护墙与卷材防水层之间的空隙应随时以砌筑砂浆填实 | 要注意在砌砖保护墙时，切勿损坏已完工的卷材防水层 |

（4）卷材防水工程施工工艺

1）施工工艺流程

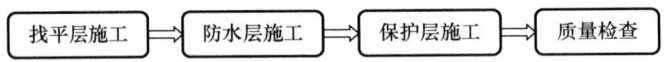

找平层施工 → 防水层施工 → 保护层施工 → 质量检查

2）施工要点

① 地面防水可采用在水泥类找平层上铺设沥青类防水卷材、防水涂料或水泥类材料防水层，以涂膜防水最佳。

② 水泥类找平层表面应坚固、洁净、干燥。铺设防水卷材或涂刷涂料前应涂刷基层处理剂，基层处理剂应采用与卷材性能配套（相容）的材料，或采用同类涂料的底子油。

③ 当采用掺有防水剂的水泥类找平层作为防水隔离层时，防水剂的掺入量和水泥强度等级（或配合比）应符合设计要求。

④ 地面防水层应做在面层以下，四周卷起，高出地面不小于 100mm。

⑤ 地面向地漏处的排水坡度一般为 2‰～3‰，地漏周围 50mm 范围内的排水坡度为 3‰～5‰。地漏标高应根据门口至地漏的坡度确定，地漏上口标高应低于周围 20mm 以上，以利于排水畅通。地面排水坡度和坡向应正确，不可出现倒坡和低洼。

⑥ 所有穿过防水层的预埋件、紧固件注意连接可靠（空心砌体，必要时应将局部用 C10 混凝土填实），其周围均应采用高性能密封材料密封。洁具、配件等设备沿墙周边及地漏口周围、穿墙、地管道周围均应嵌填密封材料，地漏离墙面净距离宜≥80mm。

⑦ 轻质隔墙离地 100～150mm 以下应做成 C15 混凝土；混凝土空心砌块砌筑的隔墙，最下一层砌块之空心应用 C10 混凝土填实；卫生间防水层宜从地面向上一直做到楼板底；公共浴室还应在平顶粉刷中加作聚合物水泥基防水涂膜，厚度≥0.5mm。

⑧ 卷材防水应采用沥青防水卷材或高聚物改性沥青防水卷材，所选用的基层处理剂、胶粘剂应与卷材配套。防水卷材及配套材料应有产品合格证书和性能检测报告，材料的品种、规格、性能等应符合现行国家产品标准和设计要求。

# 五、施工项目管理

施工项目管理是指建筑企业运用系统的观点、理论和方法，对施工项目进行的决策、计划、组织、控制、协调等全过程的全面管理。

施工项目管理具有以下特点：

（1）施工项目管理的主体是建筑企业。其他单位都不进行施工项目管理，例如建设单位对项目的管理称为建设项目管理，设计单位对项目的管理称为设计项目管理。

（2）施工项目管理的对象是施工项目。施工项目管理周期包括工程投标、签订施工合同、施工准备、施工、竣工验收、保修等。施工项目具有多样性、固定性和体型庞大等特点，因此施工项目管理具有先有交易活动，后有"生产成品"，生产活动和交易活动很难分开等特殊性。

（3）施工项目管理的内容是按阶段变化的。由于施工项目各阶段管理内容差异大，因此要求管理者必须进行有针对性的动态管理，要使资源优化组合，以提高施工效率和效益。

（4）施工项目管理要求强化组织协调工作。由于施工项目生产活动具有独特性（单件性）、流动性、露天作业、工期长、需要资源多，且施工活动涉及的经济关系、技术关系、法律关系、行政关系和人际关系复杂等特点，因此，必须通过强化组织协调工作才能保证施工活动的顺利进行。主要强化办法是优选项目经理，建立调度机构，配备称职的调度人员，努力使调度工作科学化、信息化，建立起动态的控制体系。

## （一）施工项目管理的内容及组织

### 1. 施工项目管理的内容

施工项目管理包括以下八方面内容：

（1）建立施工项目管理组织

根据施工项目管理组织原则，结合工程规模、特点，选择合适的组织形式，建立施工项目管理机构，明确各部门、各岗位的责任、权限和利益；在符合企业规章制度的前提下，根据施工项目管理的需要，制定施工项目经理部管理制度。

（2）编制施工项目管理规划

在工程投标前，由企业管理层编制施工项目管理大纲，对施工项目管理从投标到保修期满进行全面的纲要性规划。施工项目管理大纲可以用施工组织设计替代。

在工程开工前，由项目经理组织编制施工项目管理实施规划，对施工项目管理从开工到交工验收进行全面的指导性规划。当承包人以施工组织设计代替项目管理规划时，施工组织设计应满足项目管理规划的要求。

(3) 施工项目的目标控制

在施工项目实施的全过程中，应对项目质量、进度、成本和安全目标进行控制，以实现项目的各项约束性目标。其控制的基本过程是：确定各项目标控制标准；在实施过程中，通过检查、对比，衡量目标的完成情况；将衡量结果与标准进行比较，若有偏差，分析原因，采取相应的措施以保证目标的实现。

(4) 施工项目的生产要素管理

施工项目的生产要素主要包括劳动力、材料、设备、技术和资金。管理生产要素的内容有：分析各生产要素的特点；按一定的原则、方法，对施工项目的生产要素进行优化配置并评价；对施工项目各生产要素进行动态管理。

(5) 施工项目的合同管理

为了确保施工项目管理及工程施工的技术组织效果和目标实现，从工程投标开始，就要加强工程承包合同的策划、签订、履行和管理。同时，还应做好签证与索赔工作，讲究索赔的方法和技巧。

(6) 施工项目的信息管理

进行施工项目管理和施工项目目标控制、动态管理，必须在项目实施的全过程中，充分利用计算机对项目有关的各类信息进行收集、整理、储存和使用，提高项目管理的科学性和有效性。

(7) 施工现场的管理

在施工项目实施过程中，应对施工现场进行科学有效的管理，以达到文明施工、保护环境、塑造良好的企业形象、提高施工管理水平的目的。

(8) 组织协调

协调和控制都是计划目标实现的保证。在施工项目实施过程中，应进行组织协调，沟通和处理好内部及外部的各种关系，排除各种干扰和障碍。

## 2. 施工项目管理的组织机构

(1) 施工项目管理组织的主要形式

施工项目管理组织的形式是指在施工项目管理组织中处理管理层次、管理跨度、部门设置和上下级关系的组织结构的类型。主要的管理组织形式有直线式、职能式、矩阵式、事业部式等。

1) 直线式

直线式项目组织是指为了完成某个特定项目，从企业各职能部门抽调专业人员组成项目经理部。项目经理部的成员与原来的职能部门暂时脱离管理关系，成为项目的全职人员。项目部各职能部门（或岗位）对工程的成本、进度、质量、安全等目标进行控制，并由项目经理组织和协调各职能部门的工作，其形式如图5-1所示。

直线式组织适用于大型项目以及工期要求紧，要求多工种、多部门密切配合的项目。图5-2是某大型施工项目中采用的直线式组织结构。

2) 职能式

职能式项目组织是指在各管理层之间设置职能部门，上下层次通过职能部门进行管理的一种组织结构形式。在这种组织形式中，由职能部门在所管辖的业务范围内指挥下级。这种

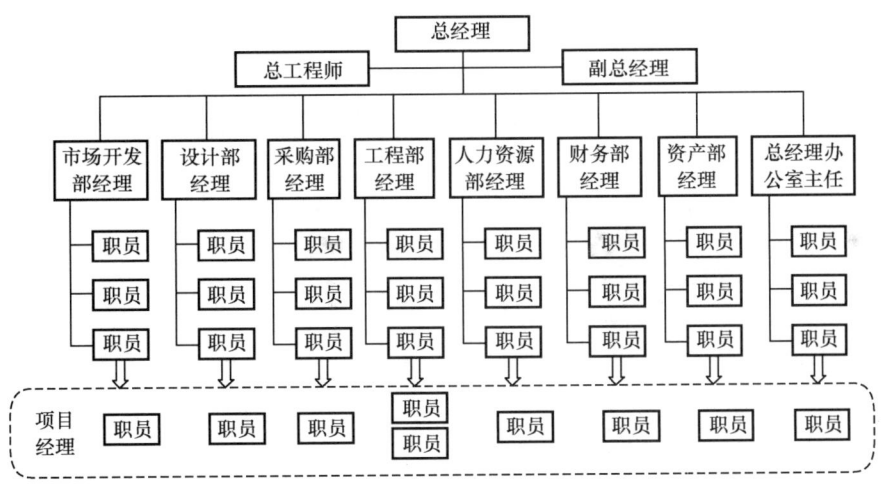

图 5-1 直线式项目组织示意图

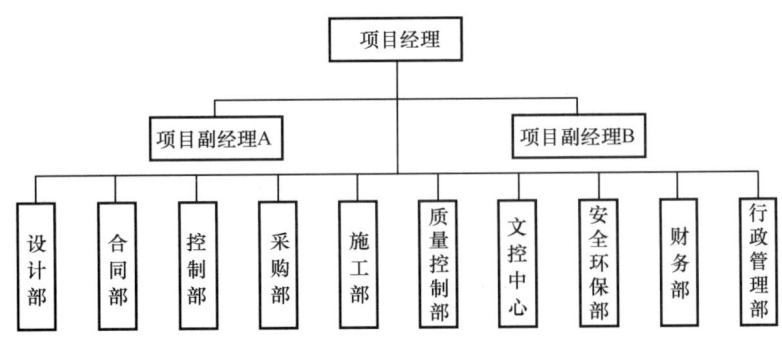

图 5-2 某施工项目采用的直线式组织结构

组织形式加强了施工项目目标控制的职能化分工，能够发挥职能机构的专业化管理作用，但由于一个工作部门有多个指令源，可能使下级在工作中无所适从，其形式如图 5-2 所示。

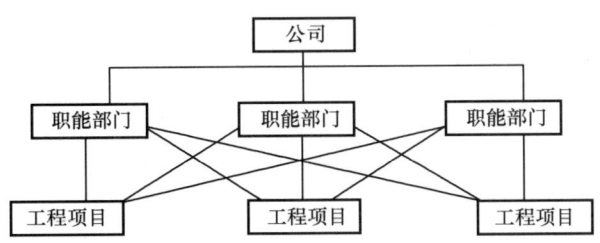

图 5-3 职能式项目组织示意图

3）矩阵式

矩阵式项目组织是指结构形式呈矩阵状的组织，其项目管理人员由企业有关职能部门派出并进行业务指导，接受项目经理的直接领导，其形式如图 5-4 所示。

矩阵式项目组织适用于同时承担多个需要进行项目管理工程的企业。在这种情况下，各项目对专业技术人才和管理人员都有需求，加在一起数量较大，采用矩阵式组织可以充分利用有限的人才对多个项目进行管理，特别有利于发挥优秀人才的作用；适用于大型、

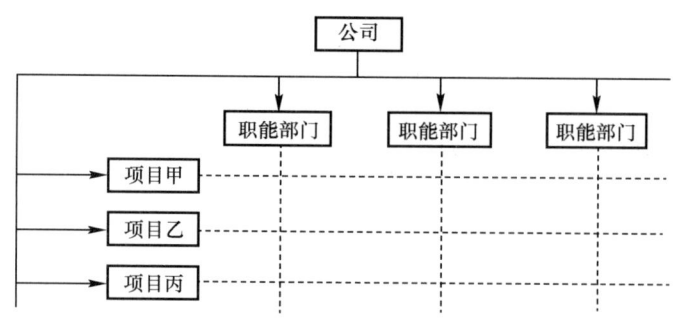

图 5-4 矩阵式项目组织形式示意图

复杂的施工项目。因大型复杂的施工项目要求多部门、多技术、多工种配合实施，在不同阶段，对不同人员，在数量和搭配上有不同的需求。

4）事业部式项目组织

企业成立事业部，事业部对企业来说是职能部门，对外界来说享有相对独立的经营权，是一个独立单位。事业部可以按地区设置，也可以按工程类型或经营内容设置，在事业部下边设置项目经理部。项目经理由事业部选派，一般对事业部负责，有的可以直接对业主负责，这是根据其授权程度决定的。

事业部式项目组织适用于大型经营性企业的工程承包，特别是适用于远离公司本部的工程承包。需要注意的是，一个地区只有一个项目，没有后续工程时，不宜设立地区事业部，也就是说它适用于在一个地区内有长期市场或一个企业有多种专业化施工力量时采用。在这种情况下，事业部与地区市场同寿命，地区没有项目时，该事业部应撤销。

（2）施工项目经理部

施工项目经理部是由企业授权，在施工项目经理的领导下建立的项目管理组织机构，是施工项目的管理层，其职能是对施工项目实施阶段进行综合管理。

1）项目经理部的性质

施工项目经理部的性质可以归纳为以下三方面：

① 相对独立性。施工项目经理部的相对独立性主要是指它与企业存在着双重关系。一方面，它作为企业的下属单位，同企业存在着行政隶属关系，要绝对服从企业的全面领导；另一方面，它又是一个施工项目独立利益的代表，存在着独立的利益，同企业形成一种经济承包或其他形式的经济责任关系。

② 综合性。施工项目经理部的综合性主要表现在以下几方面：

A. 施工项目经理部是企业所属的经济组织，主要职责是管理施工项目的各种经济活动。

B. 施工项目经理部的管理职能是综合的，包括计划、组织、控制、协调、指挥等多方面。

C. 施工项目经理部的管理业务是综合的，从横向看包括人、财、物、生产和经营活动，从纵向看包括施工项目全寿命周期的主要过程。

③ 临时性。施工项目经理部是企业一个施工项目的责任单位，随着项目的开工而成立，随着项目的竣工而解体。

2）项目经理部的作用

① 负责施工项目从开工到竣工的全过程施工生产经营的管理，对作业层负有管理与服务的双重责任；

② 为项目经理决策提供信息依据，执行项目经理的决策意图，由项目经理全面负责；

③ 项目经理部作为项目团队，应具有团队精神，完成企业所赋予的基本任务，即项目管理；凝聚管理人员的力量；协调部门之间、管理人员之间的关系；影响和改变管理人员的观念和行为，沟通部门之间、项目经理部与作业队之间、与公司之间、与环境之间的关系；

④ 项目经理部是代表企业履行工程承包合同的主体，对项目产品和建设单位负责。

3）建立施工项目经理部的基本原则

① 根据所设计的项目组织形式设置。因为项目组织形式与项目的管理方式有关，与企业对项目经理部的授权有关。不同的组织形式对项目经理部的管理力量和管理职责提出了不同要求，提供了不同的管理环境。

② 根据施工项目的规模、复杂程度和专业特点设置。例如，大型项目经理部可以设职能部、处；中型项目经理部可以设处、科；小型项目经理部一般只需设职能人员即可。如果项目的专业性强，便可设置专业性强的职能部门，如水电处、安装处、打桩处等。

③ 根据施工工程任务需要调整。项目经理部是一个具有弹性的一次性管理组织，随着工程项目的开工而组建，随着工程项目的竣工而解体，不应搞成一级固定性组织。在工程施工开始前建立，在工程竣工交付使用后解体。项目经理部不应有固定的作业队伍，而是根据施工的需要，由企业（或授权给项目经理部）在社会市场吸收人员，进行优化组合和动态管理。

④ 适应现场施工的需要。项目经理部的人员配置应面向现场，满足现场的计划与调度、技术与质量、成本与核算、劳务与物资、安全与文明施工的需要，而不应设置专营经营与咨询、研究与发展、政工与人事等与项目施工关系较少的非生产性管理部门。

4）项目经理部部门设置

不同企业的项目经理部，其部门的数量、名称和职责都有较大差异，但以下5个部门是基本的：

① 经营核算部门。主要负责工程预结算、合同与索赔、资金收支、成本核算、工资分配等工作。

② 技术管理部门。主要负责生产调度、文明施工、劳动管理、技术管理、施工组织设计、计划统计等工作。

③ 物资设备供应部门。主要负责材料的询价、采购、计划供应、管理、运输，工具管理，机械设备的租赁，保养维修等工作。

④ 质量安全部门。主要负责工程质量、安全管理、消防保卫、环境保护等工作。

⑤ 安全后勤部门。主要负责行政管理、后勤保险等工作。

5）项目部岗位设置及职责

① 岗位设置。根据项目大小不同，人员安排不同，项目部领导层从上往下设置项目经理、项目技术负责人等；项目部设置最基本的六大岗位：施工员、质量员、安全员、资料员、造价员、测量员，其他还有材料员、标准员、机械员、劳务员等（图5-5）。

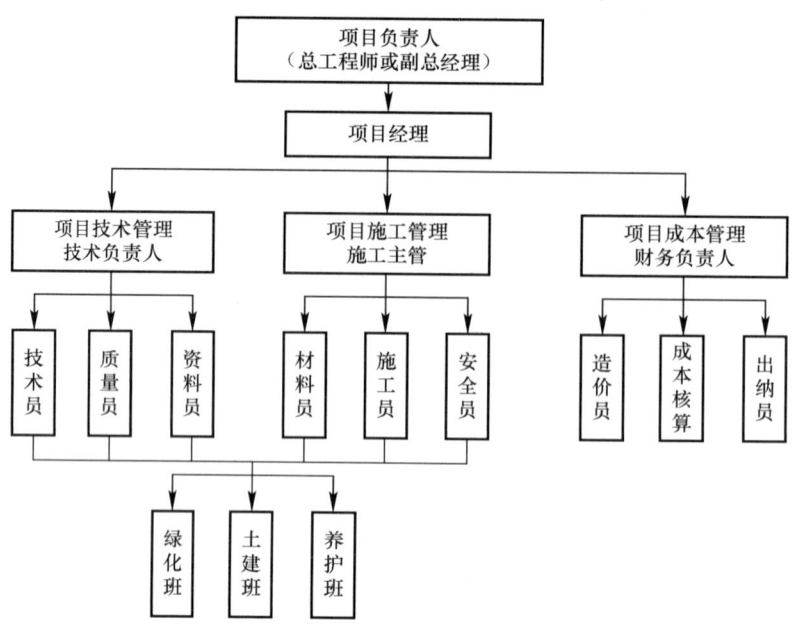

图 5-5 为某项目部组织机构框图

② 岗位职责。在现代施工企业的项目管理中，施工项目经理是施工项目的最高责任人和组织者，是决定施工项目盈亏的关键性角色。一般说来，人们习惯于将项目经理定位于企业的中层管理者或中层干部，然而由于项目管理及项目环境的特殊性，在实践中的项目经理所行使的管理职权与企业职能部门的中层干部往往是有所不同的。前者体现在决策职能的增强上，着重于目标管理；而后者则主要表现为控制职能的强化，强调和讲究的是过程管理。实际上，项目经理应该是职业经理式的人物，是复合型人才，是通才。其应懂法律、善管理、会经营、敢负责、能公关等，具有各方面的较为丰富的经验和知识，而职能部门的负责人则往往是专才，是某一技术专业领域的专家。对项目经理的素质和技能要求在实践中往往是同企业中的总经理完全相同的。

项目技术负责人是在项目部经理的领导下，负责项目部施工生产、工程质量、安全生产和机械设备管理工作。

施工员、质量员、安全员、资料员、造价员、测量员、材料员、标准员、机械员、劳务员都是项目的专业人员，是施工现场的管理者。

6）项目经理部的解体

项目经理部是一次性具有弹性的施工现场生产组织机构，工程临近结尾时，业务管理人员乃至项目经理要陆续撤走，因此，必须重视项目经理部的解体和善后工作。企业工程管理部门是项目经理部解体善后工作的主管部门，主要负责项目经理部的解体后工程项目在保修期间问题的处理，包括因质量问题造成的返（维）修、工程剩余价款的结算以及回收等。

## （二）施工项目目标控制

施工项目的目标控制主要包括：施工项目进度控制、施工项目质量控制、施工项目成本控制、施工项目安全控制四个方面。

**1. 施工项目目标控制的任务**

（1）施工项目进度控制的任务

施工项目进度控制的总目标是确保施工项目的合同工期的实现，或者在保证施工质量和不因此而增加施工实际成本的条件下，适当缩短工期。

施工项目进度控制的任务是：在既定的工期内，编制出最优的施工进度计划；在执行该计划的施工中，经常检查施工实际进度情况，并将其与计划进度相比较；若出现偏差，便分析产生的原因和对工期的影响程度，找出必要的调整措施，修改原计划，不断地如此循环，直至工程竣工验收。

（2）施工项目质量控制的任务

施工项目质量控制的任务是：在准备阶段编制施工技术文件，制定质量管理计划和质量控制措施、进行施工技术交底；在项目施工阶段对实施情况进行监督、检查和测量，并将项目实施结果与事先制定的质量标准进行比较，判断其是否符合质量标准，找出存在的质量问题，分析质量问题的形成原因，采取补救措施。

（3）施工项目成本控制的任务

施工项目成本控制的任务是：先预测目标成本，然后编制成本计划；在项目实施过程中，收集实际数据，进行成本核算；对实际成本和计划成本进行比较，如果发生偏差，应及时进行分析，查明原因，并及时采取有效措施，不断降低成本。将各项生产费用控制在原来所规定的标准和预算之内，以保证实现规定的成本目标。

（4）施工项目安全控制的任务

施工项目安全管理的内容包括职业健康、安全生产和环境管理。

职业健康管理的主要任务是制定并落实职业病、传染病的预防措施；为员工配备必要的劳动保护用品，按要求购买保险；组织员工进行健康体检，建立员工健康档案等。

安全生产管理的主要任务是制定安全管理制度、编制安全管理计划和安全事故应急预案；识别现场的危险源，采取措施预防安全事故；重视安全教育培训、安全检查，提高员工的安全意识和安全生产素质。

环境管理的主要任务是规范现场的场容环境，保持作业环境的整洁卫生；预防环境污染事件，减少施工对周围居民和环境的影响等。

**2. 施工项目目标控制的措施**

（1）施工项目进度控制的措施

施工项目进度控制的措施主要有组织措施、技术措施、合同措施、经济措施和信息管理措施等。

组织措施主要是指落实各级进度控制的人员及其具体任务和工作责任，建立进度控制的组织系统；按照施工项目的结构、施工阶段或合同结构的层次进行项目分解，确定各分项工程进度控制的工期目标，建立进度控制的工期目标体系；建立进度控制的工作制度，如定期检查的时间、方法，召开协调会议的时间、参加人员等，并对影响施工实际进度的主要因素进行分析和预测，制订调整施工实际进度的组织措施。

技术措施主要是指应尽可能采用先进的施工技术、方法和新材料、新工艺、新技术，保证进度目标实现；落实施工方案，在发生问题时，能适时调整工作之间的逻辑关系，加快施工进度。

合同措施是指通过合同的跟踪控制保证工期进度的实现，即保持总进度控制目标与合同总工期相一致；分包合同的工期符合总包合同要求；供货、供电、运输、构件加工等合同规定的提供服务时间与有关的进度控制目标相一致。

经济措施是指要制订切实可行的实现施工计划进度所必需的资金保证措施，包括落实实现进度目标的保证资金；签订并实施关于工期和进度的经济承包责任制；建立并实施关于工期和进度的奖惩制度。

信息管理措施是指建立完善的工程统计管理体系和统计制度，详细、准确、定时地收集有关工程实际进度情况的资料和信息，并进行整理统计，得出工程施工实际进度完成情况的各项指标，将其与施工计划进度的各项指标进行比较，定期地向建设单位提供施工进度比较报告。

（2）施工项目质量控制的措施

1）提高管理、施工及操作人员自身素质

管理、施工及操作人员素质的高低对工程质量起决定性的作用。首先，应提高所有参与工程施工人员的质量意识，让他们树立五大观念，即质量第一的观念、预控为主的观念、为用户服务的观念、用数据说话的观念以及社会效益与企业效益相结合的综合效益观念。其次，要搞好人员培训，提高员工素质。要对现场施工人员进行质量、施工技术、安全等方面的教育和培训，提高施工人员的综合素质。

2）建立完善的质量保证体系

工程项目质量保证体系是指现场施工管理组织的施工质量自控系统或管理系统，即施工单位为保证工程项目的质量管理和目标控制，以现场施工管理组织机构为基础，通过质量目标的确定和分解，管理人员和资源的配置，建立质量管理制度并完善，形成具有质量控制和质量保证能力的工作系统。

施工项目质量保证体系的内容应根据施工管理的需要并结合工程特点进行设置，具体如下：

① 施工项目质量控制的目标体系；
② 施工项目质量控制的工作分工；
③ 施工项目质量控制的基本制度；
④ 施工项目质量控制的工作流程；
⑤ 施工项目质量计划或施工组织设计；
⑥ 施工项目质量控制点的设置和控制措施的制订；
⑦ 施工项目质量控制关系网络设置及运行措施。

3）加强原材料质量控制

一是提高采购人员的政治素质和质量鉴定水平，使那些既有一定专业知识又忠于事业的人担任该项工作。二是采购材料要广开门路，综合比较，择优进货。三是施工现场材料人员要会同工地负责人、甲方等有关人员对现场设备及进场材料进行检查验收。特殊材料要有说明书和试验报告、生产许可证，对钢材、水泥、防水材料、混凝土外加剂等必须进行复试和见证取样试验。

4) 提高施工的质量管理水平

每项工程均应有总体施工方案，每一分项工程施工之前也要做到方案先行，并且施工方案必须实行分级审批制度，方案审完后还要做出样板，反复对样板中存在的问题进行修改，直至达到设计要求方可执行。在工程实施过程中，应根据出现的新问题、新情况，及时对施工方案进行修改。

5) 确保施工工序的质量

工程项目的施工过程是由一系列相互关联、相互制约的工序所构成，工序质量是构成工程质量的最基本的单元，上道工序存在质量缺陷或隐患，不仅会使本工序质量达不到标准的要求，而且直接影响下道工序及后续工程的质量与安全，进而影响最终成品的质量。因此，在施工中要建立严格的交接班检查制度，在每一道工序进行中，必须坚持自检、互检。如监理人员在检查时发现质量问题，应分析产生问题的原因，要求承包人采取合适的措施进行修整或返工。处理完毕，检查合格后方可进行下一道工序施工。

6) 加强施工项目的过程控制

施工人员的控制。施工项目管理人员由项目经理统一指挥，各自按照岗位标准进行工作，公司随时对项目管理人员的工作状态进行考核，并如实记录考察结果存入工程档案之中，依据考核结果，奖优罚劣。

施工材料的控制。施工材料的选购，必须是经过考察后合格的、信誉好的材料供应商，在材料进场前必须先报验，经检测部门合格后的材料方能使用，从而保证质量，并节约成本。

施工工艺的控制。施工工艺的控制是决定工程质量好坏的关键。为了保证工艺的先进性、合理性，公司工程部针对分项分部工程编制作业指导书，并下发各基层项目部技术人员，合理安排创造良好的施工环境，保证工程质量。

加强专项检查，开展自检、专检、互检活动，及时解决问题。各工序完工后由班组长组织质量员对本工序进行自检、互检。自检时，严格执行技术交底及现行规程、规范，在自检中发现问题由班组自行处理并填写自检记录，班组自检记录填写完善，自检的问题已确实修正后，方可由项目专职质量员进行验收。

(3) 施工项目安全控制的措施

1) 安全制度措施

项目经理部必须执行国家、行业、地区安全法规、标准，并以此制定本项目的安全管理制度，主要包括：

① 行政管理方面：安全生产责任制度；安全生产例会制度；安全生产教育制度；安全生产检查制度；伤亡事故管理制度；劳保用品发放及使用管理制度；安全生产奖惩制度；工程开竣工的安全制度；施工现场安全管理制度；安全技术措施计划管理制度；特殊作业安全管理制度；环境保护、工业卫生工作管理制度；锅炉、压力容器安全管理制度；场区交通安全管理制度；防火安全管理制度；意外伤害保险制度；安全检举和控告制度等。

② 技术管理方面：关于施工现场安全技术要求的规定；各专业工种安全技术操作规程；设备维护检修制度等。

2) 安全组织措施

① 建立施工项目安全管理组织系统。

② 建立与项目安全组织系统相配套的各专业、各部门、各生产岗位的安全责任系统。

③ 建立项目经理的安全生产职责及项目班子成员的安全生产职责。

④ 作业人员安全纪律。现场作业人员与施工安全生产关系最为密切，他们遵守安全生产纪律和操作规程是安全控制的关键。

3) 安全技术措施

施工准备阶段的安全技术措施见表 5-1，施工阶段的安全技术措施见表 5-2。

施工准备阶段的安全技术措施    表 5-1

| 施工准备阶段 | 内　容 |
| --- | --- |
| 技术准备 | ① 了解工程设计对安全施工的要求；<br>② 调查工程的自然环境（水文、地质、气候、洪水、雷击等）和施工环境（地下设施、管道及电缆的分布与走向、粉尘、噪声等）对施工安全的影响，及施工时对周围环境安全的影响；<br>③ 当改、扩建工程施工与建设单位使用或生产发生交叉，可能造成双方伤害时，双方应签订安全施工协议，搞好施工与生产的协议，以明确双方责任，共同遵守安全事项；<br>④ 在施工组织设计中，编制切实可行、行之有效的安全技术措施，并严格履行审批手续，送安全部门备案 |
| 物资准备 | ① 及时供应质量合格的安全防护用品（安全帽、安全带、安全网等），满足施工需要；<br>② 保证特殊工种（电工、焊工、爆破工、起重工等）使用的工具器械质量合格，技术性能良好；<br>③ 施工机具、设备（起重机、卷扬机、电锯、平面刨、电气设备）、车辆等需经安全技术性能检测、鉴定合格、防护装置齐全、制动装置可靠，方可进场使用；<br>④ 施工周转材料（脚手杆、扣件、跳板等）须经认真挑选，不符合安全要求的禁止使用 |
| 施工现场准备 | ① 按施工总平面图要求做好现场施工准备；<br>② 现场各种临时设施和库房的布置，特别是炸药库、油库的布置，易燃易爆品的存放都必须符合安全规定和消防要求，并经公安消防部门批准；<br>③ 电气线路、配电设备应符合安全要求，有安全用电防护措施；<br>④ 场内道路应通畅，设交通标志，危险地带设危险信号及禁止通行标志，以保证行人和车辆通行安全；<br>⑤ 现场周围和陡坡及沟坑处设好围栏、防护板，现场入口处设"无关人员禁止入内"的标志及警示标志；<br>⑥ 塔式起重机等起重设备安置应与输电线路、永久的或临设的工程间要有足够的安全距离，避免碰撞，以保证搭设脚手架、安全网的施工距离；<br>⑦ 现场设消防栓，应有足够有效的灭火器材 |
| 施工队伍准备 | ① 新工人、特殊工种工人须经岗位技术培训与安全教育后，持合格证上岗；<br>② 高、险、难作业工人须经身体检查合格后，方可施工作业；<br>③ 开工前，项目经理应对全体人员进行安全教育、安全技术交底，形成由相关人员签字的三级安全教育卡和安全技术交底记录 |

施工阶段的安全技术措施  表 5-2

| 施工准备阶段 | 内　容 |
|---|---|
| 一般施工 | ① 单项工程、单位工程均有安全技术措施，分部分项工程有安全技术具体措施，施工前由技术负责人向有关人员进行安全技术交底；<br>② 安全技术应与施工生产技术相统一，各项安全技术措施必须在相应的工序施工前做好；<br>③ 操作者严格遵守相应的操作规程，实行标准化作业；<br>④ 施工现场的危险地段应设有防护、保险、信号装置及危险警示标志；<br>⑤ 针对采用的新工艺、新技术、新设备、新结构制定专门的施工安全技术措施；<br>⑥ 有预防自然灾害（防台风、雷击、防洪排水、防暑降温、防寒、防冻、防滑等）的专门安全技术措施；<br>⑦ 在明火作业（焊接、切割、熬沥青等）现场应有防火、防爆安全技术措施；<br>⑧ 有特殊工程、特殊作业的专业安全技术措施，如土石方施工安全技术、爆破安全技术、脚手架安全技术、起重吊装安全技术、电气安全技术、高处作业及主体交叉作业安全技术、焊割安全技术、防火安全技术、交通运输安全技术、安装工程安全技术、烟囱及筒仓安全技术等 |
| 拆除工程 | ① 详细调查拆除工程结构特点和强度、电线线路、管道设施等现状，制定可靠的安全技术方案；<br>② 拆除建筑物之前，在建筑物周围划定危险警戒区域，设立安全围栏，禁止无关人员进入作业区；<br>③ 拆除工作开始前，先切断被拆除建筑物的电线、供水、供热、供煤气的通道；<br>④ 拆除工作应按自上而下顺序进行，禁止数层同时拆除，必要时要对底层或下部结构进行加固；<br>⑤ 栏杆、楼梯、平台应与主体拆除程度配合进行，不能先行拆除；<br>⑥ 拆除作业工人应站在脚手架上或稳固的结构部分操作，拆除承重梁和柱之前应先拆除其承重的全部结构、并防止其他部分坍塌；<br>⑦ 拆下的材料要及时清理运走，不得在旧楼板上集中堆放，以免超负荷；<br>⑧ 被拆除的建筑物内需要保留的部分或需保留的设备应事先搭好防护棚；<br>⑨ 一般不采用推倒方法拆除建筑物，必须采用推倒方法的应采取特殊安全措施 |

（4）施工项目成本控制的措施

1）组织措施

组织措施是从施工成本控制的组织方面采取的措施。组织措施是其他各类措施的前提和保障，而且一般不需要增加什么费用，运用得当可以收到良好的效果。组织措施的一方面，要使施工成本控制成为全员的活动。施工成本管理不仅是专业成本管理人员的工作，各级项目管理人员都负有成本控制责任，如实行项目经理责任制，落实施工成本管理的组织机构和人员，明确各级施工成本管理人员的任务和职能分工、权利和责任。另一方面，编制施工成本控制工作计划，确定合理详细的工作流程。要做好施工采购规划，通过生产要素的优化配置、合理使用、动态管理，有效控制实际成本；加强施工定额管理和施工任务管理，控制活劳动和物化劳动的消耗；加强施工调度，避免因施工计划不周和盲目调度造成窝工损失、机械利用率降低、物料积压等而使施工成本增加。

2）技术措施

采取先进的技术措施，走技术与经济相结合的道路，确定科学合理的施工方案和工艺技术，以技术优势来取得经济效益是降低项目成本的关键。首先，制定先进合理的施工方案和施工工艺，合理布置施工现场，不断提高工程施工工业化、现代化水平，以达到缩短工期、提高质量、降低成本的目的。其次，在施工过程中大力推广各种降低消耗、提高工效的新工艺、新技术、新材料、新设备和其他能降低成本的技术革新措施，提高经济效益。最后，加强施工过程中的技术质量检验制度和力度，严把质量关，提高工程质量，杜绝返工现象和损失，减少浪费。

3）经济措施

① 控制人工费用。控制人工费用的根本途径是提高劳动生产率，改善劳动组织结构，减少窝工浪费；实行合理的奖惩制度和激励办法，提高员工的劳动积极性和工作效率；加强劳动纪律，加强技术教育和培训工作；压缩非生产用工和辅助用工，严格控制非生产人员比例。

② 控制材料费。材料费用占工程成本的比例很大，因此，降低成本的潜力最大。降低材料费用的主要措施是制订好材料采购的计划，包括品种、数量和采购时间，减少仓储量，避免出现完料不尽，垃圾堆里有黄金的现象，节约采购费用；改进材料的采购、运输、收发、保管等方面的工作，减少各个环节的损耗；合理堆放现场材料，避免和减少二次搬运和摊销损耗；严格材料进场验收和限额领料控制制度，减少浪费；建立结构材料消耗台账，时时监控材料的使用和消耗情况，制定并贯彻节约材料的各种相应措施，合理使用材料，建立材料回收台账，注意工地余料的回收和再利用。另外，在施工过程中，要随时注意发现新产品、新材料的出现，及时向建设单位和设计院提出采用代用材料的合理建议，在保证工程质量的同时，最大限度地做好增收节支。

③ 控制机械费用。在控制机械使用费方面，最主要的是加强机械设备的使用和管理力度，正确选配和合理利用机械设备，提高机械使用率和机械效率。要提高机械效率必须提高机械设备的完好率和利用率。机械利用率的提高靠人，完好率的提高在于保养和维护。因此，在机械设备的使用和维护方面要尽量做到人机固定，落实机械使用、保养责任制，实行操作员、驾驶员经培训持证上岗，保证机械设备被合理规范的使用，并保证机械设备的使用安全，同时应建立机械设备档案制度，定期对机械设备进行保养维护。另外，要注意机械设备的综合利用，尽量做到一机多用，提高利用率，从而加快施工进度、增加产量、降低机械设备的综合使用费。

④ 控制间接费及其他直接费。间接费是项目管理人员和企业的其他职能部门为该工程项目所发生的全部费用。这一项费用的控制主要应通过精简管理机构，合理确定管理幅度与管理层次，业务管理部门的费用通过实行节约承包来落实，同时对涉及管理部门的多个项目实行清晰分账，落实谁受益谁负担，多受益多负担，少受益少负担，不受益不负担的原则。其他直接费包括临时设施费、工地二次搬运费、生产工具用具使用费、检验试验费和场地清理费等，应本着合理计划、节约为主的原则进行严格监控。

4）合同措施

采用合同措施控制施工成本，应贯穿整个合同周期，包括从合同谈判开始到合同终结的全过程。由于现在的施工合同通常是一种格式合同，合同条款是发包人制定的，所以承包人的合同管理首先是分析承包合同中的潜在风险，通过对引起成本变动的风险因素的识别和分析，制定必要的风险对策，如风险回避、风险转移、风险分散、风险控制和风险自留等。其次，在合同履行期间，承包人要重视工程签证和进度款的结算工作。最后，要密切关注对方合同履行的情况，以及不同合同之间的履约衔接，寻求索赔机会；同时也要密切关注自己履行合同的情况，以防止被对方索赔。

## （三）施工资源与现场管理

### 1. 施工资源管理的任务和内容

施工资源，也称施工项目生产要素，是指投入施工项目的劳动力、材料、机械设备、技术和资金等要素。施工项目生产要素是施工项目管理的基本要素，施工项目管理实际上就是根据施工项目的目标、特点和施工条件，通过对生产要素的有效和有序地组织和管理项目，并实现最终目标。施工项目的计划和控制的各项工作最终都要落实到生产要素管理上。生产要素的管理对施工项目的质量、成本、进度和安全都有重要影响。

（1）施工项目资源管理的内容

1）劳动力。当前，我国在建筑业企业中设置专业作业企业序列，施工综合企业、施工总承包企业和专业承包企业的作业人员按合同由专业作业企业提供。劳动力管理主要依靠专业作业企业，项目经理部协助管理。施工项目中的劳动力，关键在使用，使用的关键在提高效率，提高效率的关键是如何调动作业人员的积极性，调动积极性的最好办法是加强思想政治工作和利用行为科学，从劳动力个人的需要与行为的关系的观点出发，进行恰当的激励。

2）材料。建筑材料按在生产中的作用可分为主要材料、辅助材料和其他材料。其中主要材料指在施工中被直接加工，构成工程实体的各种材料，如钢材、水泥、木材、砂、石等。辅助材料指在施工中有助于产品的形成，但不构成实体的材料，如促凝剂、隔离剂、润滑物等。其他材料指不构成工程实体，但又是施工中必需的材料，如燃料、油料、砂纸、棉纱等。另外，还有周转材料（如脚手架材、模板材等）、工具、预制构配件、机械零配件等。建筑材料还可以按其自然属性分类，包括金属材料、硅酸盐材料、电气材料、化工材料等。施工项目材料管理的重点在现场、在使用、在节约和核算。

3）机械设备。施工项目的机械设备，主要是指作为大型工具使用的大、中、小型机械，既是固定资产，又是劳动手段。施工项目机械设备管理的环节包括选择、使用、保养、维修、改造、更新。其关键在使用，使用的关键是提高机械效率，提高机械效率必须提高利用率和完好率。利用率的提高靠人，完好率的提高在于保养与维修。

4）技术。施工项目技术管理，是对各项技术工作要素和技术活动过程的管理。技术工作要素包括技术人才、技术装备、技术规程、技术资料等。技术活动过程指技术计划、技术运用、技术评价等。技术作用的发挥，除决定于技术本身的水平外，极大程度上还依赖于技术管理水平。没有完善的技术管理，先进的技术是难以发挥作用的。施工项目技术管理的任务有四项：①正确贯彻国家和行政主管部门的技术政策，贯彻上级对技术工作的指示与决定；②研究、认识和利用技术规律，科学地组织各项技术工作，充分发挥技术的作用；③确立正常的生产技术秩序，进行文明施工，以技术保证工程质量；④努力提高技术工作的经济效果，使技术与经济有机地结合。

5）资金。施工项目的资金，是一种特殊的资源，是获取其他资源的基础，是所有项目活动的基础。资金管理主要有以下环节：编制资金计划，筹集资金，投入资金（施工项目经理部收入），资金使用（支出），资金核算与分析。施工项目资金管理的重点是收入与支出问题，收支之差涉及核算、筹资、贷款、利息、利润、税收等问题。

(2) 施工资源管理的任务

1) 确定资源类型及数量。具体包括：①确定项目施工所需的各层次管理人员和各工种工人的数量；②确定项目施工所需的各种物资资源的品种、类型、规格和相应的数量；③确定项目施工所需的各种施工设施的定量需求；④确定项目施工所需的各种来源的资金的数量。

2) 确定资源的分配计划。包括编制人员需求分配计划、编制物资需求分配计划、编制施工设备和设施需求分配计划、编制资金需求分配计划。在各项计划中，明确各种施工资源的需求在时间上的分配，以及在相应的子项目或工程部位上的分配。

3) 编制资源进度计划。资源进度计划是资源按时间的供应计划，应视项目对施工资源的需用情况和施工资源的供应条件而确定编制哪种资源进度计划。如编制资源进度计划能合理地考虑施工资源的运用，将有利于提高施工质量，降低施工成本和加快施工进度。

4) 施工资源进度计划的执行和动态调整。施工项目施工资源管理不能仅停留于确定和编制上述计划，在施工开始前和在施工过程中应落实和执行所编的有关资源管理的计划，并视需要对其进行动态的调整。

**2. 施工现场管理的任务和内容**

施工现场是指从事工程施工活动经批准占用的施工场地。它既包括红线以内占用的建筑用地和施工用地，又包括红线以外现场附近经批准占用的临时施工用地。施工现场管理就是运用科学的思想、组织、方法和手段，对施工现场的人、设备、材料、工艺、资金等生产要素，进行有计划地组织、控制、协调、激励，来保证预定目标的实现。

(1) 施工现场管理的任务

建筑施工现场管理的任务，具体可以归纳为以下几点：

1) 全面完成生产计划规定的任务，含产量、产值、质量、工期、资金、成本、利润和安全等。

2) 按施工规律组织生产，优化生产要素的配置，实现高效率和高效益。

3) 搞好劳动组织和班组建设，不断提高施工现场人员的思想和技术素质。

4) 加强定额管理，降低物料和能源的消耗，减少生产储备和资金占用，不断降低生产成本。

5) 优化专业管理，建立完善管理体系，有效地控制施工现场的投入和产出。

6) 加强施工现场的标准化管理，使人流、物流高效有序。

7) 治理施工现场环境，改变"脏、乱、差"的状况，注意保护施工环境，做到施工不扰民。

(2) 施工项目现场管理的内容

1) 规划及报批施工用地。根据施工项目及建筑用地的特点科学规划，充分、合理使用施工现场场内占地；当场内空间不足时，应同发包人按规定向城市规划部门、公安交通部门申请，经批准后，方可使用场外施工临时用地。

2) 设计施工现场平面图。根据建筑总平面图、单位工程施工图、拟定的施工方案、现场地理位置和环境及政府部门的管理标准，充分考虑现场布置的科学性、合理性、可行性，设计施工总平面图、单位工程施工平面图；单位工程施工平面图应根据施工内容和分包单位的变化，设计出阶段性施工平面图，并在阶段性进度目标开始实施前，通过施工协调会议确认后实施。

3）建立施工现场管理组织。一是项目经理全面负责施工过程中的现场管理，并建立施工项目经理部体系。二是项目经理部应由主管生产的副经理、项目技术负责人，生产、技术、质量、安全、保卫、消防、材料、环保、卫生等管理人员组成。三是建立施工项目现场管理规章制度、管理标准、实施措施、监督办法和奖惩制度。四是根据工程规模、技术复杂程度和施工现场的具体情况，遵循"谁生产、谁负责"的原则，建立按专业、岗位、区片划分的施工现场管理责任制，并组织实施。五是建立现场管理例会和协调制度，通过调度工作实施的动态管理，做到经常化、制度化。

4）建立文明施工现场。一是按照国务院及地方建设行政主管部门颁布的施工现场管理法规和规章，认真管理施工现场。二是按审核批准的施工总平面图布置管理施工现场，规范场容。三是项目经理部应对施工现场场容、文明形象管理做出总体策划和部署，分包人应在项目经理部指导和协调下，按照分区划块原则做好分包人施工用地场容、文明形象管理的规划。四是经常检查施工项目现场管理的落实情况，听取社会公众、近邻单位的意见，发现问题及时处理，不留隐患，避免再度发生，并实施奖惩。五是接受住房和城乡建设行政主管部门的考评和企业对建设工程施工现场管理的定期抽查、日常检查、考评和指导。六是加强施工现场文明建设，展示和宣传企业文化，塑造企业及项目经理部的良好形象。

5）及时清场转移。施工结束后，应及时组织清场，向新工地转移。同时，组织剩余物资退场，拆除临时设施，清除建筑垃圾，按市容管理要求恢复临时占用土地。

# 下篇 基础知识

# 六、工程力学的基本知识

## （一）平面力系的基本概念

### 1. 力的基本性质

（1）力的概念

力是物体之间相互的机械作用，其作用效果是使物体的运动状态发生改变和使物体产生变形。物体在力的作用下运动状态发生改变的效应称为运动效应或外效应，物体在力的作用下产生变形的效应称为变形效应或内效应。

力对物体作用的效应取决于力的大小、方向和作用点，称为力的三要素。力的三要素中任何一项发生变化时，力的作用效果都会发生改变。

力是一个有大小、方向和作用点的矢量，可以用带箭头的线段来表示，其中，线段长度（按一定比例尺）表示力的大小，线段的方向表示力的方向，线段的起点或终点表示力的作用点。

（2）力的单位

在国际单位制（SI）中，力的单位为 N（牛顿）或 kN（千牛顿）。

（3）刚体

所谓刚体是指在力的作用下，其内部任意两点之间的距离始终保持不变的物体，这是一个理想化的力学模型。实际上物体在力的作用时，其内部各点之间的相对距离都要发生改变，这种改变称为位移。各点位移累加的结果便导致物体的形状和尺寸改变，这种改变称为变形。当物体的变形很小时，变形对物体的运动和平衡影响很小，可以忽略不计，可将物体抽象为刚体。

（4）二力平衡公理

如图 6-1 所示，作用于刚体上的两个力使刚体处于平衡的充分和必要条件是：两个力大小相等，方向相反，并作用于同一直线上。

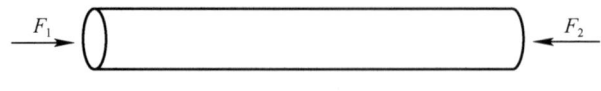

图 6-1 二力平衡

只在两个力作用下处于平衡的物体称为二力体。在工程中，只在两个力作用下处于平衡状态的杆件称为二力杆。

(5) 力的平行四边形法则

作用在同一物体上的相交的两个力，可以合成为一个合力，合力的大小和方向由以这两个力的大小为边长所构成的平行四边形的对角线来表示，作用线通过交点，这个规则叫作力的平行四边形法则，如图 6-2 所示。力的平行四边形法则是反映同一物体上力的合成与分解的基本规则。

当刚体受到三个作用力而平衡时，这三个力的作用线必在同一平面内且汇交于一点，如图 6-3 所示。

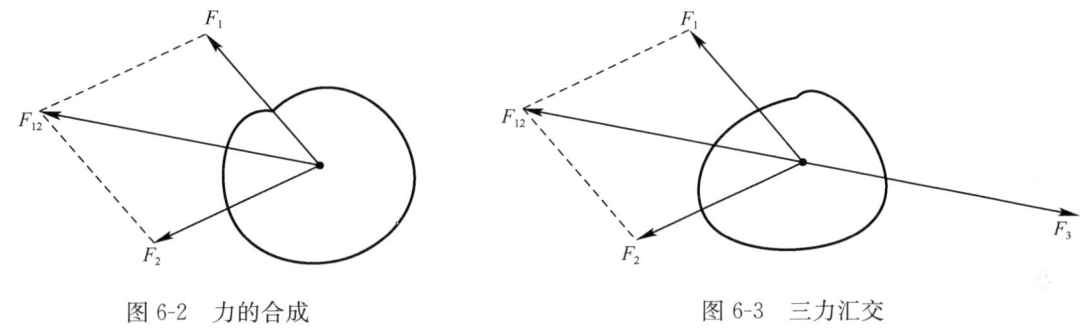

图 6-2　力的合成　　　　　　图 6-3　三力汇交

(6) 作用力与反作用力定律

两个物体间相互作用的一对力，总是大小相等，方向相反，沿同一直线，分别作用在这两个物体上。

(7) 约束与约束反力

位移不受任何限制，在空间中可以自由运动的物体称为自由体。在实际生活中的大多数物体，往往受到一定约束而使其某些运动不能实现，这种物体称为非自由体。限制物体自由运动的条件称为约束。物体受到约束时，物体与约束之间存在着相互作用力，约束对被约束物体的作用力称为约束反力，简称反力。工程中常见的约束类型有以下几种：

1) 柔性体约束

绳索、链条、皮带等对物体的约束属于柔性约束，由于柔性的绳索只能承受拉力，而不能承受压力，故其只能限制重物沿绳索伸长方向的运动。在实际工程中，起重机械吊重物用的钢丝绳对重物的约束均属于柔性约束。

2) 光滑面约束

当物体间的接触面为光滑面时，物体间约束为光滑面约束，此类约束只能限制物体沿接触面在接触点处公法线朝向的约束运动，约束反力为压力。互相啮合的齿轮接触面间的约束可视为光滑面约束。

3) 光滑铰链约束

① 圆柱铰链约束

在机械结构中，常常需要销钉和销孔对金属结构间进行连接，如图 6-4 所示。销钉和销孔间是光滑的，销钉只能够限制两构件在垂直于销钉轴线平面内的相对移动，但不能限制构件绕销钉转动，这种约束称为圆柱铰链约束。

② 固定铰链约束

通过圆柱铰链连接的两构件，当其中一个固定不动时，这种约束称为固定铰链约束，如图 6-5 所示。

③ 活动铰链约束

通过圆柱铰链连接的两构件，当其中一个同时受到光滑面约束时，这种约束称为活动铰链约束，如图 6-6 所示。

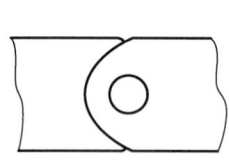 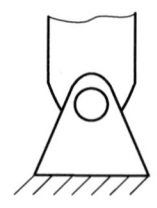 

图 6-4　圆柱铰链　　　　图 6-5　固定铰链　　　　图 6-6　活动铰链

### 2. 平面汇交力系的平衡方程

（1）力系

在工程中，物体往往同时受到若干个力的作用，在这些力的共同作用下发生运动状态或物体外形的变化。作用在物体上的这一组力，即称为力系。

力系按照作用线在空间中的相对位置关系，可分为平面力系和空间力系，各力的作用线都位于同一平面的力系称为平面力系，各力的作用线位于不同平面的力系称为空间力系。

力系按照其中各力的作用线在空间中分布的不同形式，可分为汇交力系、平行力系和一般力系。各力作用线相交于同一点时的力系为汇交力系，各力作用线相互平行时为平行力系，各力作用线既不相交于同一点又不相互平行时为一般力系。

（2）平面汇交力系的合成

平面汇交力系是指力系中各力都在同一平面内，且汇交于一点的力系。平面汇交力系合成的结果是一个合力，合力的矢量等于力系中各力的矢量和，即：

$$F_R = F_1 + F_2 + \cdots + F_n = \sum_{i=1}^{n} F_i$$

在直角坐标系中，合力在任意轴的投影，等于各分力在同一轴上投影的代数和，即：

$$F_{Rx} = F_{1x} + F_{2x} + \cdots + F_{nx} = \sum_{i=1}^{n} F_{ix}$$

$$F_{Ry} = F_{1y} + F_{2y} + \cdots + F_{ny} = \sum_{i=1}^{n} F_{iy}$$

（3）平面汇交力系的平衡方程

平面汇交力系平衡的必要和充分条件是：力系的合力等于零，即 $F_R = \Sigma F_i = 0$。

在直角坐标系中，平面汇交力系平衡的必要和充分条件是：力系中各分力在两坐标轴上投影的代数和为零，即

$$\Sigma F_x = 0$$
$$\Sigma F_y = 0$$

### 3. 力矩、力偶

（1）力矩

力使其作用的刚体绕轴或点转动的效应，可以用力对该轴或点的力矩来表示。力矩是使物体转动的力乘以力到转轴或点的距离，用 $M$ 表示，$M=r\times F$。

（2）力偶

作用在物体上大小相等、方向相反但不共线的一对平行力称为力偶，记为 $(F, F')$。力偶对刚体的效应表现为使刚体的转动状态发生改变。

（3）力偶矩

力偶对物体产生转动效应，用力偶矩来度量，力偶矩等于力与力偶臂的乘积，与矩心位置无关。力偶是一种只有合力矩，而没有合力的系统，力偶不能与力等效，只能与另一个力偶等效。因此，在同一平面内的两个力偶，如果其力偶矩相等，方向相同，则两力偶等效，如图 6-7 所示。

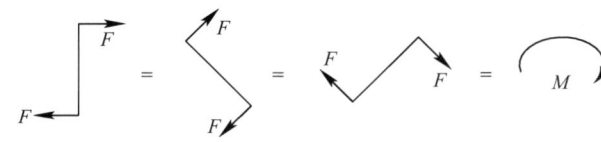

图 6-7　力偶矩

## （二）杆件的内力分析

在工程中各种设备的构件因作用不同，其形状和尺寸也存在较大的差异，大致可分为杆、板、壳、块等结构。所谓杆件是指长度远大于截面尺寸的构件。杆件具备两个特征，即横截面和轴线，从几何上可以将杆件视为由一系列连续横截面组成，且各横截面形心构成杆件轴线。根据杆件轴线的曲直，杆件可分为直杆和曲杆；根据横截面是否变化，杆件可分为等截面杆和变截面杆。

在对杆件的受力分析过程中，假设杆件的材料是连续性的、均匀性的、各向同性的，则在受力过程中发生的变形为小变形。

### 1. 用截面法计算单跨静定梁的内力

（1）单跨静定梁

在工程中，当杆件主要承受垂直于轴线的力时，杆件的变形以弯曲为主，习惯将这类杆件称为梁。梁按照跨度数可分为单跨梁和多跨梁。单跨静定梁是建筑结构中常见的一种形式。常用的单跨静定梁包括简支梁、悬臂梁和伸臂梁，如图 6-8 所示。

（2）内力的概念

物体在外力作用下发生变形后，其内部各部分之间会产生相对位置的改变并由之引起相互作用力，这里假设物体是均匀连续的，因此物体内部之间的内力实际上是一个连续分布的内力系，分布的内力系的合成力（或力偶）称为内力。内力由外力产生，随外力增大

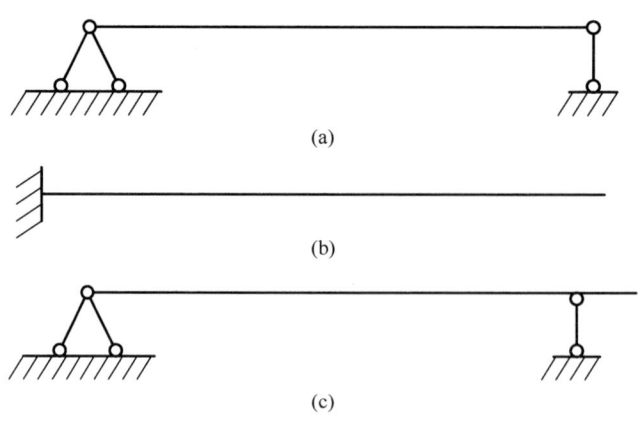

图 6-8 单跨静定梁
(a) 简支梁；(b) 悬臂梁；(c) 伸臂梁

而增大，增大到一定程度时会引起材料的破坏。

(3) 截面法

为求得梁或杆件在某处的内力，可用一假想的截面沿该处将构件截开，如图 6-9 所示，在截开的任意一部分截面上，都分布着由外力引起的内力系。这些分布的内力是另一部分截面对该部分截面上的作用力。为了分析内力，沿轴线方向建立坐标轴 $x$，并在垂直于轴线平面内建立坐标轴 $y$ 和坐标轴 $z$，内力的主矢和主矩可在坐标系中分解得到 $F_N$、$F_{Sy}$、$F_{Sz}$、$T$、$M_y$、$M_z$ 六个分量，其中沿 $x$ 轴方向的内力分量 $F_N$ 称为轴力，作用线位于所切截面内的内力分量 $F_{Sy}$ 和 $F_{Sz}$ 称为剪力，矢量沿 $x$ 轴方向的内力偶矩分量 $T$ 称为扭矩，矢量位于所切横截面的内力偶矩分量 $M_y$ 和 $M_z$ 称为弯矩。这些内力分量和内力偶矩分量统称为内力分量。

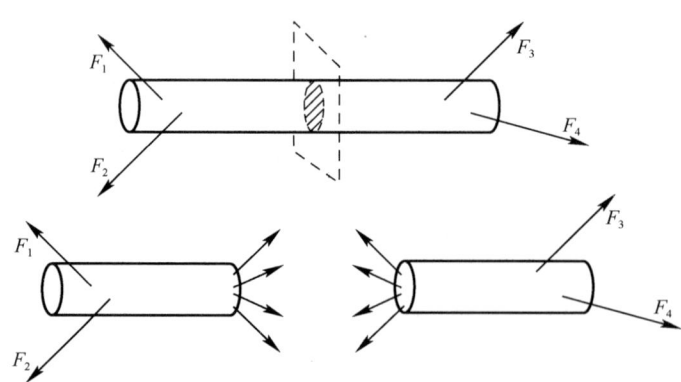

图 6-9 截面法示意图

这种用假想截面将杆件截开以显示内力，并由平衡方程建立内力与外力间关系，以确定内力的方法，称为截面法。

截面法可归结以下三个具体步骤：

1) 在欲求内力的截面处用假想截面将构件分为两部分，留下其中一半为研究对象，舍弃另一半。

2) 用作用于截面上的内力替代舍弃部分对保留部分的作用。
3) 对保留部分建立静力学平衡方程，将内力和外力代入静力学平衡方程确定内力。

【例 6-1】 如图 6-10 所示，某一简支梁长 $L$，距 $A$ 点距离为 $a$ 的截面处受到集中力 $P$ 的作用，求截面 $C$-$C$ 处受到的内力。

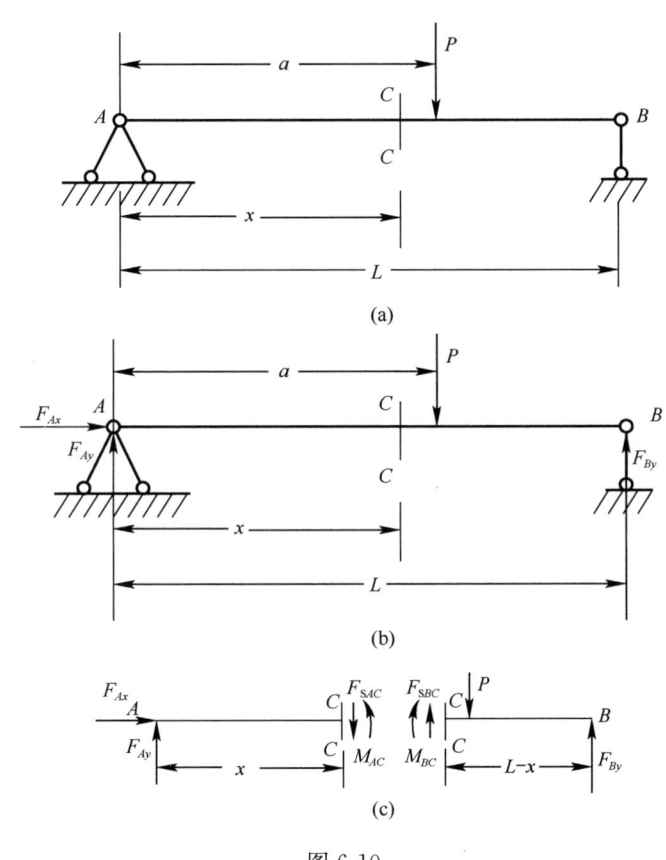

图 6-10

【解】① 求出各支座反力，整体受力图如图 6-10（b）所示。

$$\begin{cases} \Sigma F_x = 0 \Rightarrow F_{Ax} = 0 \\ \Sigma F_y = 0 \Rightarrow F_{Ay} + F_{By} - P = 0 \\ \Sigma M = 0 \Rightarrow F_{By}L - Pa = 0 \end{cases}$$

得到 $\quad F_{By} = \dfrac{Pa}{L}, \quad F_{Ay} = \dfrac{P(L-a)}{L}$

② 将梁在截面 $C$-$C$ 处剖开，并用内力替代舍弃部分，如图 6-10（c）所示。

③ 建立力学方程，对于 $AC$ 段，有 $\begin{cases} \Sigma F_x = 0 \Rightarrow F_{Ax} = 0 \\ \Sigma F_y = 0 \Rightarrow F_{Ay} - F_{SAC} = 0 \\ \Sigma M = 0 \Rightarrow M_{AC} - F_{SAC}x = 0 \end{cases}$

得到 $F_{SAC}=\dfrac{P(L-a)}{L}$, $M_{AC}=\dfrac{P(L-a)x}{L}$

因此，截面 C-C 处受到的内力为 $F_{SAC}=\dfrac{P(L-a)}{L}$，弯矩为 $M_{AC}=\dfrac{P(L-a)x}{L}$。

若以 BC 段为研究对象建立力学方程，则有

$$\begin{cases}\Sigma F_y=0 \Rightarrow F_{By}+F_{SBC}-P=0\\ \Sigma M=0 \Rightarrow P(L-a)-M_{BC}-F_{SBC}(L-x)=0\end{cases}$$

得到 $F_{SBC}=\dfrac{P(L-a)}{L}$, $M_{BC}=\dfrac{P(L-a)x}{L}$

**2. 多跨静定梁的基本概念**

多跨静定梁是由若干根单跨静定梁铰接而成的静定结构，在工程中常用于桥梁和房屋结构中。多跨静定梁结构上由基本部分和附属部分组成，其中直接与基础连接，几何部分一直不变的部分为基本部分，要依靠基本部分来保证几何不变形的部分为附属部分。从受力分析来看，作用在基本部分的力不影响附属部分，作用在附属部分的力反过来影响基本部分。图 6-11 为房屋建筑中屋面结构木檩条。

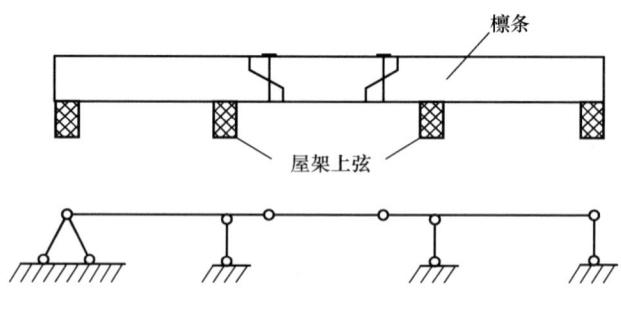

图 6-11 多跨静定梁

计算多跨静定梁内力时，应遵守以下原则：先计算附属部分后计算基本部分。将附属部分的支座反力反向指向，作用在基本部分上，把多跨梁拆成多个单跨梁，依次解决。将单跨梁的内力图连在一起，就是多跨梁的内力图。弯矩图和剪力图的画法与单跨梁相同。

**3. 桁架的基本概念**

桁架是由若干直杆构成，且所有杆件的两端均用铰连接时构成的几何不变体系，其杆件主要承受轴向力，通常为二力体。如图 6-12 所示，桁架的杆件按照位置不同，可分为弦杆和腹杆，弦杆是组成水平桁架上下边缘的杆件，包括上弦杆和下弦杆；腹杆是上、下弦杆之间的联系杆件，包括斜杆和竖杆。弦杆上两相邻结点之间的水平距离 $d$ 称为结间长度，两支座间的水平距离称为跨度，上、下弦杆上结点之间的竖向最大距离 $h$ 为桁高。

杆件组成平面或空间结构。在实际工程中，桁架按照空间组成形式可分为平面桁架和

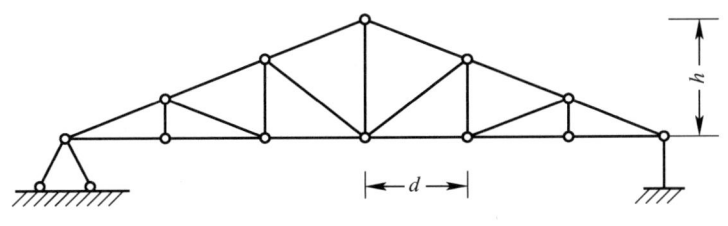

图 6-12 桁架

空间桁架。当各杆的轴线都在同一平面内，且荷载也在这个平面内时，称为平面桁架。当各杆轴线及荷载不在同一平面内时，称为空间桁架。计算桁架杆件内力的方法主要有节点法和截面法。

桁架与梁相比，其优点在于，在载荷作用下，梁主要产生弯曲应力，截面上的应力分布不均匀，不利于材料的充分利用，桁架能够将弯曲应力传递到杆件上，杆件主要承受轴向的拉力或压力，其截面上的应力基本上均匀分布，有利于材料的充分利用。

## （三）杆件强度、刚度和稳定的基本概念

### 1. 杆件的基本变形

在工程结构中，由于外力常以不同的方式作用在杆件上，因此杆件变形也是各种各样的。但是，这些变形总不外乎是以下四种基本变形中的一种，或者是几种基本变形的组合。

（1）轴向拉伸或轴向压缩

杆件在一对大小相等、方向相反、沿杆件轴线方向的外力作用下，长度发生变化，这种变形称为轴向拉伸或轴向压缩，如图 6-13 所示。

（2）剪切

杆件在一对大小相等、方向相反、作用线相互平行且相距很近的横向力作用下，横向截面的两部分沿外力方向发生相对错动，这种变形称为剪切，如图 6-14 所示。

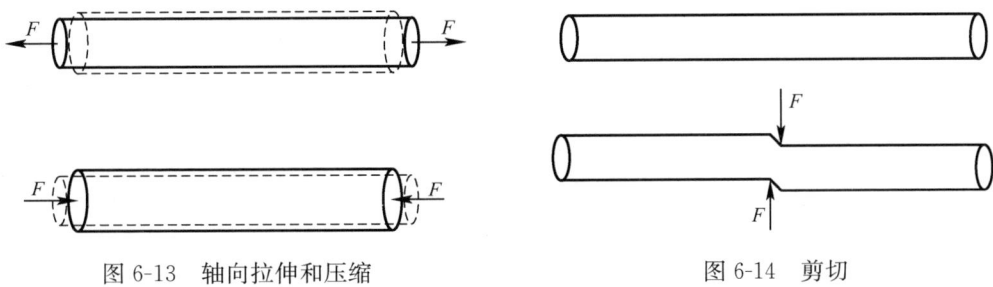

图 6-13　轴向拉伸和压缩　　　　　图 6-14　剪切

（3）扭转

杆件在一对大小相等、转向相反、作用面垂直于杆件轴线的力偶作用下，相邻横截面绕轴线发生相对转动，这种变形称为扭转，如图 6-15 所示。

（4）弯曲

杆件在一对大小相等、转向相反、作用在杆件纵向平面内的力偶或受到垂直于杆件轴线的横向力作用时，轴线由直线变为曲线，这种变形称为弯曲，如图 6-16 所示。

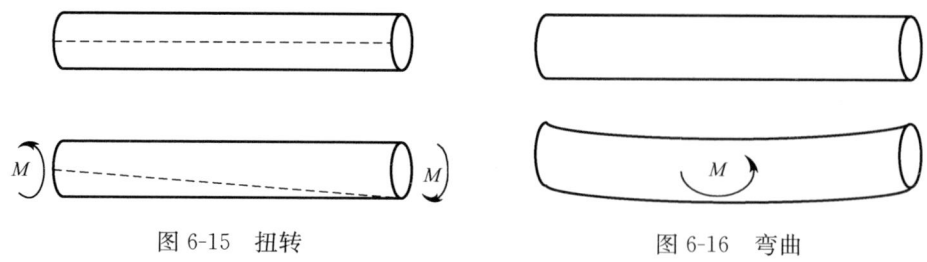

图 6-15　扭转　　　　　　　　　图 6-16　弯曲

（5）组合变形

杆件往往同时受到几组力的作用，同时发生几种变形，如机械传动轴在受载时会发生弯曲和扭转，这种同时存在两种或两种以上的变形称为组合变形。

## 2. 应力、应变的基本概念

（1）应力的概念

前面文中提到了用截面法计算杆件内力，内力是构件内部相连两部分之间的相互作用力，并沿截面连续分布。为了描述内力分布情况，需引入内力分布集度即应力的概念。

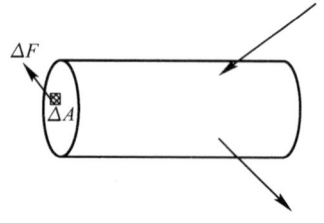

图 6-17　应力示意图

应力是一个描述内力集度的概念，可理解为单位面积上承受的内力。如图 6-17 所示，使用截面法将受力构件在任一平面 $m\text{-}m$ 内截开，在截面上任一点取一微面积 $\Delta A$，设 $\Delta A$ 上的内力合力为 $\Delta F$，当 $\Delta A$ 的面积发生变化时，$\Delta F$ 的大小和方向都会随之变化。当微面积 $\Delta A$ 趋近于零时，$\Delta F$ 与 $\Delta A$ 的比值的极限值称为该点处的应力，记为 $p = \lim\limits_{\Delta A \to 0} \dfrac{\Delta F}{\Delta A} = \dfrac{\mathrm{d}F}{\mathrm{d}A}$。

（2）应变的概念

力作用在物体上会引起物体形状和尺寸的改变，这些变化称为变形。应变是一个连续体内两点间位置变化的概念，可理解为材料承受应力时单位长度产生的变形量。如图 6-18 所示，在杆件上任一点处取微小正六面体，其边长分别为 $d_x$、$d_y$、$d_z$，在应力作用下，六面体各边的长度和夹角都将发生变化，以 $x$ 边为例，在力的作用下产生了 $\Delta u$ 的变形，由原来的 $\Delta x$ 变为 $\Delta x + \Delta u$，此时，沿 $x$ 方向单位长度平均变形量为 $\dfrac{\Delta u}{\Delta x}$。一般而言，线段各处沿 $x$ 方向变形程度并不相同，当 $\Delta x$ 趋近于零时，平均变形量 $\dfrac{\Delta u}{\Delta x}$ 的极限值称为沿 $x$ 方向的线应变或正应变，记为 $\varepsilon_x = \lim\limits_{\Delta x \to 0} \dfrac{\Delta u}{\Delta x} = \dfrac{\mathrm{d}u}{\mathrm{d}x}$。

当六面体各棱边的角度发生变化时，其角度改变量为 $\gamma$，当 $\Delta x$ 和 $\Delta y$ 趋近于零时，角度改变量的极限值称为在 $xy$ 平面内的切应变或角应变。

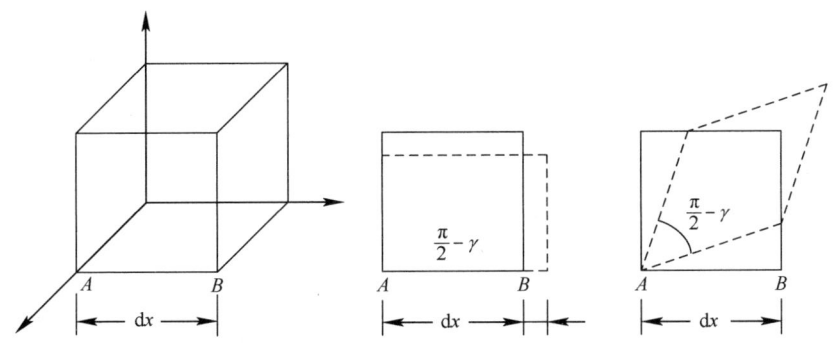

图 6-18 应变示意图

### 3. 杆件强度的概念

（1）杆件的拉伸强度

金属材料在外力作用下抵抗塑性变形和断裂的能力称为强度。

当杆件在工作过程中，其受到的外力合力超过材料强度时，杆件将发生破坏。图 6-19 为低碳钢试件拉伸试验的应力-应变曲线，从图中可看出，低碳钢试件拉伸试验可分为四个阶段。

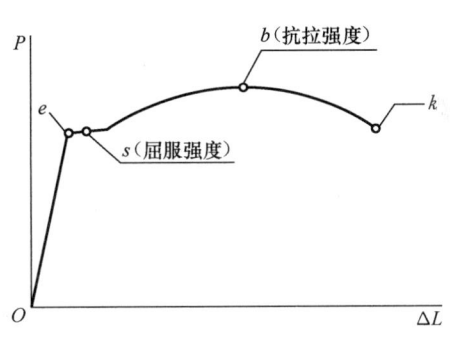

图 6-19 低碳钢的拉伸曲线图

1）弹性阶段

此阶段材料的应力和应变基本呈直线关系，材料卸载后变形可完全恢复，材料的应力应变保持直线关系的最大应力值称为材料的比例极限。当应力稍许超过比例极限时，试件仍能保持弹性状态而不发生塑形变形，这种不产生塑性变形的最大应力称为材料的弹性极限。

此阶段应力与应变的关系为 $\sigma = E\varepsilon$，其中比例系数 $E$ 为材料的弹性模量，称为胡克定律。

2）屈服阶段

此阶段因应力超过弹性极限，使材料发生永久变形，此阶段应力基本不变，但应变显著增加，材料发生了屈服现象，材料此时发生了塑性变形。

3）强化阶段

此阶段应力可继续增加，应变也继续增大，试件开始均匀变得细长。若此阶段卸载，卸载路径基本平行于起始路径，此阶段应力最大值为材料的抗拉强度。

4）颈缩阶段

应力超过极限应力后，横截面积不再沿整个长度减小，而是在某一区域急剧缩小，出现颈缩，颈缩阶段应力值呈下降状态，直至试件断裂。

（2）强度理论

在实际工程中，构件因其材料不同，其破坏或失效也存在着两种情况：一种是脆性材料，这种材料的失效形式表现为产生裂纹或断裂，但破坏构件的尺寸基本没有变化，如铸铁在拉伸和扭转时的破坏等。另一种是塑性材料,这种材料会在外力作用下发生屈服变形,导致材料失效,如起重机吊钩的变形。

材料的失效不仅与材料的本身性质有关,还与材料的应力状态、温度等其他因素有关。对于单向的拉伸或压缩,其应力状态可以很容易地进行定义,对于复杂的应力状态,失效准则很难建立。

一般来说,脆性材料常以断裂方式破坏,而塑性材料常以屈服方式破坏,但是,材料的破坏不仅取决于其属于塑性材料或脆性材料,而且与其工作条件(所处的应力状态、温度、加载速度等)有关。

### 4. 杆件挠度、刚度和压杆稳定性的基本概念

(1) 挠度

杆件的变形通常用横截面处形心的竖向位移和横截面的转角这两个量来度量。如图 6-20 所示,杆件受力弯曲时,轴线由直线变成曲线,称为挠曲线。挠曲线是一条平滑的曲线,可写成 $y=f(x)$,称为挠度方程,挠曲线上任意截面上形心在垂直于截面方向上的位移,称为该截面的挠度,用 $y$ 表示。横截面对原来位置转过的角度,称为转角,用 $\theta$ 表示。挠度 $y$ 向上为正,转角 $\theta$ 逆时针为正。

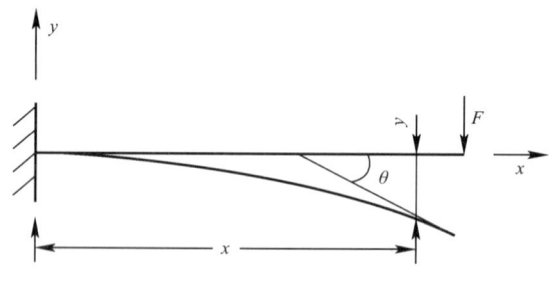

图 6-20 杆件的变形

(2) 刚度

刚度是弹性元件上的力或力矩的增量与相应的位移或角位移的增量之比,刚度表示了材料或结构抵抗变形的能力。

在实际工程中,构件除了要满足强度条件外,还要满足刚度要求,即要求变形不能过大,否则,构件由于变形过大将丧失正常的功能,发生刚性失效。为了保证构件具有足够的刚度,通常要将变形限制在一定的允许范围内。

对于工程中的梁,不允许其出现过大的弯曲变形,通常通过限制其最大挠度和最大转角来达到控制弯曲变形的目的,即使其刚度条件满足 $\begin{cases} y_{\max} \leqslant [y] \\ \theta_{\max} \leqslant [\theta] \end{cases}$,式中 $[y]$ 为梁的许用挠度,$[\theta]$ 为梁的许用转角。

对于工程中的传动轴,不允许其出现过大的扭转变形,通常是限制其单位长度相对扭转角在工程中的数值规定,即满足轴的刚度条件 $\left(\dfrac{\mathrm{d}\varphi}{\mathrm{d}x}\right)_{\max} \leqslant \left[\dfrac{\mathrm{d}\varphi}{\mathrm{d}x}\right]$,式中 $\left[\dfrac{\mathrm{d}\varphi}{\mathrm{d}x}\right]$ 为许用单位长度的扭转角。

（3）压杆稳定性

在工程设计中遇到以下细长杆件受压时，作用力虽远未达到强度破坏的数值，也可能出现在外力扰动下失去原有的直线平衡状态而发生弯曲，以致丧失承载能力，这种现象称为失稳。对于受压的直杆，除了要考虑强度和刚度问题外，还要考虑压杆的稳定性问题。

如图 6-21 所示为中心受压的等截面直杆，当轴向压力 $F$ 小于某一定值 $F_{cr}$，即 $F<F_{cr}$ 时，假设在杆上施加一横向力使其微弯，撤去横向力后压杆将自行恢复到原有的直线状态，此时压杆处于稳定平衡状态。当轴向压力 $F$ 达到某一定值 $F_{cr}$，即 $F=F_{cr}$ 时，当压杆受到横向力产生微弯，撤去横向力后压杆不能自行恢复到原有的直线状态，而保持微弯状态下的平衡，此时压杆处于临界平衡状态。当轴向压力 $F$ 继续增大，即 $F>F_{cr}$ 时，只要压杆受到轻微的横向力，压杆就会产生明显的弯曲变形甚至破坏，此时压杆丧失了原有的稳定性，处于不稳定平衡状态。压杆在临界平衡状态时所受到的压力称为临界载荷或临界力，用 $F_{cr}$ 表示。

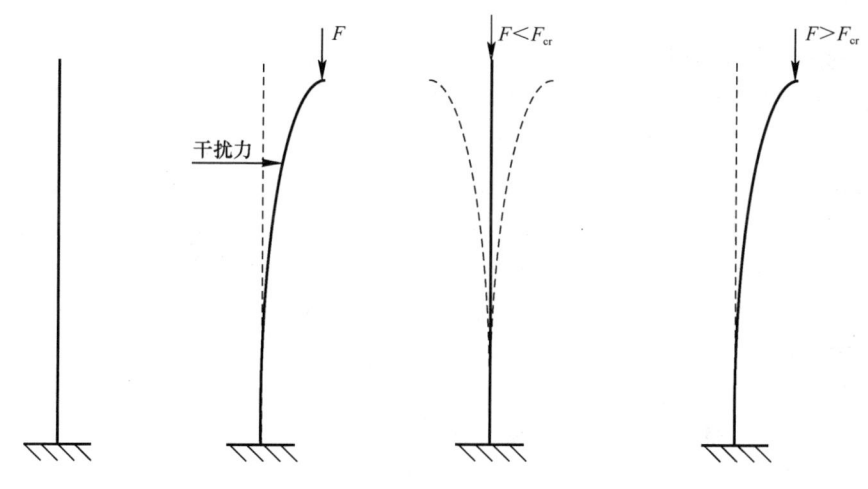

图 6-21 压杆稳定性

注：实际工程中压杆的轴线不可避免地存在弯曲，所受轴向压力的作用线也不可能与压杆轴线弯曲重合，这都会造成压杆发生微小弯曲。

在实际工程中，为了保证压杆的稳定，并预留一定的安全储备，必须使压杆承受的工作载荷满足 $F \leqslant \dfrac{F_{cr}}{n_{st}}$，式中 $n_{st}$ 为稳定安全系数。

# 七、机械设备的基础知识

## （一）常用机械传动

机械传动在建筑机械中应用非常广泛，通常分为两类：一是靠机件间摩擦力传送动力的摩擦传动，二是靠主动件与从动件啮合或借助中间件啮合传递动力或运动的啮合传动。机械传动的作用是传递动力和运动、改变运动形式、调节运动速度。

### 1. 齿轮传动

齿轮机构是机械中应用最广泛的传动机构，用于传递空间任意两轴或多轴之间的运动和动力。齿轮传动在建筑机械中应用很广，例如塔式起重机、施工升降机、混凝土搅拌机、钢筋切断机、卷扬机等都采用齿轮传动。

（1）齿轮传动的特点

齿轮传动之所以得到广泛应用，是因为它具有以下优点：

1) 传动效率高，一般为95%～98%，最高可达99%。

2) 结构紧凑、体积小，与带传动相比，外形尺寸大大减小，它的小齿轮与轴做成一体时直径只有50mm左右。

3) 工作可靠，使用寿命长。

4) 传动比固定不变，传递运动准确可靠。

5) 能实现平行轴间、相交轴间及空间相错轴间的多种传动。

齿轮传动的缺点：

1) 制造齿轮需要专门的机床、刀具和量具，工艺要求较严，对制造的精度要求高，因此成本较高。

2) 齿轮传动一般不宜承受剧烈的冲击和过载。

3) 不宜用于中心距较大的场合。

（2）齿轮传动种类

齿轮传动种类很多，可以按不同的方法进行分类：

1) 按两齿轮轴线的相对位置，可分为两轴平行、两轴相交和两轴交错三类，见表7-1。

2) 按工作条件分。

开式传动：开式齿轮传动的齿轮外露，容易受到尘土侵袭，润滑不良，轮齿容易磨损，多用于低速传动和要求不高的场合。

半开式传动：半开式齿轮传动装有简易防护罩，有时还浸入油池中，这样可较好地防止灰尘侵入。由于磨损仍比较严重，所以一般只用于低速传动的场合。

闭式传动：闭式齿轮传动是将齿轮安装在刚性良好的密闭壳体内，并将齿轮浸入一定深度的润滑油中，以保证有良好的工作条件，适用于中速及高速传动的场合。

常用齿轮传动的分类　　　　　　　　　表 7-1

| 啮合类别 | | 图例 | 说明 |
|---|---|---|---|
| 两轴平行 | 外啮合直齿圆柱齿轮传动 | 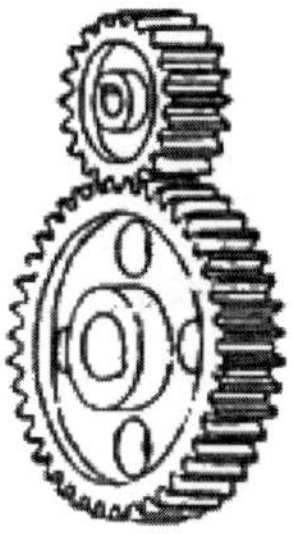 | 1. 轮齿与齿轮轴线平行；<br>2. 传动时，两轴回转方向相反；<br>3. 制造最简单；<br>4. 速度较高时容易引起动载荷与噪声；<br>5. 对标准直齿圆柱齿轮传动，一般采用的圆周速度为 2～3m/s |
| | 外啮合斜齿圆柱齿轮传动 | 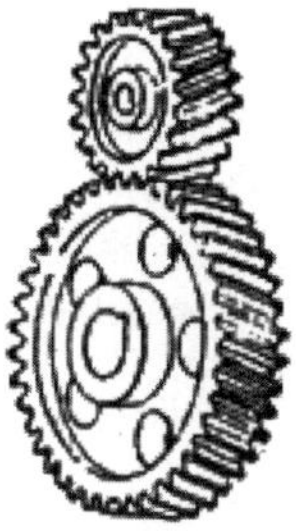 | 1. 轮齿与齿轮轴线倾斜成某一角度；<br>2. 相啮合的两齿轮的齿轮倾斜方向相反，倾斜角大小相同；<br>3. 传动平稳，噪声小；<br>4. 工作中会产生轴向力，轮齿倾斜角越大，轴向力越大；<br>5. 适用于圆周速度较高（$v$>2～3m/s）的场合 |
| | 人字齿轮传动 |  | 1. 轮齿左右倾斜、方向相反，呈"人"字形，可以消除斜齿轮单向倾斜而产生的轴向力；<br>2. 制造成本高 |
| | 内啮合圆柱齿轮传动 | 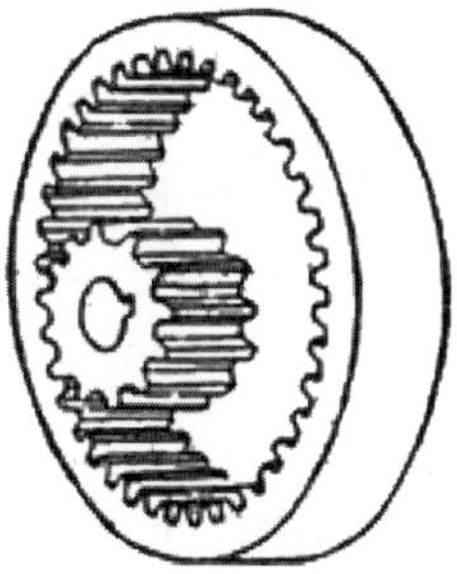 | 1. 它是外啮合圆柱齿轮传动的演变形式，大轮的齿分布在圆柱体内表面，称为内齿轮；<br>2. 大小齿轮的回转方向相同；<br>3. 轮齿可制成直齿，也可制成斜齿。当制成斜齿时，两轮轮齿倾斜方向相同，倾斜角大小相等 |
| | 齿轮齿条传动 | 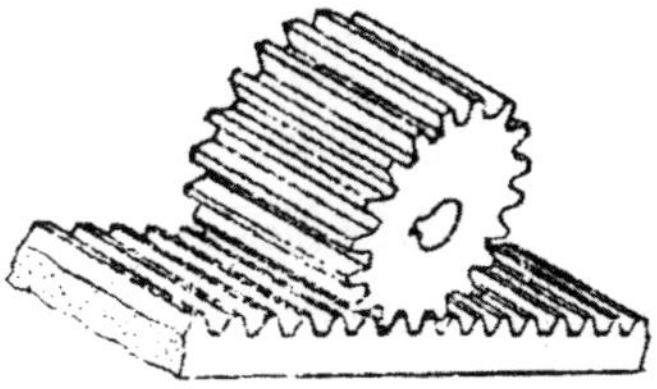 | 1. 这种传动相当于大齿轮直径为无穷大的外啮合圆柱齿轮传动；<br>2. 齿轮做旋转运动，齿条做直线运动；<br>3. 齿轮一般是直齿，也有制成斜齿的 |

续表

| 啮合类别 | | 图 例 | 说 明 |
|---|---|---|---|
| 两轴相交 | 直齿锥齿轮传动 | 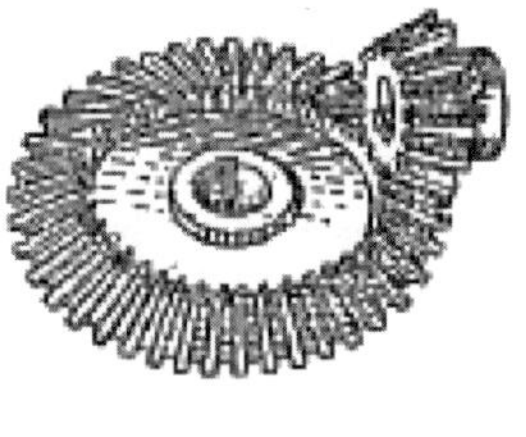 | 1. 轮齿排列在圆锥体表面上,其方向与圆锥的母线一致;<br>2. 一般用在两轴线相交成 90°,圆周速度小于 2m/s 的场合 |
| | 曲齿锥齿轮传动 |  | 1. 轮齿是弯曲的,同时啮合的齿数比直齿圆锥齿轮多,啮合过程不易产生冲击,传动较平稳,承载能力较高,在高速和大功率的传动中广泛应用;<br>2. 设计加工比较困难,需要专用机床加工,轴向推力较大 |
| 两轴交错 | 螺旋齿轮传动 |  | 1. 单个齿轮为斜齿圆柱齿轮。当交错轴间夹角为 0° 时,即成为外啮合斜齿圆柱齿轮传动;<br>2. 相应地改变两个斜齿轮的螺旋角,即可组成轴间夹角为任意值(0°～90°)的螺旋齿轮传动;<br>3. 螺旋齿轮传动承载能力较小,且磨损较严重 |

3)按齿形分,可分为渐开线齿,常用于机械传动;摆线齿,多用于计时仪器;圆弧齿,承载能力较强,用于重型机械。

(3)齿轮的结构

齿轮根据不同的工作条件和要求,可以采用不同的结构。如果齿轮分度圆直径与轴径相差很小时(相差不到两倍全齿),可以将轴和齿轮做成一体,称为齿轮轴。

当齿顶圆直径 $d_a \leqslant 200$mm 时,可制成实心式齿轮。

当齿顶圆直径较大但 $d_a \leqslant 500$mm 时,可以制成腹板式齿轮。

当齿轮直径 $d_a > 500 \sim 600$mm 时,可制成轮辐式铸造齿轮。为了节省贵重材料,轮缘可用优质钢材铸成,然后配以铸铁或普通铸钢轮芯,成为镶套式齿轮。

对于单件生产而直径很大的齿轮,也可用焊接的方法制成。圆柱齿轮的主要结构形式见表 7-2。

**圆柱齿轮的主要结构形式** 表 7-2

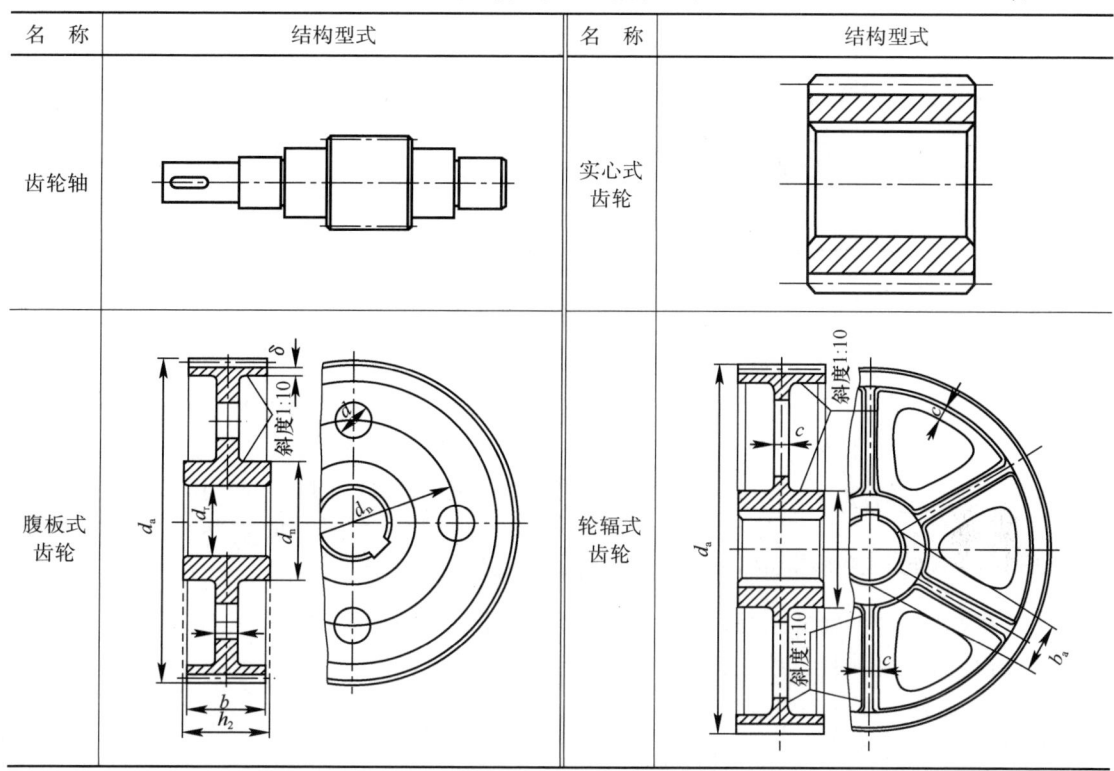

图 7-1 为直齿圆柱斜齿轮工作图例，是制造齿轮的依据，在齿轮工作图上应反映出齿轮的形状和全部尺寸、所要求的制造公差、表面粗糙度、材料及热处理等技术要求。

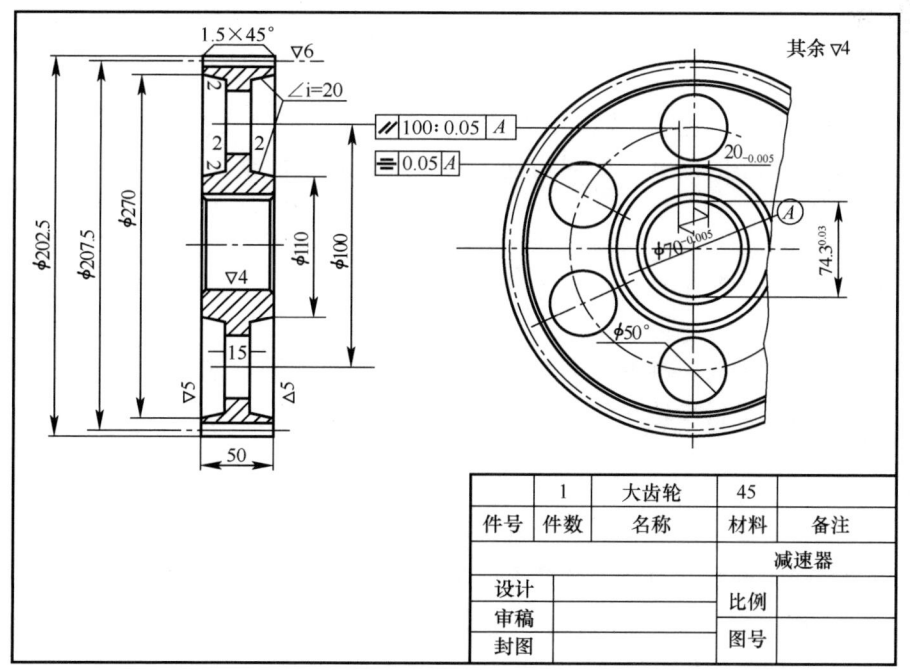

图 7-1 直齿圆柱斜齿轮工作图

(4) 直齿圆柱齿轮

1) 标准齿轮各部分名称和基本尺寸

① 各部分的名称和符号（图 7-2）

A. 齿顶圆：齿顶所在的圆，用 $d_a$ 和 $r_a$ 表示。

B. 齿根圆：齿根所在的圆，用 $d_f$ 和 $r_f$ 表示。

C. 齿厚：分度圆周上量得的齿轮两侧间的弧长，用 $s$ 表示。

D. 齿槽宽：分度圆周上量得的相邻两齿齿廓间的弧长，用 $e_k$ 表示。

E. 齿距：分度圆周上量得的相邻两齿同侧齿廓间的弧长，用 $p_k$ 表示，$p_k = s_k + e_k$。

F. 分度圆：计算基准圆，用 $d$ 和 $r$ 表示。

G. 齿顶高：介于分度圆与齿顶圆之间的轮齿部分的径向高度，用 $h_a$ 表示。

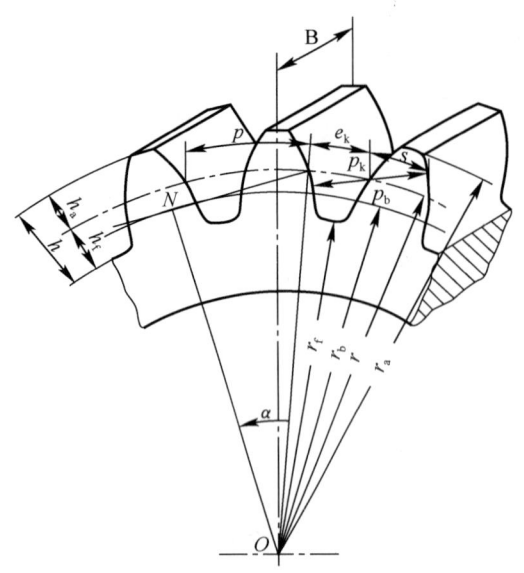

图 7-2 标准齿轮各部分名称和符号

H. 齿根高：介于分度圆与齿根圆之间的轮齿部分的径向高度，用 $h_f$ 表示。

I. 齿全高：齿顶圆与齿根圆之间的轮齿部分的径向高度，用 $h$ 表示，$h = h_a + h_f$。

② 基本参数

A. 齿数：用 $z$ 表示。

B. 模数：用 $m$ 表示。

∵ 分度圆周长 $= zp_k = \pi d$

∴ $d = zp_k / \pi$

设 $m = p_k / \pi$，单位为 mm，所以有：

$$d = zm$$

$m$ 是决定齿轮尺寸的基本参数，已标准化。标准模数系列见表 7-3。

模数是决定齿大小的因素，如果齿轮的齿数一定，模数越大则齿轮的径向尺寸也越大，承载能力也增大。

③ 分度圆压力角：用 $\alpha$ 表示。

$$\alpha_k = \arccos\left(\frac{r_b}{r_k}\right)$$

由上式可见，对于同一渐开线齿廓，$r_k$ 不同，$\alpha_k$ 也不同，基圆上的压力角为零。通常所说的齿轮压力角是指齿轮在分度圆上的压力角，用 $\alpha$ 表示，于是有

$$\alpha = \arccos\left(\frac{r_b}{r}\right)$$

或

$$r_b = r\cos\alpha$$

压力角也是决定齿轮尺寸的基本参数，国标规定的标准值为 $\alpha = 20°$，有时也令 $\alpha$ 取 14.5°、15°、22.5°、25°。

2) 各部分尺寸的计算公式

① 分度圆直径 $d = mz$

② 齿顶高 $h_a = h_a^* m$

③ 齿根高 $h_f = (h_a^* + c^*)m$

④ 齿全高 $h = h_a + h_f = (2h_a^* + c^*)m$

⑤ 齿顶圆直径 $d_a = d + 2h_a = (z + 2h_a^*)m$

⑥ 齿根圆直径 $d_f = d - 2h_f = mz - 2(h_a^* + c^*)m = (z - 2h_a^* - 2c^*)m$

式中，$h_a^*$——齿顶高系数，$c^*$——顶隙系数。其标准值为：$h_a^* = 1$，$c^* = 0.25$。

⑦ 基圆直径 $d_b = d\cos\alpha = mz\cos\alpha$

⑧ 齿距 $p = \pi m$

标准模数系列　　　　　　　　　　　　　　　　　表 7-3

| 第一系列 | 1、1.25、1.5、2、2.5、3、4、5、6、8、10、12、16、20、25、32、40、50。 |
|---|---|
| 第二系列 | 1.75、2.25、2.75、(3.25)、3.5、(3.75)、4.5、5.5、(6.5)、7、9、(11)、14、18、22、28、(30)、36、45。 |

3）齿轮正确的啮合条件

两标准直齿圆柱齿轮正确啮合：模数相等，压力角相等。

即：
$$m_1 = m_2 = m$$
$$\alpha_1 = \alpha_2 = \alpha$$

齿轮连续传动（连续运动）是指从一对齿轮副啮合后能顺利地过渡到下一对齿轮副啮合，即实现两者工作的顺利交替，为此，上一对齿轮副啮合的结束阶段与下一对齿轮副啮合的开始阶段必须要有时间上的重合才能实现齿轮的连续传动，从而啮合线长度必须大于基节长度，当采用重合度表示啮合线长度与基节长度之比时，连续传动的条件是：重合度必须大于1。

同时还要保证齿轮中心距的准确，如图7-3所示。标准齿轮中心距是两齿轮的分度圆相切，中心距为：$a = (d_1 + d_2)/2 = m(z_1 + z_2)/2$。因此一对标准啮合齿轮正确的安装要保证中心距等于 $a$，如果中心距安装大于 $a$，则齿侧间隙变大，造成传动不平稳，冲击大，易打齿；如果中心距安装小于 $a$，则两齿轮无法安装。

（5）斜齿圆柱齿轮传动

1）齿廓曲面的形成和啮合特点

斜齿轮的齿廓曲面形成与直齿轮的齿廓曲面形成相似，如图7-4所示，平面 $S$ 沿半径为 $r_b$ 的基圆柱作纯滚动时，其上与基圆柱母线 $NN$ 平行的某一条直线 $KK$ 的轨迹所形成的渐开线曲面即渐开线直齿圆柱齿轮的齿面。如果直线 $KK$ 不再与齿轮的轴线平行，直线 $KK$ 与母线 $NN$ 成一角度 $\beta_b$，当平面 $S$ 沿基圆柱作纯滚动时，所形成的轨迹为一渐开线螺旋面，即渐开线斜齿圆柱齿轮的齿面，$\beta_b$ 为基圆柱上的螺旋角。

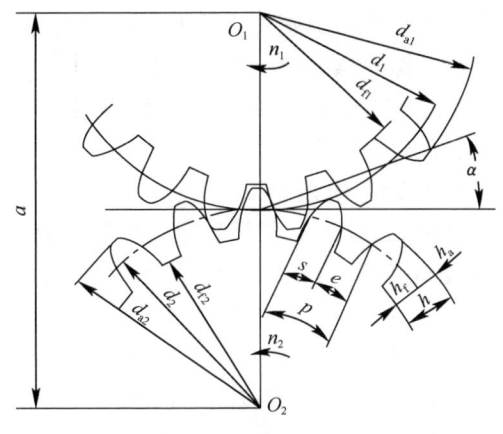

图 7-3　标准齿轮中心距

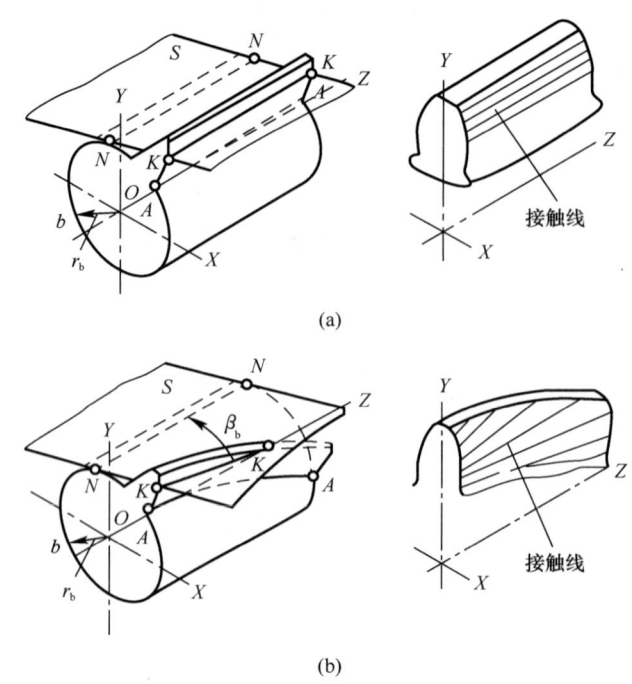

图 7-4 渐开线圆柱齿轮齿廓曲面的形成
（a）渐开线直齿圆柱齿轮及齿廓曲面；（b）渐开线斜齿圆柱齿轮及齿廓曲面

2）斜齿圆柱齿轮的基本参数、正确啮合条件和几何尺寸计算

斜齿轮的轮齿为螺旋形，在垂直于齿轮轴线的端面（下标以 t 表示）和垂直于齿廓螺旋面的法面（下标以 n 表示）上有不同的参数。斜齿轮的端面是标准的渐开线，但从斜齿轮的加工和受力角度看，斜齿轮的法面参数应为标准值。

① 螺旋角 $\beta$

$\beta$ 是反映斜齿轮特征的一个重要参数，如图 7-5 所示为斜齿轮分度圆柱面展开示意，螺旋线展开成一直线，该直线与轴线的夹角 $\beta$ 称为斜齿轮在分度圆柱上的螺旋角，简称斜齿轮的螺旋角。螺旋角 $\beta$ 越大，轮齿就越倾斜，传动的平稳性也越好，但轴向力也越大，一般斜齿轮的螺旋角 $\beta$ 取 8°～15°，对于人字齿轮，其轴向力可以抵消，$\beta$ 可取 25°～45°。通常所说斜齿轮的螺旋角，如不特别注明，即指分度圆柱面上的螺旋角，有左、右旋差别，也有正、负之分。

② 齿距与模数

如图 7-5 所示，斜齿轮沿分度圆柱面展开示意中，设 $p_n$ 为法向齿距，$p_t$ 为端面齿距，$m_n$ 为法向模数，$m_t$ 为端面模数，它们的关系为

$$p_n = p_t \cos\beta \quad m_n = m_t \cos\beta$$

③ 压力角

如图 7-6 所示为斜齿条的一个齿，其法面内（$abb'$ 平面）的压力角 $\alpha_n$ 称为法面压力角；端面内（$abc$ 平面）的压力角 $\alpha_t$ 称为端面压力角。由图可知，它们的关系为：

$$\tan\alpha_n = \tan\alpha_t \cos\beta$$

用成型铣刀或滚刀加工斜齿轮时，刀具的进刀方向垂直于斜齿轮的法面，故一般规定

法面内的参数为标准参数。

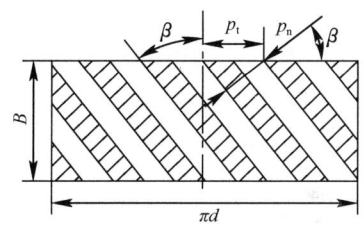
图 7-5　斜齿轮沿分度圆柱面展开示意

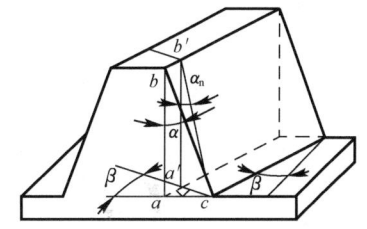
图 7-6　斜齿轮法面和端面压力角的关系

④ 外啮合斜齿轮的正确啮合条件

两标准斜齿圆柱齿轮正确啮合条件：模数相等，压力角相等，螺旋角相等，而且旋向相反。表示为：

$$m_{n1} = m_{n2} = m_n$$
$$\alpha_{n1} = \alpha_{n2} = \alpha_n$$
$$\beta_1 = -\beta_2$$

⑤ 几何尺寸计算

斜齿轮的几何尺寸是按其端面参数来进行计算的。它与直齿轮的几何尺寸计算一样，即可将直齿轮的各几何尺寸计算公式中的标准参数（$m$、$\alpha$、$h_a^*$、$c^*$）全改写为斜齿轮的端面参数，再代入以法面参数表示的计算公式，即可得斜齿轮的几何尺寸的计算公式。

$$\text{分度圆直径}: d = zm_t = zm_n/\cos\beta$$

$$\text{齿顶高}: h_a = h_{an}^* m_n \text{ 或 } h_a = h_{at}^* m_t$$

$$\text{齿根高}: h_f = h_{an}^* m_n + c_n^* m_n \text{ 或 } h_f = h_{at}^* m_t + c_t^* m_t$$

$$\text{端面模数 } m_t = \frac{m_n}{\cos\beta}（m_n \text{ 为法面模数}）$$

$$\text{端面压力角 } \alpha_t = \tan\alpha_t = \frac{\tan\alpha_n}{\cos\beta}$$

斜齿轮的其他几何尺寸由上述几何尺寸可直接计算得到。

(6) 齿轮失效形式及预防失效措施

齿轮是现代机械传动中的重要组成部分，在各种机械设备中应用极为广泛。在齿轮传动中，高速旋转的齿轮用来传递力矩和速度，使用中承受高温高压。齿轮失效是最常见的机械故障之一，总结齿轮常见失效形式，采取相应的防止或延缓失效措施，就可以保证齿轮传动的正常运行。

1) 齿轮失效形式

齿轮的类型很多，用途各异，在实际生产应用过程中，齿轮的失效形式也是各种各样的。齿轮失效一般发生在齿面，很少发生在其他部位。按照齿轮在工作中发生故障的原因，可分析出齿轮常见失效形式有轮齿折断、齿面胶合、齿面点蚀、齿面磨损、塑性变形等形式。

① 轮齿折断

轮齿折断是危险性很大的一种最终失效形式，根据形成的不同原因可分为过载折断、疲劳折断和随机折断。

A. 过载折断

齿面受到过大冲击载荷时，致使轮齿应力超过其极限应力，发生过载断裂，称之为过载折断。一般为短期过载。轮齿发生过载折断时，其断面有呈放射状或人字纹花样的放射区，放射方向与裂纹扩展方向大致平行，放射中心即为断裂源，断口出现壳纹疲劳线。铸铁齿轮易发生过载断裂。

B. 疲劳折断

在循环载荷作用下，齿根处弯曲应力最大且应力集中，当超过疲劳极限时，齿根圆角处易产生疲劳裂纹。随着工作时间和循环次数的增加，多次重复作用，裂纹逐渐扩展加深，最终导致轮齿疲劳断裂，这种折断称为疲劳折断。导致轮齿发生疲劳折断的因素很多，如齿轮材料不当、加工精度低、齿根过渡圆角小、设计时对实际载荷估计不足等。

C. 随机折断

当齿轮材料缺陷、剥落在断裂处形成过高的局部应力集中时，会导致随机折断。其断口形式与一般疲劳折断相似。这种失效实际上是次生的失效。

② 齿面胶合

在高速重载传动中，因啮合区温度升高而导致润滑油膜被破坏，使两齿面金属直接接触并相互粘接，随着齿面的相对滑动，较软的齿面金属沿滑动方向被撕下而形成沟纹，这种现象就是胶合。根据各自不同的特征和原因，胶合具体又分为轻微胶合、中等胶合、破坏性胶合及局部胶合四种类型。齿面胶合会引起强烈的磨损和发热、造成传动不平稳、导致齿轮报废。

③ 齿面点蚀

齿轮在工作时，其啮合表面上任一点所产生的接触应力是按脉动循环变化的。齿面接触应力超过材料的接触极限应力时，齿面表层会产生细微的疲劳裂纹，裂纹的扩展使表层金属微粒剥落下来而形成一些小坑，俗称点蚀麻坑，这种齿面表层产生的疲劳破坏称为疲劳点蚀。点蚀会使齿面减少承载面积，引起冲击和噪声，严重时轮齿会折断。当点蚀面积超过齿高、齿宽的60%时，应更换新零件。

④ 齿面磨损

齿面磨损主要是由于硬的屑粒（如铁屑、砂粒等）进入齿面间所引起的磨粒磨损；由于过载造成的齿面剧烈磨损；由于润滑油质量不良造成的腐蚀磨损；由于加工和安装不精确造成齿轮不正确啮合的干涉磨损。过度磨损后，齿廓形状破坏，常导致严重噪声和振动，最终导致传动失效。因此，重要齿轮的齿面磨损不应该超过原齿厚的10%，一般齿轮齿面磨损视设备用途不超过原齿厚的20%～30%，超过标准应更换。

⑤ 塑性变形

齿面塑性变形主要出现在低速重载、频繁启动和过载的场合。当齿面的工作应力超过材料的屈服极限时，齿面产生塑性流动，从而引起主动轮齿面节线处产生凹槽，从动轮出现凸脊。此失效多发生在非硬面轮齿上，导致齿轮的齿形严重变形。

上面阐述的几种主要齿轮失效形式，在一般情况下，可以修复，且在不能改变齿轮材料、加工工艺的条件下，可通过提前预防来延迟齿轮失效情况的发生，提高齿轮使用寿命。

2）预防齿轮失效措施

预防齿轮失效的主要措施：提高齿轮安装精度；根据强度、韧性和工艺性能要求，合理选择齿轮材料；通过有效的热处理工艺，改善齿轮材质，适当提高硬度，消除或减轻齿面的局部过载，提高齿面的抗剥落能力；在使用中选择好齿轮润滑油等。

**2. 蜗杆传动**

（1）蜗杆传动的应用

蜗杆传动用于传递交错轴之间的回转运动。在绝大多数情况下，两轴在空间是互相垂直的，轴交角为90°，广泛应用在机床、汽车、仪器、起重运输机械、冶金机械以及其他机械制造部门。

蜗杆传动由蜗杆、蜗轮组成（图7-7），蜗杆一般为主动件，蜗轮为从动件。在建筑机械中（如施工升降机的提升机构）蜗杆传动应用广泛（图7-8）。

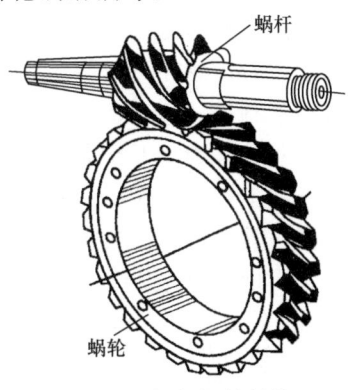

图7-7 蜗杆蜗轮结构

图7-8 蜗杆、蜗轮示意

（2）蜗杆的传动特点

1）传动比大。

蜗杆与蜗轮的运动相当于一对螺旋副的运动，其中蜗杆相当于螺杆，蜗轮相当于螺母。设蜗杆螺纹头数为 $z_1$，蜗轮齿数为 $z_2$。在啮合中，若蜗杆螺纹头数 $z_1=1$，则蜗杆回转一周蜗轮只转过一个齿，即转过 $1/z_2$ 转；若蜗杆头数 $z_2=2$，则蜗轮转过 $2/z_2$ 转，由此可得蜗杆蜗轮的传动比：

$$i = \frac{n_1}{n_2} = \frac{z_2}{z_1}$$

蜗杆的头数 $z_1$ 很少，仅为1～4，而蜗轮齿数 $z_2$ 却可以很多，所以能获得较大的传动比。单级蜗杆传动的传动比一般为8～60，分度机构的传动比可达500以上。

2）工作平稳、噪声小。

3）具有自锁作用。

当蜗杆的螺旋升角 $\lambda$ 小于6°时（一般为单头蜗杆），无论在蜗轮上加多大的力都不能使蜗杆转动，而只能由蜗杆带动蜗轮转动。这一性质对起重设备很有意义，可利用蜗轮蜗杆的自锁作用使重物吊起后不会自动落下。

4）传动效率低。

一般阿基米德单头蜗杆传动效率为70%～80%。当传动比很大、蜗杆螺旋升角很小时，效率甚至在50%以下；平面包络环面蜗杆传动效率为89%～94%（施工升降机的提升机构专用）。

5）价格昂贵。

蜗杆蜗轮啮合齿面间存在相当大的相对滑动速度，为了减小蜗杆蜗轮之间的摩擦、防止发生胶合，蜗轮一般需采用贵重的有色金属（如青铜等）来制造，加工也比较复杂，这就提高了制造成本。由于以上特点，蜗杆传动一般只用于功率较小的场合。

按照蜗杆类型及形状不同，蜗杆传动可分为圆柱蜗杆形状、环面蜗杆形状和锥蜗杆形状。通常工程中所用的蜗杆是阿基米德蜗杆和平面包络环面蜗杆，其外形像具有梯形螺纹的螺杆，其轴向截面类似于直线齿廓（阿基米德蜗杆）和环面齿廓（平面包络环面蜗杆）的齿条。蜗杆有左旋、右旋之分，一般为右旋。

### 3. 带传动

（1）带传动的组成与原理

带传动通常是由机架、传动带、带轮（主动轮和从动轮）、张紧装置等部分组成，如图7-9所示。带传动是以张紧在主动轮和从动轮上的传动皮带作为中间挠性件，靠带与轮接触面间摩擦（或啮合）来传递运动与动力。

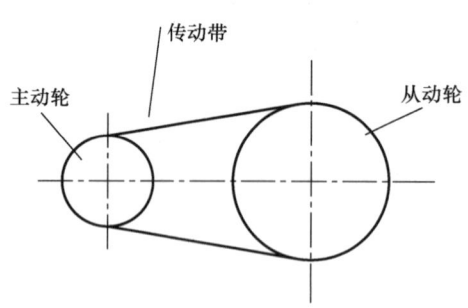
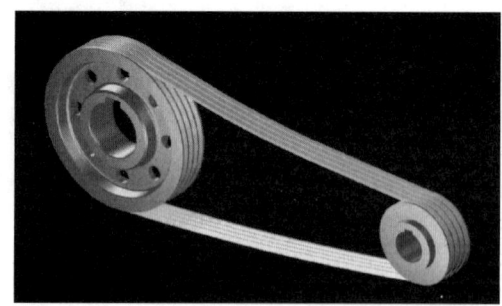

图7-9 带传动

（2）带传动的特点和应用

带传动适用于中心距较大的两轴间的传动，具有良好的弹性，能缓冲吸振，传动较平稳，噪声小；过载时带在带轮上打滑，可以防止其他器件损坏；其结构简单，制造和维护方便，成本低。但是由于带与轮之间存在弹性滑动，不能保证准确的传动比；带的寿命短，传动效率低；需要张紧装置，对轴的压力较大；因皮带摩擦易起电，带传动不能用于易燃易爆的场所。带传动的应用范围很广，其中V带传动应用最广。一般带的工作速度为$v=5$～$25\text{m/s}$，传动比为$i=7$，传动效率为$\eta=90\%$～$95\%$。

设主传动轮直径为$d_1$，转速设为$n_1$，从动轮直径为$d_2$，转速为$n_2$，如图7-10所示，传动比用$i$表示，则传动比$i$计算式为：

$$i = \frac{n_1}{n_2}$$

在皮带传动中，若不考虑皮带与皮带轮之间的弹性滑动，传动比约等于从动轮直径与主动轮直径之比。

$$i = \frac{n_1}{n_2} \approx \frac{d_2}{d_1}$$

（3）带传动的种类

带传动有摩擦型带传动和啮合型带传动两类。摩擦型带传动依靠带和带轮之间的摩擦力传递运动和动力，其带的截面形状常用的有平带（图7-11）与V带（图7-12）两种。

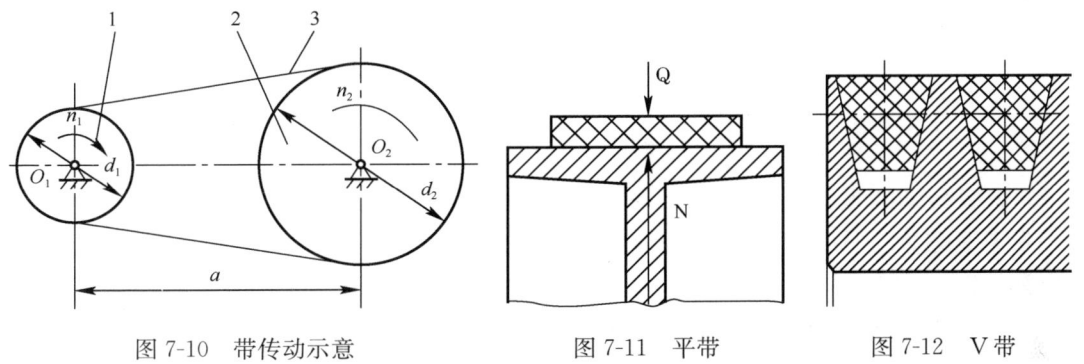

图 7-10　带传动示意　　　　图 7-11　平带　　　　图 7-12　V带

1）摩擦型带传动

根据《带传动 普通V带和窄V带 尺寸（基准宽度制）》GB/T 11544—2012，V带按截面尺寸分为普通V带和窄V带两大类，普通V带又分为Y、Z、A、B、C、D、E等七个型号，窄V带又分为SPZ、SPA、SPB、SPC等四个型号。普通V带的规格尺寸、性能、测量方法及使用要求等均已标准化，其截面尺寸、基准长度和单位质量见表7-4。

普通V带截面尺寸、长度和单位长度质量（摘自GB/T 11544—2012）　　表7-4

| 截面 | Y | Z | A | B | C | D | E |
|---|---|---|---|---|---|---|---|
| 顶宽 $b$ (mm) | 6.0 | 10.0 | 13.0 | 17.0 | 22.0 | 32.0 | 38.0 |
| 节宽 $b_p$ (mm) | 5.3 | 8.5 | 11.0 | 14.0 | 19.0 | 27.0 | 32.0 |
| 高度 $h$ (mm) | 4.0 | 6.0 | 8.0 | 11.0 | 14.0 | 19.0 | 23.0 |
| 楔角 $\alpha$ | 40° | | | | | | |
| 基准长度 $L_d$ (mm) | 200～500 | 406～1540 | 630～2700 | 930～6070 | 1565～10700 | 2740～15200 | 4660～16800 |
| 单位长度质量 (kg/m) | 0.04 | 0.06 | 0.10 | 0.17 | 0.30 | 0.60 | 0.87 |

2）啮合型带传动

① 多楔带传动

多楔带传动（图7-13）是平带基体上有若干纵向楔形凸起，它兼有平带和V带的优点且弥补其不足，多用于结构紧凑的大功率传动中。

② 同步带传动

同步带传动是一种啮合传动，依靠带内周的等距横向齿与带轮相应齿槽间的啮合来传递运动和动力（图7-14）。同步带传动工作时带与带轮之间无相对滑动，能保证准确的传动比。传动效率可达0.98；传动比较大，可达 $i=12$～20；允许带速最高至50m/s。但同步带传动的制造要求较高，安装时对中心距有严格要求，价格较贵。同步带传动主要用于要求传动比准确的中、小功率传动中。

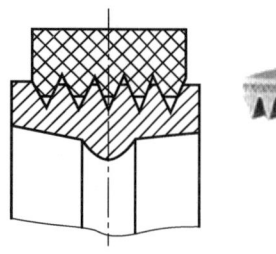 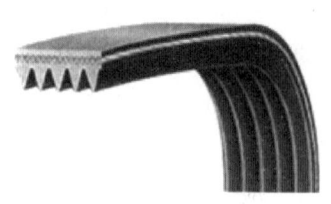 

图 7-13　多楔带传动　　　　　　图 7-14　同步带传动

(4) 带传动的张紧装置

根据摩擦传动原理，带必须在预张紧后才能正常工作。运转一定时间后，带会松弛，为保证带传动的能力，必须重新张紧，才能正常工作。常用的张紧方法有两种方式。

1) 调整中心距方式：定期和自动调整

采用定期改变中心距的方法来调节带的张紧力，使带重新张紧。常见的有滑道式和摆架式两种结构。如图 7-15（a）、(b) 所示。

自动调整装置是将装有带轮的电动机安装在浮动的摆架上，利用电动机的自重，使带轮绕固定轴摆动，以自动保持张紧力。如图 7-15（c）所示

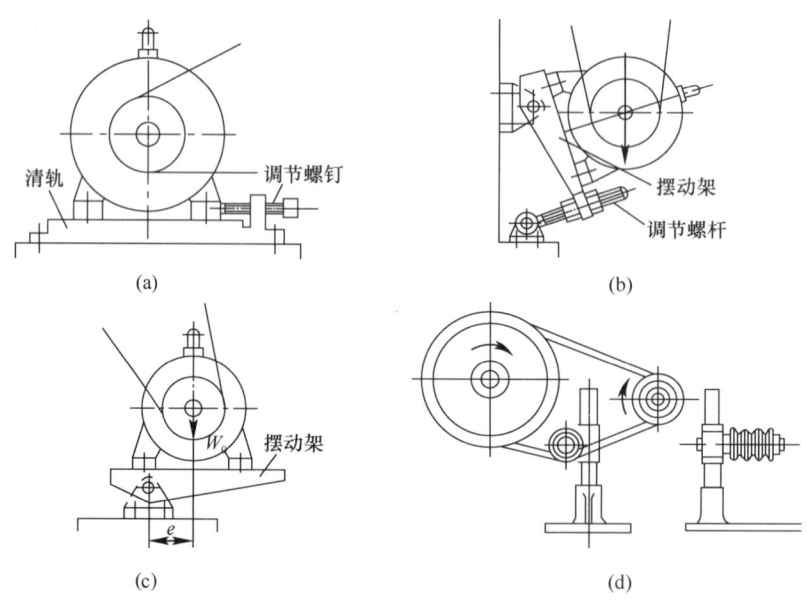

图 7-15　带张紧装置

2) 采用张紧轮方式

当中心距不能调节时，可采用张紧轮将带张紧，如图 7-15（d）所示。张紧轮一般放在松边的内侧，使带单向弯曲，同时张紧轮还应尽量靠近大轮，以免过分影响带在小轮上的包角。张紧轮的轮槽尺寸与带轮的相同，且直径小于小带轮的直径。

(5) V 带传动的安装

1) 安装 V 带时，应按规定的初拉力张紧。对于中等中心距的带传动，也可凭经验安装。带的张紧程度以大拇指能将带按下 15mm 为宜，如图 7-16 所示。新带使用前，最好预先拉紧一段时间后再使用。严禁用其他工具强行撬入或撬出，以免对带造成不必要的损坏。

2) 安装时两带轮轴线必须平行，轮槽应对正，以避免带扭曲和磨损加剧。

3) 安装时应缩小中心距，松开张紧轮，将带套入槽中后再调整到合适的张紧程度。不要将带强行撬入，以免带被损坏。

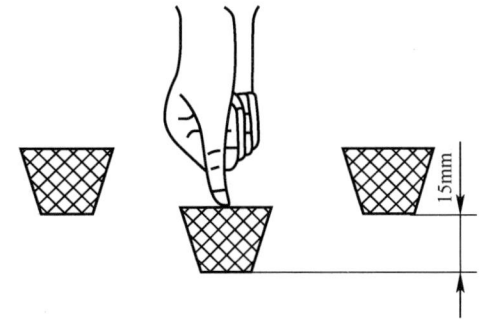

图 7-16 手测张紧度

4) 多根 V 带传动时，为避免受载不均，应采用配组带。

5) 带应避免与酸、碱、油类等接触，不宜在阳光下曝晒，以免老化变质。

6) 带传动应装设防护罩，并保证通风良好和运转时带不擦碰防护罩。

(6) 带传动的使用与维护

1) 要采用安全防护罩，以保障操作人员的安全；同时防止油、酸、碱对带的腐蚀。

2) 定期检查有无松弛和断裂现象，如有一根松弛和断裂则应全部更换新带。

3) 禁止给带轮上加润滑剂，应及时清除带轮槽及带上的油污。

4) 带传动工作温度不应过高，一般不超过 60℃。

5) 若带传动久置后再用，应将传动带放松。

## （二）螺纹连接

螺纹是螺纹连接和螺旋传动的关键部分。在机器设备中，螺纹应用广泛，主要用于连接两个以上零件或传递运动和动力。

### 1. 螺纹连接的特点

螺纹连接是利用螺纹零件构成的一种可拆卸连接，具有以下特点：

(1) 螺纹拧紧时能产生很大的轴向力；

(2) 能方便地实现自锁；

(3) 外形尺寸小；

(4) 制造简单，能保持较高的精度。

### 2. 螺纹的分类和特点

(1) 常见螺纹的分类

1) 按照牙形可以分为：三角形螺纹、梯形螺纹、锯齿形螺纹和矩形螺纹，如图 7-17 所示；

2) 按照旋向可以分为：左旋螺纹和右旋螺纹，常用的是右旋螺纹，如图 7-18 所示；

3) 按照螺旋线的数目可以分为：单线螺纹和多线螺纹，连接用的螺纹多为单线螺纹，传动用的螺纹可以是单线螺纹,也可以是多线螺纹,如图 7-19 所示。

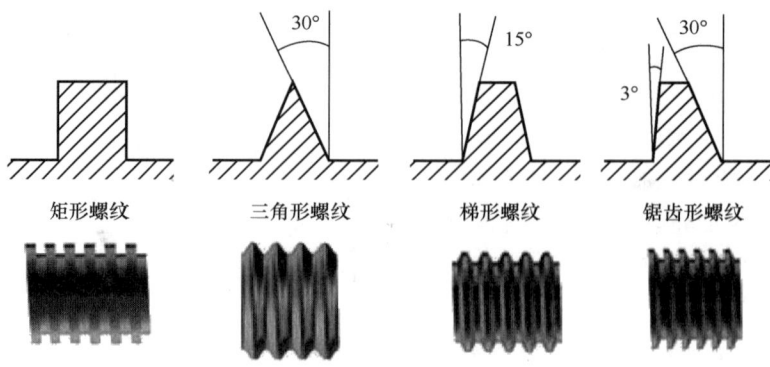

图 7-17 四种牙形螺纹

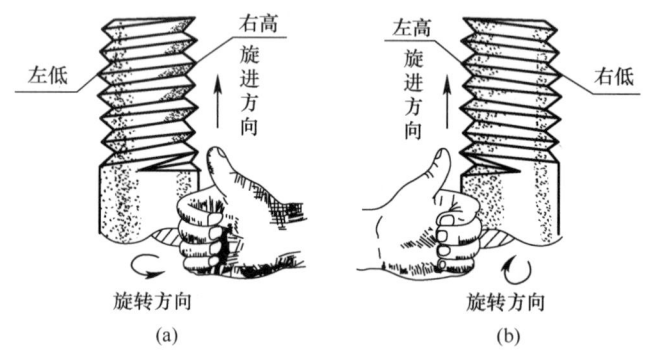

图 7-18 右、左旋螺纹
(a) 右旋螺纹;(b) 左旋螺纹

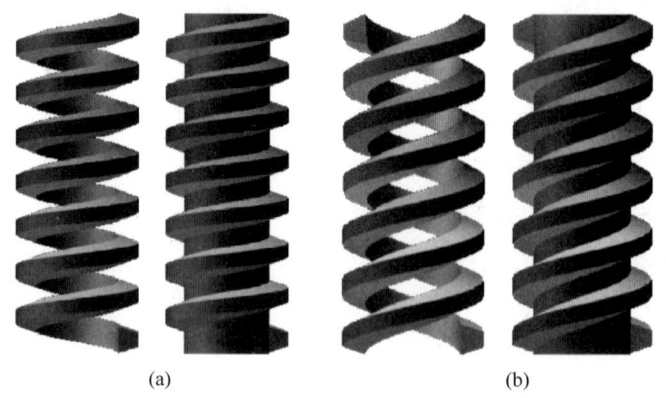

图 7-19 单线螺纹和多线螺纹
(a) 单线螺纹;(b) 多线螺纹

(2) 常见螺纹的特点

1) 三角形螺纹

牙形为等边三角形,牙形角 $\alpha=60°$,内外螺纹旋合留有径向间隙。外螺纹牙根允许有较大的圆角，以减小应力集中。同一公称直径按螺距大小，分为粗牙和细牙。细牙螺纹的牙形与粗牙相似，但螺距小，升角小，自锁性较好，强度高，因牙细不耐磨，容易滑扣。

2) 矩形螺纹

牙形角为正方形，牙形角 $\alpha=0°$。其传动效率较其他螺纹高，但牙根强度弱，螺旋副磨损后，间隙难以修复和补偿，传动精度较低。为了便于铣、磨削加工，可制成 $\alpha=10°$ 的牙形角。

3) 梯形螺纹

牙形为等腰梯形，牙形角 $\alpha=30°$。内外螺纹与锥面贴紧不易松动。与矩形螺纹相比，传动效率低，但工艺性好，牙根强度高，对中性好。如用剖分螺母，还可以调整间隙。梯形螺纹是最常用的传动螺纹。

4) 锯齿形螺纹

牙形为不等腰梯形，工作面的牙侧角为 $3°$，非工作面的牙侧角为 $30°$。外螺纹牙根有较大的圆角，以减小应力集中。内外螺纹旋合后，大径处无间隙，便于对中。这种螺纹兼有矩形螺纹传动效率高、梯形螺纹牙根强度高的特点，但只能用于单向力的螺纹连接或螺旋传动中，如螺旋压力机。

### 3. 螺纹的主要参数

螺纹的主要参数如图 7-20 所示。

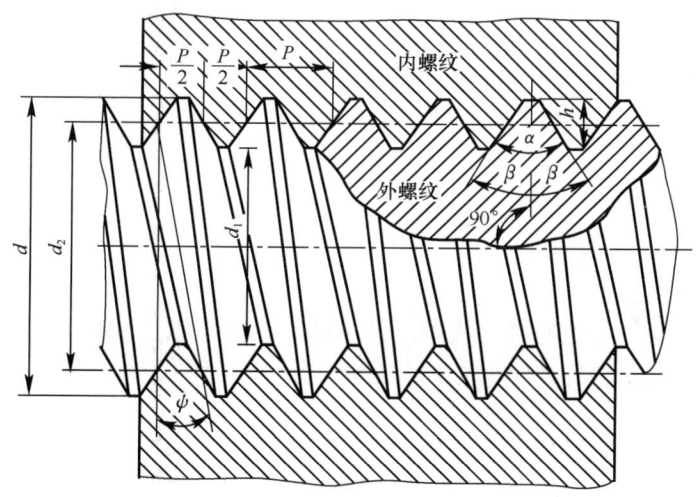

图 7-20 螺纹的主要参数

（1）外径 $d$——与外螺纹牙顶相重合的假想圆柱面直径，亦称公称直径。

（2）内径（小径）$d_1$——与外螺纹牙底相重合的假想圆柱面直径，在强度计算中作危险剖面的计算直径。

（3）中径 $d_2$——在轴向剖面内牙厚与牙间宽相等处的假想圆柱面的直径，近似等于螺纹的平均直径 $d_2 \approx 0.5(d+d_1)$。

（4）螺距 $P$——相邻两牙在中径圆柱面的母线上对应两点间的轴向距离。

（5）导程 $S$——同一螺旋线上相邻两牙在中径圆柱面的母线上的对应两点间的轴向距离。

(6) 线数 $n$——螺纹螺旋线数目，一般为便于制造 $n \leqslant 4$。

导程、线数、螺距之间关系：$S = nP$。

(7) 螺旋升角 $\psi$——在中径圆柱面上螺旋线的切线与垂直于螺旋线轴线的平面的夹角。

$$\psi = \operatorname{arccot} \frac{S}{\pi d_2} = \operatorname{arccot} \frac{nP}{\pi d_2}$$

(8) 牙形角 $\alpha$——螺纹轴向平面内螺纹牙形两侧边的夹角。

(9) 牙形斜角 $\beta$——螺纹牙形的侧边与螺纹轴线的垂直平面的夹角。对称牙形 $\beta = \frac{\alpha}{2}$。

### 4. 螺纹连接的类型

螺纹连接由螺纹紧固件和连接件上的内外螺纹组成。

(1) 普通螺栓连接

被连接件不太厚，螺杆带钉头，通孔不带螺纹，螺杆穿过通孔与螺母配合使用。装配后孔与杆间有间隙，并在工作中不消失，结构简单，装拆方便，可多个装拆，应用较广。如图 7-21（a）所示。

(2) 铰制孔螺栓连接

装配后无间隙，主要承受横向载荷，也可作定位用，采用基孔制配合铰制孔螺栓连接。如图 7-21（b）所示。

(3) 双头螺柱连接

螺杆两端无钉头，但均有螺纹，装配时一端旋入被连接件，另一端配以螺母。适用于常拆卸而被连接件之一较厚时。拆装时只需拆螺母，而不将双头螺栓从被连接件中拧出。如图 7-21（c）所示。

(4) 螺钉连接

适用于被连接件之一较厚（上带螺纹孔），不需经常装拆，一端有螺钉头，不需螺母，还适用于受载较小的情况。如图 7-21（d）所示。

(5) 紧定螺钉连接

将紧定螺钉拧入一零件的螺纹孔中，其末端顶住另一零件的表面，或顶入相应的凹坑中。常用于固定两个零件的相对位置，并可传递不大的力或转矩，如图 7-21（e）所示。

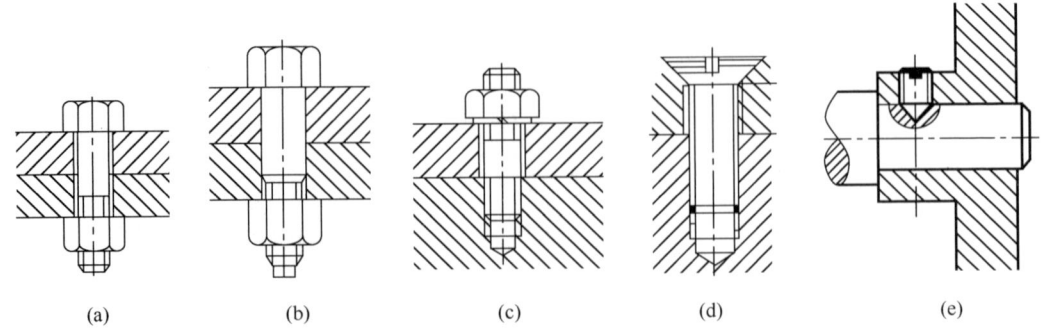

图 7-21 螺纹连接类型

(a) 普通螺栓连接；(b) 铰制孔螺栓连接；(c) 双头螺柱连接；(d) 螺钉连接；(e) 紧定螺钉连接

### 5. 螺纹连接防松

常用的防松方法有三种：摩擦防松、机械防松和永久防松。摩擦防松和机械防松又称为可拆卸防松，而永久防松又称为不可拆卸防松。常用的摩擦防松是采用垫圈、自锁螺母及双螺母等措施；常用的机械防松方法是利用开口销、止动垫圈及串钢丝绳等防松措施，防松可靠，多适用于重要的连接防松；常用的永久防松有点焊、铆接、粘合等，这种方法在拆卸时大多要破坏螺纹紧固件，无法重复使用。

（1）摩擦防松

1）弹簧垫圈防松

弹簧垫圈材料为弹簧钢，装配后垫圈被压平，其反弹力能使螺纹间保持压紧力和摩擦力，从而实现防松。如图7-22所示。

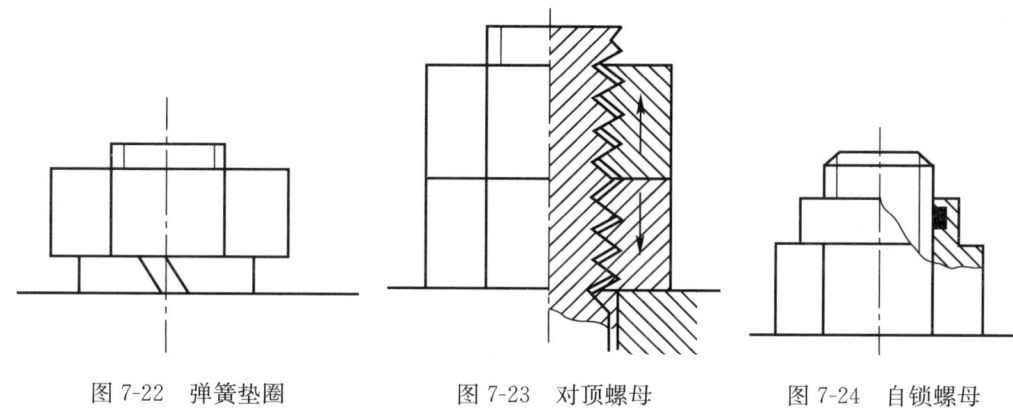

图7-22　弹簧垫圈　　　　图7-23　对顶螺母　　　　图7-24　自锁螺母

2）对顶螺母防松

对顶螺母防松又称双螺母防松，是利用螺母对顶作用使双螺母间螺栓受到附加的拉力和摩擦力，不论外载荷情况如何，此附加拉力和摩擦力总是存在，从而达到防止松动的目的。如图7-23所示。

3）自锁螺母防松

自锁螺母的工作原理一般是靠摩擦力自锁。自锁螺母按功能分类的类型有嵌尼龙圈自锁螺母、带颈收口自锁螺母、加金属防松装置自锁螺母等。常用的嵌尼龙圈自锁螺母，是在螺母紧固时使螺母中嵌入的尼龙挤压、变形，从而增加内外螺纹之间的摩擦力，进而起到防松的作用。如图7-24～图7-26所示。

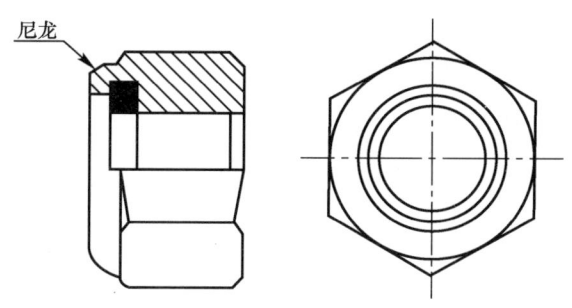

图7-25　嵌尼龙自锁螺母示意

图7-26　自锁螺母实物

（2）机械防松

1）槽形螺母和开口销防松

槽形螺母拧紧后，用开口销穿过螺栓尾部小孔和螺母槽，也可以用普通螺母拧紧后进行配钻销孔。如图 7-27 所示。

2）圆螺母和止动垫圈

将垫圈内舌嵌入螺栓（轴）槽内，拧紧螺母后将垫圈外舌之一褶嵌于螺母的一个槽内。如图 7-28 所示。

3）止动垫圈

螺母拧紧后，将单耳或双耳止动垫圈分别向螺母和被连接件的侧面折弯贴紧，实现防松。如果两个螺栓需要双联锁紧时，可采用双联止动垫圈。如图 7-29 所示。

4）串联钢丝防松

用低碳钢钢丝穿入各螺钉头部的孔内，将各螺钉串联起来，使其相互制动。这种结构需要注意钢丝穿入的方向。如图 7-30 所示。

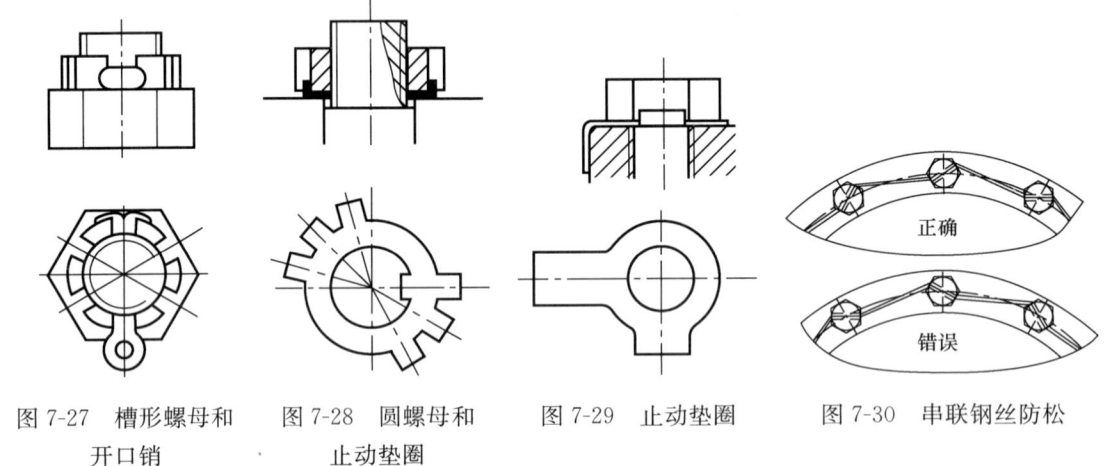

图 7-27　槽形螺母和开口销　　图 7-28　圆螺母和止动垫圈　　图 7-29　止动垫圈　　图 7-30　串联钢丝防松

（3）永久防松

1）冲点防松

螺母拧紧后在螺纹末端冲点破坏螺纹实现防松。如图 7-31 所示。

2）粘合防松

通常采用厌氧胶粘结剂涂于螺纹旋合表面，拧紧螺母后粘结剂能够自行固化，防松效果良好。如图 7-32 所示。

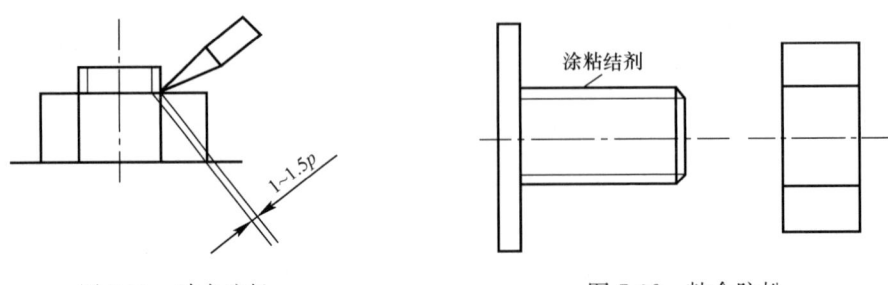

图 7-31　冲点防松　　　　　　图 7-32　粘合防松

### 6. 高强度螺栓

高强度螺栓目前应用非常广泛，在一些大型建筑、桥梁以及塔机上经常被使用。按照施工工艺区可以分为大六角高强度螺栓和扭剪型高强度螺栓，按照受力强度可以分为摩擦型和承压型。大六角高强度螺栓的连接副是由一个螺栓、一个螺母、两个垫圈组成为一套，安装时螺栓和螺母每侧配备一个垫圈。扭剪型高强度螺栓的连接副是由一个螺栓、一个螺母、一个垫圈组成为一套。螺栓、螺母、垫圈材料要符合相应高强度螺栓连接副材料国家标准规定，而且同为一个热处理工艺加工过的产品，应按批配套进场，同批内配套使用。

（1）高强度螺栓工作原理

高强度螺栓与普通螺栓一样，传递剪力和拉力，但传递剪力的方式有所不同。高强度螺栓主要是使用抗拉强度高的材料、大尺寸结构制造的螺栓、螺母和垫圈为连接副，靠被连接构件接触面之间的预紧力而产生的摩擦力来传递剪力。高强度螺栓连接利用连接副间的摩擦力即可有效地传递剪力，它变形小、不松动、耐疲劳，一般有两种类型：只靠摩擦力传力，称为摩擦型高强度螺栓；除摩擦力外还依靠杆身的承压和抗剪传力，称为承压型高强度螺栓。摩擦型高强度螺栓能保证结构在整个使用期间外剪力不超过内摩擦力，故而剪切变形小，被连接的构件能弹性地整体工作，抗疲劳能力强，适用于承受动力荷载的结构及需保证连接变形小的结构。承压型高强度螺栓在正常使用荷载作用下，一般也不会超过摩擦力，工作性能和摩擦型相同，但一旦发生偶然超载，就会超过摩擦力，连接之间便发生滑移，这时即靠摩擦力（为主）和杆身的承压抗剪（为辅）共同传力，一般适用于承受静力荷载或间接承受动力荷载的结构。

摩擦型和承压型的区别在于：摩擦型的设计准则是以摩擦力不超过极限状态，而承压型的设计准则是允许摩擦力超过极限状态，直至杆身被剪坏或所连接的连接副被压坏才算达到极限状态。至于施拧要求和使用荷载作用下的工作两者是相同的。

高强度螺栓使用的钢材性能等级按其热处理后强度划分为 10.9S 和 8.8S（S 表示高强度螺栓的级别）。

螺柱强度表示如下：

$$f_u = 100X$$

$$f_y = 100X\left(\frac{Y}{10}\right)$$

式中　$X$、$Y$——螺柱强度系数；
　　　$f_u$——螺柱抗拉强度；
　　　$f_y$——螺柱屈服强度。

（2）高强度螺栓的紧固方法

1）大六角头高强度螺栓的预拉力控制方法

大六角头高强度螺栓施工终拧扭矩按下式计算确定：

$$T_c = kP_c d$$

式中 $T_c$——施工扭矩（N·m）；

$k$——高强度螺栓连接副扭矩系数的平均值，扭矩系数由高强度螺栓制造商提供或经过试验的方法获得；

$P_c$——高强度螺栓施工预紧力（kN），见表 7-5；

$d$——高强度螺栓螺杆直径（mm）。

大六角头高强度螺栓施工预紧力（kN）　　　　表 7-5

| 螺栓性能等级 | 螺栓公称直径 | | | | | | |
|---|---|---|---|---|---|---|---|
| | M12 | M16 | M20 | M22 | M24 | M27 | M30 |
| 8.8S | 50 | 90 | 140 | 165 | 195 | 255 | 310 |
| 10.9S | 60 | 110 | 170 | 210 | 250 | 320 | 390 |

在安装大六角头高强度螺栓时，应先按拧紧力矩的 50% 进行初拧，然后按 100% 拧紧力矩进行终拧。对于大型节点在初拧之后，还应按初拧力矩进行复拧，然后再行终拧。

2）扭剪型高强度螺栓的预拉力控制方法

扭剪型高强度螺栓连接副的安装需用特制的电动扳手，该扳手有两个套头，一个套在螺母六角体上，另一个套在螺栓的十二角体上。拧紧时，对螺母施加顺时针力矩，对螺栓十二角体施加大小相等的逆时针力矩，使螺栓断颈部分承受扭剪，其初拧力矩按 $0.065 \times P_c \times d$ 计算或按表 7-6 确定。终拧至拧断梅花头，即达到规定预拉力值。安装结束，相应的安装力矩即为拧紧力矩。安装后一般不拆卸。

扭剪型高强度螺栓初拧扭矩（N·m）　　　　表 7-6

| 螺栓公称直径 | M16 | M20 | M22 | M24 | M27 | M30 |
|---|---|---|---|---|---|---|
| 初拧扭矩 | 115 | 220 | 300 | 390 | 560 | 760 |

## （三）轴的功用和类型

### 1. 轴的功用

轴是机械组成中的最基本和最主要的零件，一切做旋转运动的传动零件，都必须安装在轴上才能实现旋转并传递动力。因此轴的作用是支撑回转零件并传递运动和动力。

### 2. 轴的类型和特点

（1）轴的类型

按照轴的轴线形状不同，可以把轴分为曲轴和直轴两大类。

曲轴可以将旋转运动改变为往复直线运动或者作相反的运动转换。直轴在生产中应用最为广泛，按照其外形不同，可分为光轴和阶梯轴两种。此外，还有一些特殊用途的轴，如凸轮轴（凸轮与轴连成一体），挠性钢丝软轴（由几层紧贴在一起的钢丝层构成的软轴，可以把扭矩和旋转运动灵活地传到任何位置）等。

根据轴所受载荷不同，可将轴分为心轴、转轴和传动轴三类。

1）心轴及其特点

心轴是用来支撑转动的零件，只受弯曲作用而不传递动力。如车辆用的转动心轴，支撑滑轮用的固定心轴等。

2）转轴及其特点

转轴的特点是既支撑转动零件又传递动力，转轴本身是转动的，同时承受弯曲和扭转两种作用。

3）传动轴及其特点

传动轴的特点是只传送动力，只受扭转作用而不受弯曲作用，或者弯曲作用很小。

（2）常用轴的结构

1）轴颈：与轴承配合的轴段，轴颈的直径应符合轴承的内径要求。

2）轴头：支撑传动零件的轴段，轴头的直径必须与相配合零件的轮毂内径一致，并符合轴的标准直径系列。

3）轴身：连接轴颈和轴头的轴段。

轴的结构形式中最简单的是光轴，但实际使用中，轴上需要安装一些零件，所以往往要做成阶梯轴，各阶梯都有一定的作用，使轴的结构和各个部位都具有合理的形状和尺寸。

在考虑轴的结构时，应满足三个方面的要求，即安装在轴上的零件要牢固而可靠地相对固定；轴的结构应便于加工和尽量减少应力集中；轴上的零件要便于安装和拆卸（图7-33）。

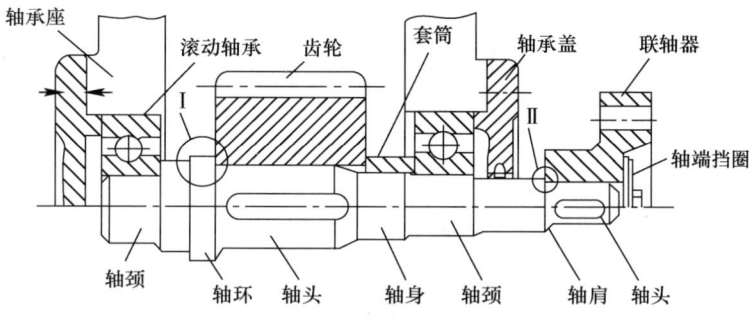

图 7-33　轴的结构

（3）轴上零件的固定方法

轴的固定方法通常有轴向固定和周向固定两种。

1）轴向固定的方法：通常可采用螺母、挡圈、压板等配合轴肩和套筒，实现轴上零件轴向相对位置的固定。它们各自的特点如下：

① 轴肩：结构简单，定位可靠，可承受较大轴向力。

② 圆螺母：固定可靠，装拆方便，可承受较大的轴向力。

③ 轴端挡圈：适用于固定轴端零件，可承受一定程度的振动和冲击载荷。

④ 弹性挡圈：结构简单紧凑，不能承受较大的轴向力，常用于固定滚动轴承。

⑤ 套筒：结构简单，定位可靠，轴上不需开槽、钻孔或切制螺纹，因而不影响轴的疲劳强度。

2）周向固定的方法：通常采用键或花键等连接获得轴上零件的圆周方向上的固定，用于防止零件与轴产生的相对转动。它们各自的特点如下：

① 平键：结构简单，装拆方便，对中性好，应用广泛。

② 半圆键：由于半圆键与键槽配合较松，可倾转，易装拆，常用于锥形轴端，传递不大的力矩。

③ 楔键：由于楔紧后使轴与轴上零件产生偏心，故常用于对中性要求不高、载荷平稳的低速场合。

④ 切向键：当传递双向转矩时，采用两对切向键并互成120°布置。多用于载荷较大，对中性要求不严的场合。由于键槽对轴的削弱较大，故一般用在直径大于100mm的轴上。

⑤ 花键：适用于传递载荷较大和定心精度要求较高的动、静连接，特别是对经常滑移的动连接更具有独特的优越性，在飞机、汽车、拖拉机、机床、农业机械等机械传动中得到了广泛的应用。

## （四）液压传动

### 1. 液压传动系统的组成及各元件的作用

（1）液压传动系统的组成

1）动力元件——液压泵，它供给液压系统压力，并将电动机输出的机械能转换为油液的压力能，从而推动整个液压系统工作。

2）执行元件——液压缸或液压马达，把油液的液压能转换成机械能，以驱动工作部件运动。

3）控制元件——包括各种阀类，如压力阀、流量阀和方向阀等，用来控制液压系统的液体压力、流量（流速）和液流的方向，以保证执行元件完成预期的工作运动。

4）辅助元件——指各种管接头、油管、油箱、过滤器、蓄能器和压力计等，它们起着连接、输油、储油、过滤、储存压力能和测量油压等辅助作用，以保证液压系统可靠、稳定、持久地工作。

5）工作介质——指在液压系统中，承受压力并传递压力的油液。

（2）动力元件和执行元件

1）液压泵

液压泵是液压系统的动力元件，将驱动电动机的机械能转换成液体的压力能，供液压系统使用，它是液压系统的能源。液压泵一般有齿轮泵、叶片泵和柱塞泵等几个种类。

① 齿轮泵

齿轮泵在结构上可分为外啮合齿轮泵和内啮合齿轮泵两种。

外啮合齿轮泵的构造如图7-34、图7-35所示，泵体内有一对外啮合齿轮，齿轮两侧靠端盖封闭。体、端盖和齿轮的各个齿间槽组成了若干个密封工作容积。

七、机械设备的基础知识

图 7-34　齿轮泵

图 7-35　齿轮泵内腔

其工作原理如图 7-36 所示，当齿轮按一定的方向旋转时，一侧吸油腔由于相互啮合的齿轮逐渐脱开，密封工作容积逐渐增大，形成部分真空，因此油箱中的油液在外界大气压的作用下，经吸油管进入吸油腔，将齿间槽充满，并随着齿轮旋转，把油液带到另一侧的压油腔内。在压油区的一侧，由于齿轮在这里逐渐进入啮合，密封工作腔容积不断减小，油液便被挤出去，从压油腔输送到压油管路中去而形成高压油。

这里的啮合点处的齿面接触线一直起着隔离高、低压腔的作用。

外啮合齿轮泵的优点是：结构简单，尺寸小，

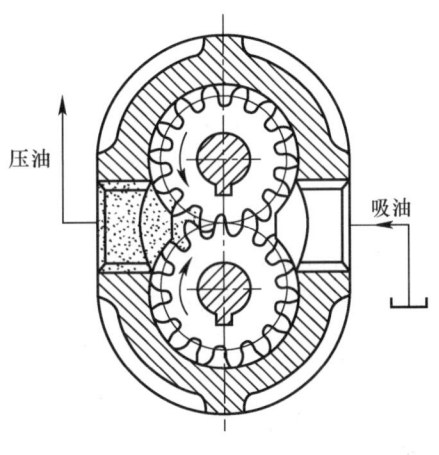

图 7-36　外啮合齿轮泵工作原理

重量轻，制造方便，价格低廉，工作可靠，自吸能力强（容许的吸油真空度大），对油液污染不敏感，维护容易。它的缺点是一些机件承受不平衡径向力，磨损严重，泄漏量大，工作压力的提高受到限制。此外，它的流量脉动大，因而压力脉动和噪声都较大。

② 叶片泵

叶片泵典型结构如图 7-37 所示。叶片泵优点是运转平稳、压力脉动小、噪声小、结构紧凑、尺寸小流量大。缺点是对油液要求高，如油液中有杂质，则叶片容易卡死，和齿轮泵相比结构较复杂。

单作用叶片泵工作原理如图 7-38 所示。

泵由定子 1、转子 2、叶片 3 和配油盘等零件组成。定子的内表面是圆柱面，转子和定子中心之间存在着偏心，叶片在转子的槽内可灵活滑动，在转子转动时的离心力以及叶片根部油压力作用下，叶片顶部贴紧在定子内表面上，于是，两相邻叶片、配油盘、定子和转子便形成了一个密封的工作腔。当转子按图 7-14 所示方向旋转时，图 7-38 右侧的叶片向外伸出，密封工作腔容积逐渐增大，产生真空，油液通过吸油口、配油盘上的吸油窗口进入密封工作腔；而在图 7-38 的左侧，叶片往里缩进，密封腔的容积逐渐缩小，密封腔中的油液排往配油盘排油窗口，经排油口被输送到系统中去。这种泵在转子转一转的过程中，吸油、压油各一次，故称单作用叶片泵。叶片泵转子每转一周只完成一次吸油和进

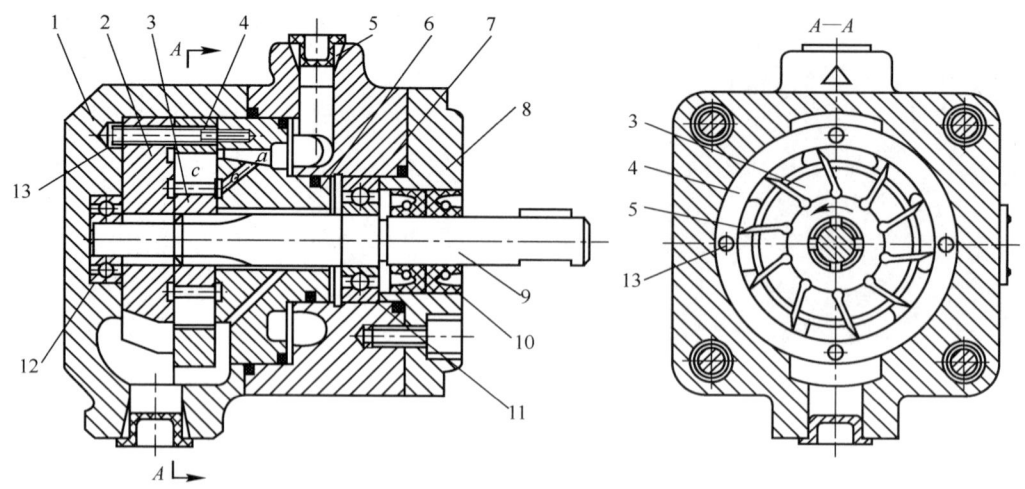

图 7-37 叶片泵的结构

1—左泵体；2—左配油盘；3—转子；4—定子；5—叶片；6—右配油盘；7—右泵体；
8—端盖；9—传动轴；10—防尘密封圈；11、12—轴承；13—螺钉

（压）油过程的称为单作用式，转子每转一周有两次吸油和进（压）油过程的称为双作用式。从力学上讲，转子上受有单方向的液压不平衡作用力，故又称非平衡式泵，其轴承负载大。若改变定子和转子间的偏心距的大小，便可改变泵的排量，形成变量叶片泵。

③ 柱塞泵

柱塞泵是靠柱塞在液压缸中往复运动造成容积变化来完成吸油与压油的。柱塞泵可分为轴向柱塞泵和径向柱塞泵两大类。

轴向柱塞泵是柱塞中心线互相平行于缸体轴线的一种泵。有斜盘式（图 7-39）和斜轴式（图 7-40）两类。斜盘式的缸体与传动轴在同一轴线，斜盘与传动轴成一倾斜角，它可以使缸体转动，也可以使斜盘转动，斜轴式的则为缸体相对传动轴轴线成一倾斜角。径向柱塞泵（图 7-41）的柱塞在缸体内呈径向分布。径向柱塞泵的性能稳定，耐冲击性好，工作可靠，寿命长，但结构复杂，外形尺寸和重量较大。

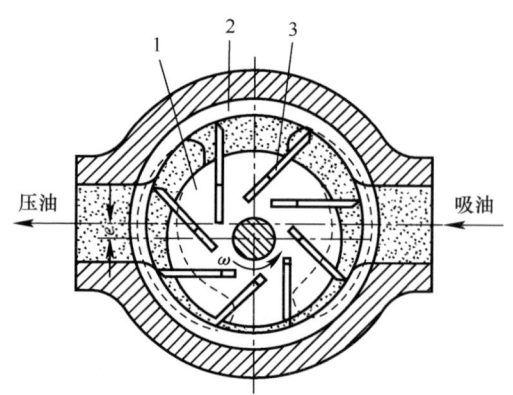

图 7-38 叶片泵的工作原理

1—定子；2—转子；3—叶片

图 7-39 斜盘式轴向柱塞泵

图 7-40　斜轴式轴向柱塞泵　　　　　图 7-41　径向柱塞泵

轴向柱塞泵具有结构紧凑、径向尺寸小、惯性小、容积效率高、压力高等优点，然而轴向尺寸大，结构也比较复杂。轴向柱塞泵在高工作压力的设备中应用很广。

柱塞泵工作原理如图 7-42 所示，泵由转动轴 1、斜盘 2、柱塞 3、缸体 4、配油盘 5 等主要零件组成，斜盘 2 和配油盘 5 是不动的，转动轴 1 带动缸体 4、柱塞 3 一起转动，柱塞 3 靠机械装置或在低压油作用下压紧在斜盘上。当转动轴按图示方向旋转时，柱塞 3 在其沿斜盘自下而上回转的半周内逐渐向缸体外伸出，使缸体孔内密封工作腔容积不断增加，产生局部真空，从而将油液经配油盘 5 上的配油窗口吸入；柱塞在其自上而下回转的半周内又逐渐向里推入，使密封工作腔容积不断减小，将油液从配油盘窗口向外排出，缸体每转一转，每个柱塞往复运动一次，完成一次吸油动作。改变斜盘的倾角 $\gamma$，就可以改变密封工作腔容积的有效变化量，实现泵的变量。

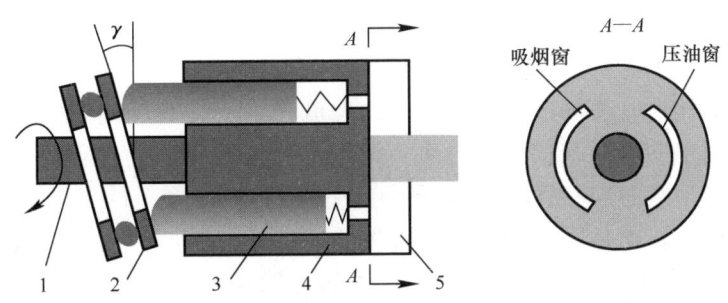

图 7-42　柱塞泵工作原理图
1—转动轴；2—斜盘；3—柱塞；4—缸体；5—配油盘

2）液压缸和液压马达

① 液压缸

液压缸是液压系统的执行元件，液压缸的作用是将压力能转化为机械能，液压缸一般用于实现直线往复运动或摆动。

液压缸的种类按结构形式可分为活塞缸（图 7-43）、柱塞缸和摆动缸三类。活塞缸和柱塞缸实现往复直线运动，输出推力或拉力和直线运动速度；摆动缸则能实现小于 360°的往复摆动，输出角速度（转速）和转矩。

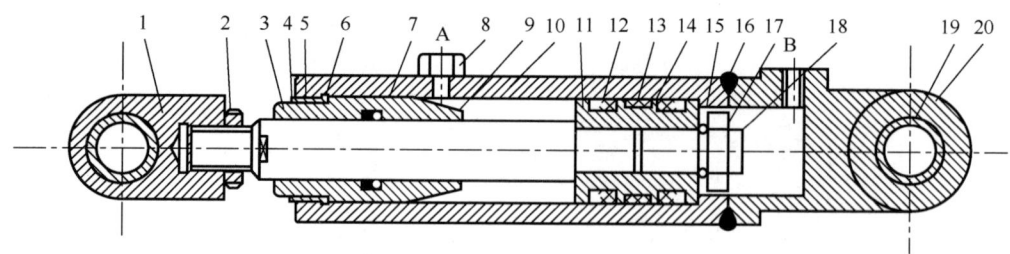

图 7-43 双作用单活塞杆液压缸

1—耳环；2—螺母；3—防尘圈；4、17—弹簧挡圈；5—套；6、15—卡键；7、14—O 形密封圈；8、12—Y 形密封圈；9—缸盖兼导向套；10—缸筒；11—活塞；13—耐磨环；16—卡键帽；18—活塞杆；19—衬套；20—缸底

② 液压马达

液压马达也是液压系统的执行元件，是将压力能转换成机械能的转换装置。与液压缸不同的是液压马达是以转动的形式输出机械能。

液压马达和液压泵从原理上讲，它们是可逆的。当电动机带动其转动时由其输出压力能（压力和流量），即为液压泵；反之，当压力油输入其中，由其输出机械能（转矩和转速），即是液压马达。液压马达有齿轮式、叶片式和柱塞式之分。

(3) 控制元件

液压控制阀（简称液压阀）是液压系统中的控制元件，用来控制液压系统中流体的压力、流量及流动方向，以满足液压缸、液压马达等执行元件不同的动作要求，它是直接影响液压系统工作过程和工作特性的重要元器件。

1）方向控制阀

① 单向阀

单向阀只允许油液沿某一方向流动，而反向截止。液压系统中常见的单向阀有普通单向阀和液控单向阀两种。

普通单向阀的作用是使油液只能沿一个方向流动，不许它反向倒流。图 7-44（a）所示是一种管式普通单向阀的结构。压力油从阀体左端的通口 $P_1$ 流入时，克服弹簧 3 作用在阀芯 2 上的力，使阀芯向右移动，打开阀口，并通过阀芯 2 上的径向孔 a、轴向孔 b 从阀体右端的通口流出。但是压力油从阀体右端的通口 $P_2$ 流入时，它和弹簧力一起使阀芯锥面压紧在阀座上，使阀口关闭，油液无法通过。图 7-44（b）所示是单向阀的职能符号图。

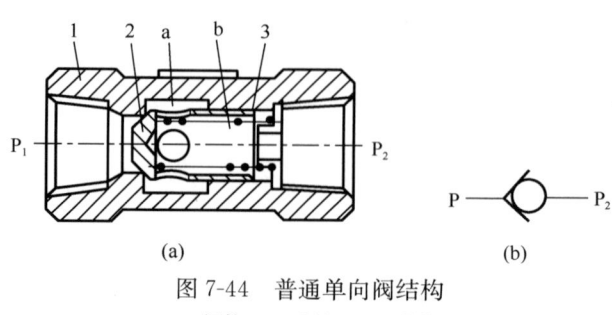

图 7-44 普通单向阀结构
1—阀体；2—阀芯；3—弹簧；
a—径向孔；b—轴向孔

图 7-45（a）所示是液控单向阀的结构。当控制口 K 处无压力油通入时，它的工作机制和普通单向阀一样；压力油只能从通口 $P_1$ 流向通口 $P_2$，不能反向倒流。当控制口 K 有控制压力油时，因控制活塞 1 右侧 a 腔通泄油口，活塞 1 右移，推动顶杆 2 顶开阀芯 3，使通口 $P_1$ 和 $P_2$ 接通，油液就可在两个方向自由通流。图 7-45（b）所示是液控单向阀的职能符号。

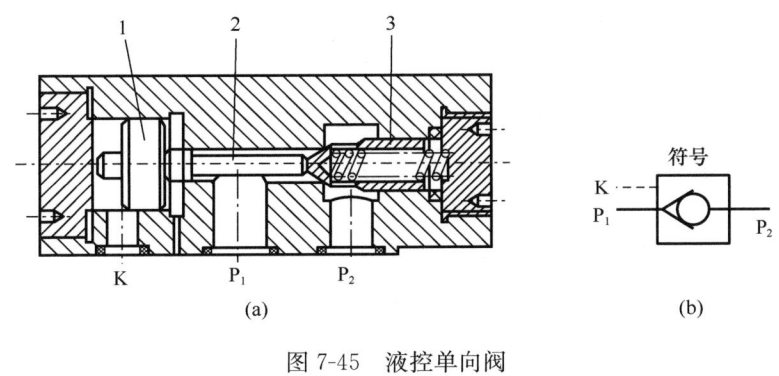

图 7-45 液控单向阀
1—活塞；2—推杆；3—阀芯

② 换向阀

换向阀是利用阀芯相对于阀体的相对运动，使油路接通、断开或变换液压油的流动方向，从而使液压执行元件启动、停止或改变运动方向。

换向阀与系统供油路连接的进油口用 P 表示，阀与系统回油路连接的回油孔用 T 表示，而阀与执行元件连接的工作口用 A、B 表示。常用的二位和三位换向阀的位和通路符号如图 7-46 所示。

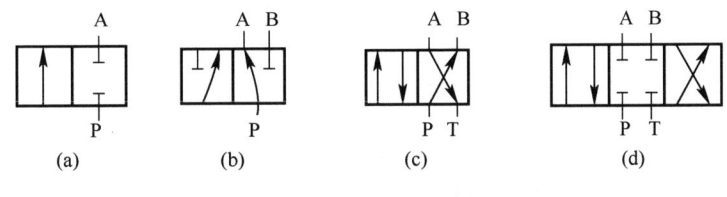

图 7-46 阀的位和通路符号
（a）二位二通；（b）二位三通；（c）二位四通；（d）三位四通

手动换向阀是利用手动杠杆等机构来改变阀芯和阀体的相对位置，从而实现换向的阀类。阀芯定位靠钢球、弹簧，使其保持确定的位置。如图 7-47 所示为弹簧自动复位式三位四通手动换向阀的结构及图形符号。

电磁换向阀是利用电磁铁通电吸合后产生的吸力推动阀芯动作来改变阀的工作位置。电磁换向阀的电磁铁按所使用电源不同可分为交流型和直流型；按衔铁工作腔是否有油液又可分为"干式"和"湿式"电磁铁。电磁换向阀操纵方便，布置灵活，易于实现动作转换的自动化。如图 7-48 所示为直流湿式三位四通电磁换向阀的结构及图形符号。

换向阀的滑阀机能。对于各种操纵方式的三位四通换向阀滑阀，阀芯在中间位置时，为适应各种不同的工作要求，各油口间的通路有各种不同的连接形式。这种常态位置时的内部通路形式，称为滑阀中位机能，见表 7-7。

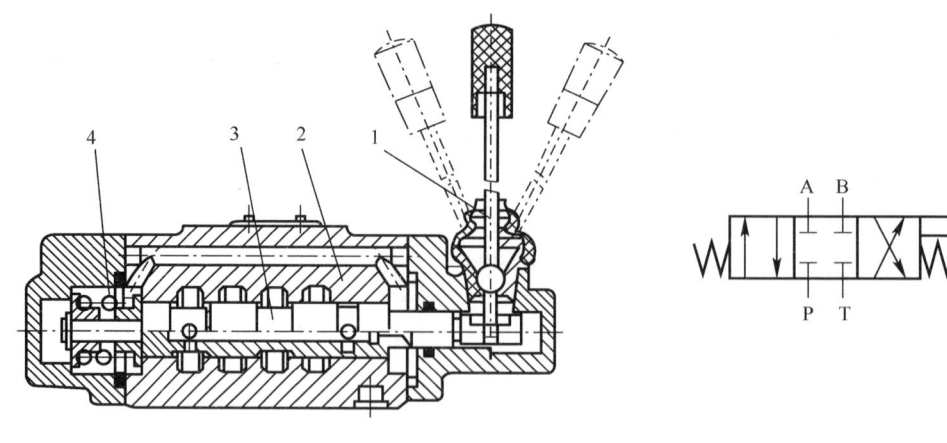

图 7-47 手动换向阀
1—手柄；2—阀体；3—阀芯；4—弹簧

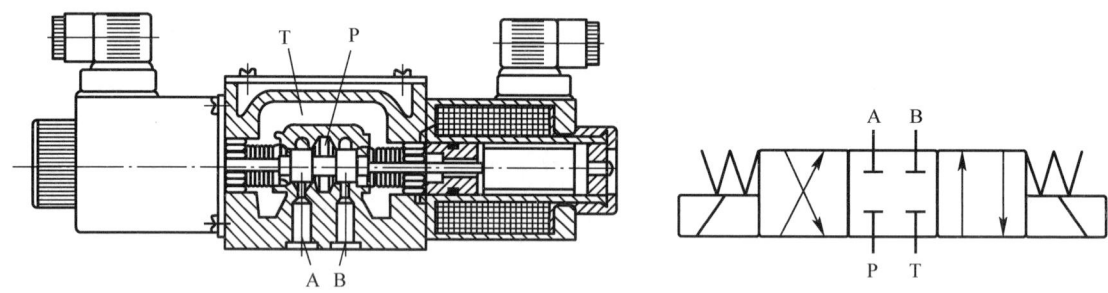

图 7-48 直流湿式三位四通电磁换向阀

滑阀中位机能　　　　　　　　　　表 7-7

| 滑阀机能 | 中位时的滑阀状态 | 中位符号 | 性能特点 |
| --- | --- | --- | --- |
| O | $T(T_1)$　A　P　B $T(T_2)$ | A B / P T | 各油口全部关闭，系统保持压力，执行元件各油口封闭 |
| H | $T(T_1)$　A　P　B $T(T_2)$ | A B / P T | 各油口 P、T、A、B 全部连通，泵卸荷 |
| Y | $T(T_1)$　A　P　B $T(T_2)$ | A B / P T | 缸不卸荷，执行元件两腔与回油连通 |

续表

| 滑阀机能 | 中位时的滑阀状态 | 中位符号 | 性能特点 |
|---|---|---|---|
| J |  |  | P 口保持压力，缸 A 口封闭，B 口与回油口 T 连通 |
| C |  |  | P 口保持压力，缸 A 口封闭，B 口与回油口 T 连通 |
| P |  |  | P 口与 A、B 口都连通，回油口 T 封闭 |

2）压力控制阀

在液压系统中，控制液压系统中的压力或利用系统中压力的变化来控制某些液压元件动作的阀，统称压力控制阀。按其功能和用途不同分为溢流阀、减压阀、顺序阀等。

① 溢流阀

溢流阀是用来控制和调整液压系统的压力，保证系统在一定压力或安全压力下工作。它依靠弹簧力和油的压力的平衡来实现液压泵供油压力的调节，分为直动式溢流阀、先导式溢流阀。

如图 7-49 所示为直动式溢流阀，P 是进油口，T 是回油口，进口压力油进油经阀芯中间的阻尼孔作用在阀芯底部端面上，当进油口 P 从系统接入的油液压力不高时，锥阀芯被弹簧压在阀座上，阀口关闭；当进口油压升高到能克服弹簧阻力时，推开锥阀，使阀口打开，油液由进油口 P 流入，再从回油口 T 流回油箱（溢流），进油压力就不会继续升高。阀芯上阻尼孔的作用是用来增加液阻，以减少阀芯的振动，提高阀的工作平稳性。调节螺母改变弹簧压紧力，也就调节了溢流阀进油口处的油压。由阀芯间隙处泄漏到弹簧腔的油液，经阀体上的回油口 T 排入油箱。

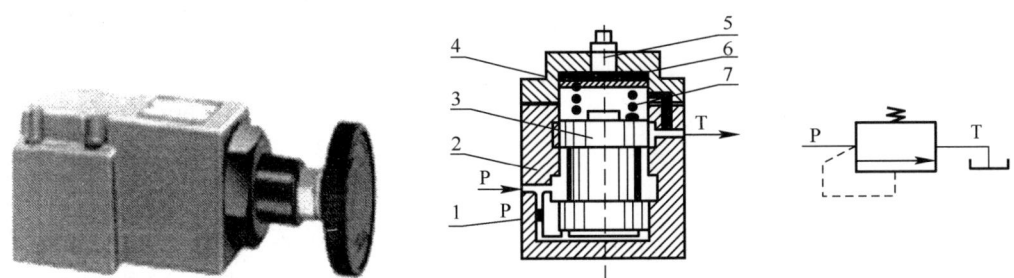

图 7-49 直动式溢流阀

1—油道；2—阀体；3—阀芯；4—弹簧座；5—压力调整杆；6—端盖；7—调压弹簧

溢流阀的定压溢流作用：在定量泵节流调节系统中，定量泵提供的是恒定流量。当系统压力增大时，会使流量需求减小。此时溢流阀开启，使多余流量溢回油箱，保证溢流阀进口压力，即泵出口压力恒定（阀口常随压力波动开启）。

溢流阀的安全保护作用：系统正常工作时，阀门关闭。只有负载超过规定的极限（系统压力超过调定压力）时开启溢流，进行过载保护，使系统压力不再增加（通常使溢流阀的调定压力比系统最高工作压力高10%～20%）。此外，溢流阀还可做背压阀使用，能使系统工作平稳；溢流阀与换向阀配合，可实现系统的多级压力控制；在制动回路中，用溢流阀可实现制动作用。

② 减压阀

减压阀是一种利用液流流过缝隙产生压降的原理，使出口油压低于进口油压的压力控制阀，以满足执行机构的需要。减压阀有直动式和先导式两种，一般采用先导式。图7-50为先导式减压阀，它分为两部分，先导阀调压，主阀减压。压力为$P_1$的油从阀的进油口流入，经过缝隙δ减压以后，压力降为$P_2$，再从出油口流出。当出油口压力$P_2$大于调整压力时，先导锥阀被顶开，主滑阀上端油腔中的部分压力油便经先导阀开口及泄油孔L流入油箱。

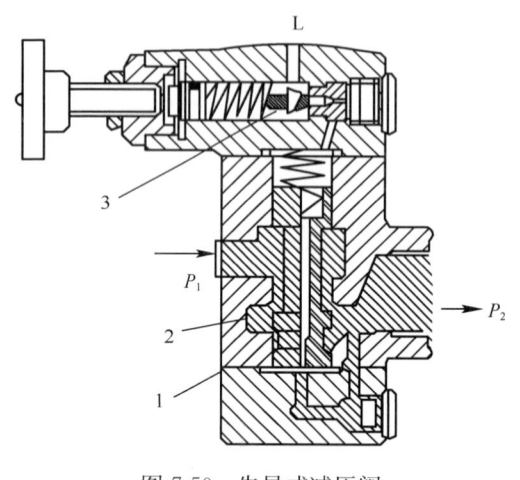

图7-50　先导式减压阀

1—主阀芯；2—缝隙δ；3—导阀阀芯；L—外泄漏

由于主滑阀阀芯内部阻尼小孔的作用，滑阀上腔中的油压降低，阀芯失去平衡而向上移动，因而缝隙δ减小，减压作用增强，使出口压力$P_2$降低至调整的数值。当出口压力$P_2$小于调整压力时，其作用过程与上述相反。减压阀出口压力的稳定数值，可以通过上部调压螺钉来调节。

3）流量控制阀

流量控制阀（图7-51）是通过改变液流的通流截面来控制系统工作流量，以改变执行元件运动速度的阀，简称流量阀。

单向节流阀的结构如图7-52所示，节流口形式为轴向三角槽式。压力油从进油口流入，经进油孔道和阀芯5上端的节流沟槽进入出油孔道，再从出油口流出。旋转手柄，可使推杆2沿轴向移动，推杆下移时，阀芯也下移，节流口开大，流量增大；推杆上移时，阀芯也上移，节流口关小，流量减小。为保证稳定流量，节流口的形式以薄壁小孔较为理想。

（4）液压辅件

液压系统中的辅助装置有蓄能器、滤油器、油箱、热交换器、管件等，辅助装置对系统的动态性能、工作稳定性、工作寿命、噪声和温升等都有直接影响，必须予以重视。其中油箱需根据系统要求自行设计，其他辅助装置则做成标准件，供设计时选用。

图 7-51 节流阀

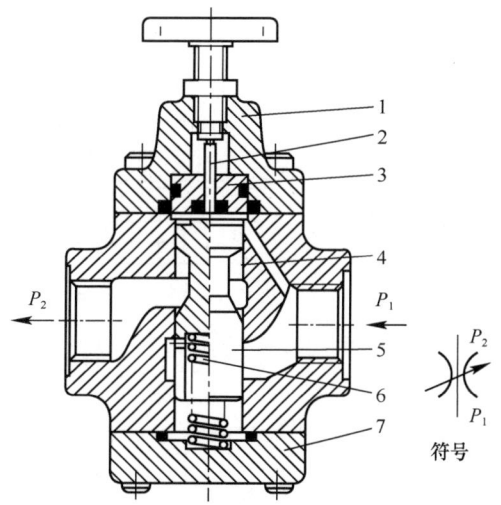

图 7-52 单向节流阀结构图
1—顶盖；2—推杆；3—导套；4—阀体；
5—阀芯；6—弹簧；7—底盖

1）油管

油管的作用是连接液压元件和输送液压油。在液压系统中常用的油管有钢管、铜管、尼龙管和橡胶软管，可根据具体用途进行选择。

2）油箱

油箱主要功能是储油、散热及分离油液中的空气和杂质。油箱的结构如图 7-53 所示，形状根据主机总体布置而定。

3）滤油器

滤油器的作用是分离油中的杂质，使系统中的液压油保持清洁，以提高系统工作的可靠性和液压元件的寿命。

常用液压元件图形符号见表 7-8。

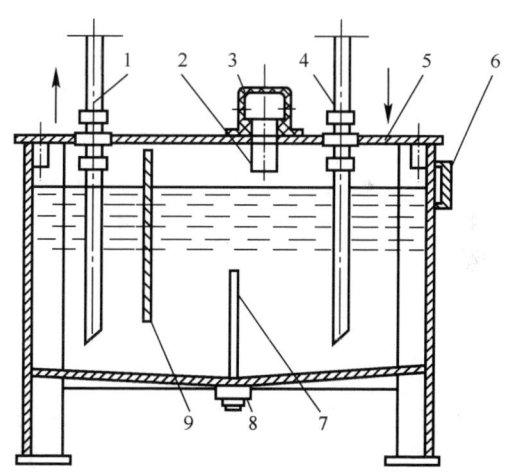

图 7-53 油箱与油箱结构示意图
1—吸油管；2—滤油网；3—盖；4—回油管；
5—上盖；6—油位计；7、9—隔板；8—放油阀

常用液压元件图形符号　　　　　表 7-8

| 序号 | 名　称 | 符　号 | 序　号 | 名　称 | 符　号 |
|---|---|---|---|---|---|
| 1 | 定量液压泵 | ⌀↑ | 3 | 定量马达 | ⌀↓ |
| 2 | 变量液压泵 | ⌀↑↗ | 4 | 变量马达 | ⌀↗ |

续表

| 序号 | 名称 | 符号 | 序号 | 名称 | 符号 |
|---|---|---|---|---|---|
| 5 | 单作用活塞式缸 | 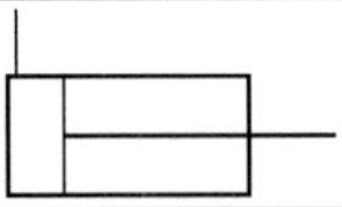 | 17 | 二位三通阀 | 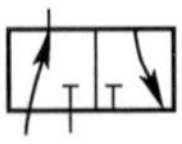 |
| 6 | 双作用活塞式缸 | 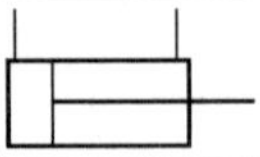 | 18 | 二位四通阀 | 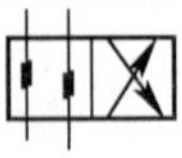 |
| 7 | 溢流阀 | 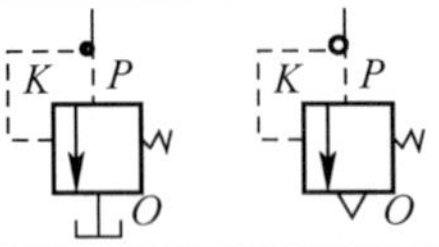 | 19 | 三位三通阀 | 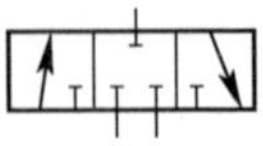 |
| 8 | 减压阀 | 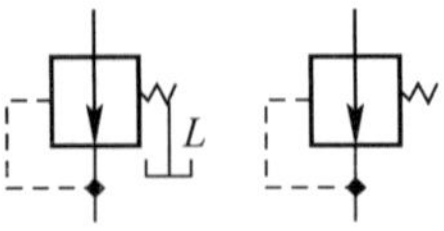 | 20 | 三位四通阀 | 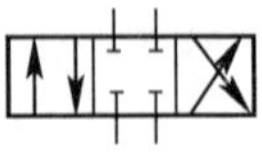 |
| 9 | 顺序阀 | 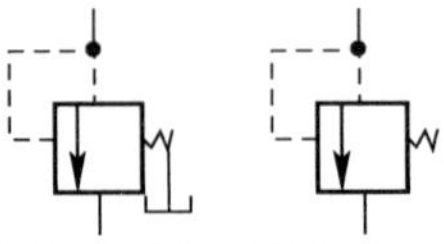 | 21 | 三位四通手动阀 | 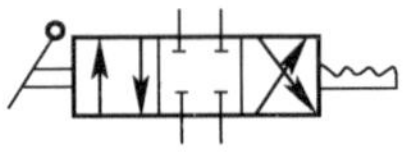 |
| 10 | 卸荷阀 | 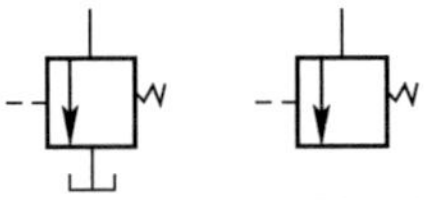 | 22 | 三位四通电磁阀 | 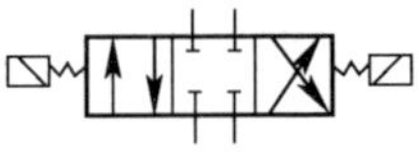 |
| 11 | 节流阀 | 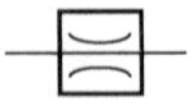 | 23 | 单向节流阀 | 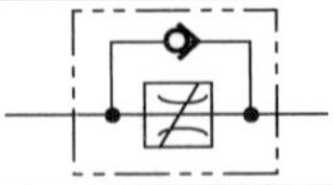 |
| 12 | 可调节流阀 |  | 24 | 单向调速阀 | 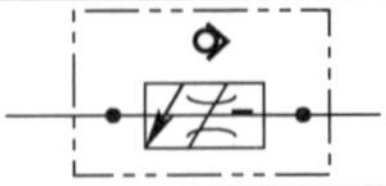 |
| 13 | 调速阀 |  | 25 | 液压锁 | 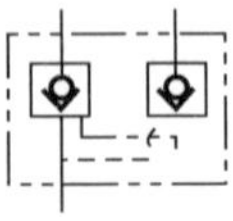 |
| 14 | 溢流节流阀 | 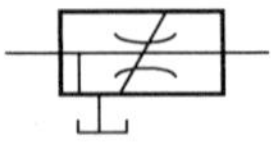 | 26 | 带单向阀精过滤器 | 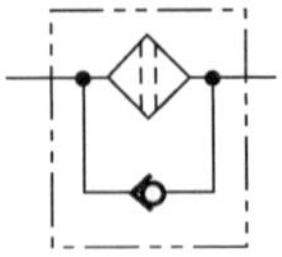 |
| 15 | 单向阀 |  | 27 | 粗过滤器 |  |
| 16 | 液控单向阀 | 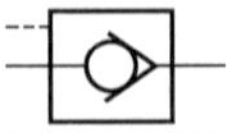 | 28 | 精过滤器 |  |

## 2. 典型液压回路

液压回路指的是由有关液压元件组成，用来完成特定功能的油路结构。液压回路由基本回路组成，完成复杂的动作。熟悉和掌握这些基本回路的组成、工作原理及应用，是分析、设计和使用液压系统的基础。

（1）自升式塔式起重机液压顶升系统回路

如图 7-54 所示的是某自升式塔式起重机液压顶升系统原理图。

手动换向阀 7 处于上升位置（图示左位），轴向柱塞泵 2 由电机 3 带动旋转后，从油箱中吸油，油液经滤油器 1 进入轴向柱塞泵 2，由轴向柱塞泵 2 转换成压力油，通过手动换向阀 7 的 P-A 通道，经高压软管→液控单向阀→节流阀→液压缸无杆腔，推动缸筒上升，同时液压缸有杆腔压力油打开内部平衡阀 9（回油反向流动油压由溢流阀 5 调定，压力安装时已调整，顶升速度靠轴向柱塞泵 2 流量调定）。液压缸有杆腔内的液压油经内部平衡阀 9→手动换向阀 7B-T 通道→油箱，实施回油。手动换向阀 7 处于下降位置（图示右位），压力油经手动换向阀 P-B 通道→高压软管→内部平衡阀 9→液压缸有杆腔，同时压力油打开液控单向阀。液压缸无杆腔内液压油经液控单向阀→高压软管→手动换向阀 A-T 通道→油箱，实施回油。手动换向阀 7 处于中间位置。电机 3 启动，轴向柱塞泵 2 工作，油液经滤油器 1 进入轴向柱塞泵 2，然后通过手动换向阀 7 中间位置 P-T 通道，回到油箱，此时系统处于卸荷状态。

（2）汽车起重机支腿锁紧回路

图 7-55 为汽车起重机的支腿锁紧回路，采用液控单向阀实现锁紧。需要伸腿时，换向阀处于图示左位，有压力油进入，右侧回油路的单向阀被打开，左侧单向阀不妨碍压力油进入液压缸无杆腔，液压缸外伸。需要缩腿时，换向阀处于图示右位，压力油使左侧回油路的单向阀被打开，右侧单向阀不妨碍压力油进入液压缸有杆腔，液压缸缩回。但当三位四通阀处于中位或泵停止供油时，两个液控单向阀把液压缸内的液体密闭在里面，使液压缸锁住。汽车起重机的支腿液压缸在支撑期间，必须将无杆腔油路锁紧防止"软腿"缩回，当汽车起重机提起支腿在行驶途中，又必须将有杆腔油路锁紧以免自行沉落，所以采用双向液压锁。这种回路结构简单，密封性好，故锁紧效果好。

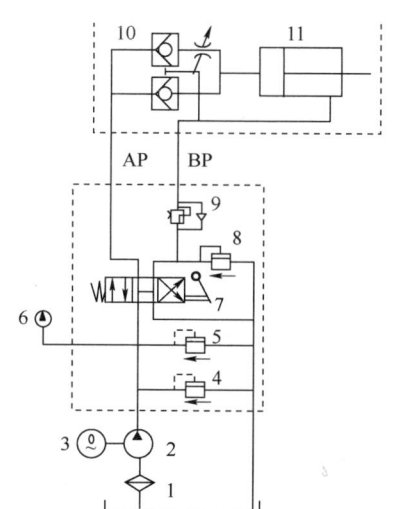

图 7-54 塔式起重机液压顶升系统回路
1—滤油器；2—轴向柱塞泵；3—电机；4—安全阀；
5—溢流阀；6—压力表；7—手动换向阀；8—低压溢流阀；
9—内部平衡阀；10—节油双液控单向阀；11—液压缸

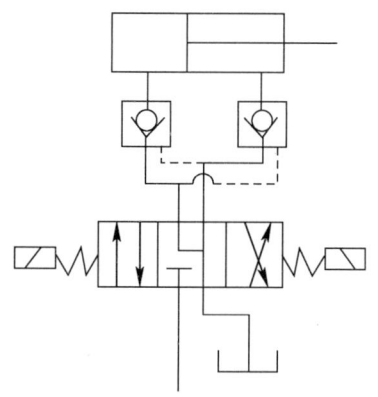

图 7-55 汽车起重机的支腿锁紧回路

(3) 汽车起重机起升机构限速回路

图 7-56 为汽车起重机起升机构限速回路。在吊钩下降的回路上，装了一个远控平衡阀。当需要吊钩上升吊起重物时，三位四通换向阀处于右位，压力油通过平衡阀中的单向阀从右侧油路进入液压马达，左侧油路中的油液则经换向阀流回油箱，此时重物上升。当需要吊钩下行放下重物时，换向阀处于左位状态，压力油从左侧油路进入液压马达，同时有控制油进入平衡阀的远控口，使平衡阀开启，以便马达回油腔经平衡阀回油。重物下降开始的一瞬间，因平衡阀尚未打开，右侧回油路处于被锁紧状态，于是马达进油路油压升高。当油压升高到平衡阀开启压力时，阀口开启，液压马达右侧回油路接通，马达驱动卷筒使重物下降。倘若马达在重物的重力作用下发生超速运转，即转速超过系统的控制速度时，左侧油路将由于泵供油不及而使油压下降，平衡阀主芯便在弹簧力的作用下关小阀口，增加回油流阻，从而消除超速现象，使重物按控制速度下降。

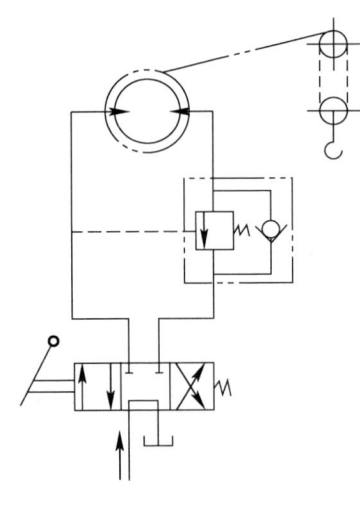

图 7-56 起升机构限速回路

# 八、施工机械常用油料

施工机械常用油料按其工作性质和用途可分为燃油（汽油、柴油）、润滑油（内燃机油、齿轮油、润滑脂等）、工作油（液压油、液力传动油、制动液等）三类。正确使用和管理油料，是保证机械正常运行，提高机械生产效率的有效措施，对节约能源，降低机械使用费都具有重要意义。

## （一）燃油

用作内燃机燃料的油料称为燃油。燃油有汽油、柴油之分，施工机械较多使用柴油。

### 1. 汽油

汽油按其用途分为航空汽油和车用汽油两类。车用汽油主要用于点燃式内燃机（汽油机）作燃料。

（1）车用汽油的主要性能指标

1）抗爆性：指汽油在各种工作条件下燃烧时的抗爆震能力，它表示汽油在发动机内正常燃烧而不发生爆震的性能。

2）蒸发性：汽油从液态转变为气态的性能称为蒸发性（汽化性），它是衡量汽油蒸发难易程度的性能指标，它直接影响到发动机冷启动性能、暖机性能和不产生气阻的性能等。

3）安定性：汽油在储存和使用过程中，防止在温度和光的作用下，使汽油中不安定烃氰化物生成胶质物质和酸性物质的性能，常称抗氧化安定性。

4）腐蚀性：汽油或其他油料与金属发生化学反应，使金属失去固有性能的能力称为腐蚀性。汽油的腐蚀性来源于少量非烃氰化合物和外来物质，如硫及硫化物、水溶性酸和碱、有机酸等。

5）其他理化性能：物理性能主要包括密度、凝点、冰点、黏度等；化学性能主要指酸度、酸值、残炭、灰分等。

（2）车用汽油的分类

汽油的牌号是以辛烷值确定的，过去，我国采用马达法辛烷值确定汽油牌号。常用的马达法辛烷值 66 号和 70 号汽油因辛烷值较低，含四乙基铅量较高，其抗爆性能只适用于压缩比不大于 7 的汽油发动机。随着新型发动机的压缩比提高，上述牌号的汽油，将逐渐由研究法壬烷值确定的 92 号、95 号和 98 号代替。

车用汽油（Ⅳ）按研究法辛烷值分为 90 号、93 号和 97 号 3 个牌号，车用汽油（Ⅴ），车用汽油（ⅥA）和车用汽油（ⅥB）按研究法辛烷值分为 89 号、92 号、95 号和 98 号 4 个牌号。

Ⅳ、Ⅴ、Ⅵ 表示汽油油品质量符合机动车污染物排放限值及测量方法（中国第四、第

五、第六阶段），简称国四、国五、国六标。为保证汽车行业有足够的准备周期进行相关车型和动力系统的变更升级，以及车型开发和生产准备，国六标准采用分步实施，设置国六A和国六B两个排放限值方案，分别于2020年和2023年实施。对大气环境管理有特殊需求的重点区域可提前实施。

(3) 车用汽油的选用

选择汽油牌号应根据机械使用说明书的要求，以在正常运行条件下不发生爆震为前提。一般可根据发动机的压缩比对辛烷值的要求来选用。压缩比在8以下的宜选用89号汽油；压缩比在8以上的宜选用92号或95号汽油。如果选用不当，如压缩比高的发动机选用低辛烷值汽油，则会引起发动机爆震，使得功率下降，油耗升高；反之，压缩比低的发动机若使用高辛烷值的汽油，会造成浪费。

(4) 车用汽油的使用要点

1) 当汽油牌号不能满足要求时，可选择牌号相近的汽油代用。如发动机使用辛烷值低于要求的汽油时，可适当推迟点火时间，将浮子室的油面高度适当提高，主量孔针阀适当调大些，以免爆震；如发动机使用辛烷值高于要求的汽油时，可适当提前点火时间，将浮子室油面高度适当调低，主量孔针阀适当调小些，以充分发挥高辛烷值汽油的效能，降低油耗。

2) 机械在高原地区作业时，由于高原地区空气较稀薄，发动机吸入的空气量下降，压缩终了的压力和温度都有所下降，因此，可选用较低牌号的汽油。

3) 长期存放后已变质的汽油不应使用，否则将导致发动机严重积炭。应经常使油箱保持充满，以减少汽油与空气的接触面积，防止汽油劣化。

4) 不要用加铅汽油作清洗油使用，并禁止用嘴吮吸汽油。

## 2. 柴油

柴油有轻柴油和重柴油之分。轻柴油适用于全负荷转速在960r/min以上的高速柴油机；重柴油适用于全负荷转速在960r/min以下的中速柴油机和300r/min以下的低速柴油机。施工机械使用的多属高速柴油机，下述多属轻柴油内容，并简称柴油。

(1) 柴油的主要性能指标

1) 燃烧性。燃烧性即柴油能迅速自行着火的自燃性。衡量指标是十六烷值的高低。十六烷值高，滞燃期就短，气缸内压力增长速度均匀，不易产生爆震，启动性能好，功率大，耗油少。反之，则滞燃期延长、着火慢，发动机运转不平稳，功率低。

2) 低温流动性。柴油的低温流动性是以凝点和黏度来表示的。

① 凝点：将油料在一定试验条件下，遇冷开始凝固而失去流动性的最高温度称为凝点。它是柴油的重要性能指标。柴油的牌号就是按凝点的高低值来区分的。柴油中蜡的含量是影响凝点的主要指标，进行脱蜡处理可使柴油凝点降低，但柴油的可利用率将相应减少，而成本则增大。

② 黏度：是指油料分子受外力作用移动时，油料分子间产生的内摩擦力的性质，即稀稠程度。黏度随温度的变化而改变，温度高黏度小，温度低黏度大。轻柴油的黏度是指20℃时的稀稠程度。柴油的黏度与其流动性、雾化性、燃烧性和润滑性有关系。黏度过大，则雾化差，燃烧不完全，冒黑烟，耗油量增大；黏度过小，将使高压油泵的柱塞得不

到良好的润滑，易泄漏，使压进燃烧室的油量不足而降低发动机功率。

3）蒸发性。是指油料从液态转化为气态的性能。蒸发性好，能使柴油在滞燃期内与空气混合均匀，燃烧迅速，有利于柴油机启动和提速。柴油的蒸发性能是由馏程和闪点控制的。

① 馏程：是指油料的蒸馏分离过程，用来判断油料的沸点范围及其轻重馏分组成的多少。馏分温度低，表示油料的轻质成分多，蒸发性能好；反之则重质成分多，蒸发性能差。

② 闪点：它是表示油料蒸发性和安全性的指标。闪点的测定是将试油在规定条件下加热，使油汽化和周围空气形成混合气，当接近火焰时，开始发出闪光时的温度称为"闪点"。闪点低的柴油，蒸发性好，但过低则燃烧快，易产生爆震，且运输、贮存危险性大。闪点在45℃以下属易燃品，闪点在45℃以上属可燃品。

4）腐蚀性。测定的方法和汽油一样，主要测定硫分、酸度、水溶性酸或碱的含量，其中以硫分对柴油使用的影响最大。

5）安定性。测定方法同汽油，仅将控制温度由150℃增加到250℃，不能蒸发的实际胶质必须控制在一定范围内。

6）其他理化性能，除以上各项指标外，柴油对灰分、机械杂质、水分及10％蒸余物残炭等也必须加以控制。

（2）柴油的牌号

柴油按其质量分为优级品、一级品和合格品三个等级，根据《车用柴油》GB 19147—2016 每个等级按其凝点又可分为5号、0号、－10号、－20号、－35号和－50号六种牌号。5号柴油表示其凝点不高于5℃，以此类推。

（3）柴油的选用

1）应根据机械施工所在地区的气温选用适当凝点的柴油，为了避免因环境温度低于柴油凝点而造成冻结，选用的柴油凝点应低于环境温度1～3℃。

2）柴油的十六烷值应与柴油机的转速相匹配。转速在1000r/min以下的，辛烷值应为35～40；转速在1000r/min以上的，辛烷值应高于40；转速在1500r/min以上的，辛烷值应为45～50。

3）柴油的黏度应与环境温度和柴油机转速相适应。

（4）柴油的使用要点

1）不同牌号的柴油可掺合使用，掺合后的凝点在两掺合油之间，但并不与掺配数量成比例。如－10号与－20号柴油掺合后的混合油，其凝点不是－15℃，而是在－14～－13℃之间。柴油掺合时必须搅拌均匀。

2）凝点较高的柴油可掺入裂化煤油10％～40％，以降低其凝点，如在0号柴油中掺入40％的裂化煤油，可获得－10号柴油。但柴油中不能掺入汽油，如柴油中掺入汽油，将使发火性能变差，导致启动困难，甚至不能启动。

3）柴油加入油箱前，一定要充分沉淀（不少于48h），并经过滤以除去杂质，切实保证柴油的净化。每日作业后应使油箱加满。

4）冬季使用桶装高凝点柴油时，不得用明火加热，以免爆炸。

## （二）润滑油

润滑油在机械运行中起着润滑、冷却、清洁、密封和防腐等作用。施工机械使用的润滑油（脂）主要有内燃机润滑油、齿轮润滑油和润滑脂等。

### 1. 内燃机润滑油

内燃机润滑油简称内燃机油，根据内燃机的不同要求，可分为适用于汽油机的汽油机机油和适用于柴油机的柴油机机油两类。

（1）内燃机机油的分类

我国对内燃机机油的分类参照《内燃机油分类》GB/T 28772—2012 规定的代号，其代号与 SA EJ183 的分类相似，见表 8-1、表 8-2。

汽油机机油分类　　　　表 8-1

| 品种代号 | 特性和适用场合 |
| --- | --- |
| SE | 用于轿车和某些货车的汽油机以及要求使用 API SE、SD[a] 级油的汽油机。此种油品的抗氧化性能及控制汽油机高温沉积物、锈蚀和腐蚀的性能优于 SD[a] 或 SC[a] |
| SF | 用于轿车和某些货车的汽油机以及要求使用 API SF、SE 级油的汽油机。此种油品的抗氧化和抗磨损性能优于 SE，同时还具有控制汽油机沉积、锈蚀和腐蚀的性能，并可代替 SE |
| SG | 用于轿车、货车和轻型卡车的汽油机以及要求使用 API SG 级油的汽油机。SE 质量还包括 CC 或 CD 的使用性能。此种油品改进了 SF 级油控制发动机沉积物、磨损和油的氧化性能，同时还具有抗锈蚀和腐蚀的性能，并可代替 SF、SF/CD、SE 或 SE/CC |
| SH、GF-1 | 用于轿车、货车和轻型卡车的汽油机以及要求使用 API SH 级油的汽油机。此种油品在控制发动机沉积物、油的氧化、磨损、锈蚀和腐蚀等方面的性能优于 SG，并可代替 SG。<br>GF-1 与 SH 相比，增加了对燃料经济性的要求 |
| SJ、GF-2 | 用于轿车、运动型多用途汽车、货车和轻型卡车的汽油机以及要求使用 API SJ 级油的汽油机。此种油品在挥发性、过滤性、高温泡沫性和高温沉积物控制等方面的性能优于 SH。可代替 SH，并可在 SH 以前的"S"系列等级中使用。<br>GF-2 与 SJ 相比，增加了对燃料经济性的要求，GF-2 可代替 GF-1 |
| SL、GF-3 | 用于轿车、运动型多用途汽车、货车和轻型卡车的汽油机以及要求使用 API SL 级油的汽油机。此种油品在挥发性、过滤性、高温泡沫和高温沉积物控制等方面的性能优于 SJ。可代替 SJ，并可在 SJ 以前的"S"系列等级中使用。<br>GF-3 与 SL 相比，增加了对燃料经济性的要求，GF-3 可代替 GF-2 |
| SM、GF-4 | 用于轿车、运动型多用途汽车、货车和轻型卡车的汽油机以及要求使用 API SM 级油的汽油机。此种油品在高温氧化和清净性能、高温磨损性能以及高温沉积物控制等方面的性能优于 SL。可代替 SL，并可在 SL 以前的"S"系列等级中使用。<br>GF-4 与 SM 相比，增加了对燃料经济性的要求，GF-4 可代替 GF-3 |
| SN、GF-5 | 用于轿车、运动型多用途汽车、货车和轻型卡车的汽油机以及要求使用 API SN 级油的汽油机。此种油品在高温氧化和清净性能、低温油泥以及高温沉积物控制等方面的性能优于 SM。可代替 SM，并可在 SM 以前的"S"系列等级中使用。<br>对于资源节约型 SN 油品，除具有上述性能外，强调燃料经济性、对排放系统和涡轮增压器的保护以及与含乙醇最高达 85% 的燃料的兼容性能。<br>GF-5 与资源节约型 SN 相比，性能基本一致，GF-5 可代替 GF-4 |

八、施工机械常用油料

柴油机机油分类　　　　　　　　　　表 8-2

| 品种代号 | 特性和适用场合 |
|---|---|
| CC | 用于中负荷及重负荷下运行的自然吸气、涡轮增压和机械增压式柴油机以及一些重负荷汽油机。对于柴油机具有控制高温沉积物和轴瓦腐蚀的性能,对于汽油机具有控制锈蚀、腐蚀和高温沉积物的性能 |
| DD | 用于需要高效控制磨损及沉积物或使用包括高硫燃料自然吸气、涡轮增压和机械增压式柴油机以及要求使用 API CD 级油的柴油机。具有控制轴瓦腐蚀和高温沉积物的性能,并可代替 CC |
| CF | 用于非道路间接喷射式柴油发动机和其他柴油发动机,也可用于需有效控制活塞沉积物、磨损和含铜轴瓦腐蚀的自然吸气、涡轮增压和机械增压式柴油机。能够使用硫的质量分数大于 0.5% 的高硫柴油燃料,并可代替 CD |
| CF-2 | 用于需高效控制气缸、环表面胶合和沉积物的二冲程柴油发动机,并可代替 CD-Ⅱ[a] |
| CF-4 | 用于高速、四冲程柴油发动机以及要求使用 API CF-4 级油的柴油机,特别适用于高速公路行驶的重负荷卡车。此种油品在机油消耗和活塞沉积物控制等方面的性能优于 CE[a],并可代替 CE[a]、CD 和 CC |
| CG-4 | 用于可在高速公路和非道路使用的高速、四冲程柴油发动机。能够使用硫的质量分数小于 0.05%～0.5% 的柴油燃料。此种油品可有效控制高温活塞沉积物、磨损、腐蚀、泡沫、氧化和烟炱的累积,并可代替 CF-4、CE[a]、CD 和 CC |
| CH-4 | 用于高速、四冲程柴油发动机。能够使用硫的质量分数不大于 0.5% 的柴油燃料。即使在不利的应用场合,此种油品可凭借其在磨损控制、高温稳定性和烟炱控制方面的特性有效地保持发动机的耐久性;对于非铁金属的腐蚀、氧化和不溶物的增稠、泡沫性以及由于剪切所造成的黏度损失可提供最佳的保护。其性能优于 CG-4,并可代替 CG-4、CF-4、CE[a]、CD 和 CC |
| CI-4 | 用于高速、四冲程柴油发动机。能够使用硫的质量分数不大于 0.5% 的柴油燃料。此种油品在装有废气再循环装置的系统里使用可保持发动机的耐久性。对于腐蚀性和与烟炱有关的磨损倾向、活塞沉积物以及由于烟炱累积所引起的黏温性变差、氧化增稠、机油消耗、泡沫性、密封材料的适应性降低和由于剪切所造成的黏度损失可提供最佳的保护。其性能优于 CH-4,并可代替 CH-4、CG-4、CF-4、CE[a]、CD 和 CC |
| CJ-4 | 用于高速、四冲程柴油发动机。能够使用硫的质量分数不大于 0.05% 的柴油燃料,对于使用废气后处理系统的发动机,如使用硫的质量分数大于 0.0015% 的燃料,可能会影响废气后处理系统的耐久性和机油的换油期。此种油品在装有微粒过滤器和其他后处理系统里使用可特别有效地保持排放控制系统的耐久性。对于催化剂中毒的控制、微粒过滤器的堵塞、发动机磨损、活塞沉积物、高低温稳定性、烟炱处理特性、氧化增稠、泡沫性和由于剪切所造成的黏度损失可提供最佳的保护。其性能优于 CI-4,并可代替 CI-4、CH-4、CG-4、CF-4、CE[a]、CD 和 CC |

(2) 内燃机机油的黏度分类

根据《内燃机油黏度分类》GB/T 14906—2018 标准,黏度等级分为低温黏度和高温黏度两组黏度等级系列。低温黏度系列用数字和字母 W 表示,字母 W 表示冬季用油;高温黏度系列仅用数字表示。低温黏度系列的一组单级内燃机油是以低温启动黏度、低温泵送黏度和 100℃时运动黏度划分黏度等级;高温黏度系列的一组单级内燃机油是以 100℃时运动黏度和 150℃时高温高剪切黏度划分黏度等级。

低温黏度等级系列又分为 0W、5W、10W、15W、20W、25W 六个等级号;高温黏度等级系列又分为 8、12、16、20、30、40、50、60 八个等级号。

内燃机油黏度分类　　　　　　　　　　表 8-3

| 黏度等级 | 低温启动黏度 mPa·s 不大于 | 低温泵送黏度(无屈服应力时) mPa·s 不大于 | 运动黏度 (100℃) mm²/s 不小于 | 运动黏度 (100℃) mm²/s 小于 | 高温高剪切黏度 (150℃) mPa·s 不小于 |
|---|---|---|---|---|---|
| 试验方法 | GB/T 6538 | NB/SH/T 0562 | GB/T 265 | GB/T 265 | SH/T 0751[a] |
| 0W | 6200 在 −35℃ | 60000 在 −40℃ | 3.8 | — | — |
| 5W | 6600 在 −30℃ | 60000 在 −35℃ | 3.8 | — | — |

续表

| 黏度等级 | 低温启动黏度 mPa·s 不大于 | 低温泵送黏度（无屈服应力时）mPa·s 不大于 | 运动黏度（100℃）mm²/s 不小于 | 运动黏度（100℃）mm²/s 小于 | 高温高剪切黏度（150℃）mPa·s 不小于 |
|---|---|---|---|---|---|
| 10W | 7000 在 −25℃ | 60000 在 −30℃ | 4.1 | — | — |
| 15W | 7000 在 −20℃ | 60000 在 −25℃ | 5.6 | — | — |
| 20W | 9500 在 −15℃ | 60000 在 −20℃ | 5.6 | — | — |
| 25W | 13000 在 −10℃ | 60000 在 −15℃ | 9.3 | — | — |
| 8 | — | — | 4.0 | 6.1 | 1.7 |
| 12 | — | — | 5.0 | 7.1 | 2.0 |
| 16 | — | — | 6.1 | 8.2 | 2.3 |
| 20 | — | — | 6.9 | 9.3 | 2.6 |
| 30 | — | — | 9.3 | 12.5 | 2.9 |
| 40 | — | — | 12.5 | 16.3 | 3.5（0W-40，5W-40 和 10W-40 等级） |
| 40 | — | — | 12.5 | 16.3 | 3.7（15W-40，20W-40，25W-40 和 40 等级） |
| 50 | — | — | 16.3 | 21.9 | 3.7 |
| 60 | — | — | 21.9 | 26.1 | 3.7 |

从表 8-3 中可以看出各级机油的黏度和适用温度范围。为使机油既有良好的低温启动性能，又有适应高温条件下工作的黏度，在上述级别的基础上，在单级油里加入聚合物黏度指数改进剂进行调配，生产出了一系列多级油。因此黏度牌号还可分为单级油和多级油。多级油即一个牌号的机油具有两组黏度等级系列，标注为多黏度等级（含 W 和不含 W），即低温黏度等级和高温黏度等级，并且两黏度等级号之差大于等于 15。例如，一个多级油可标为 10W-30 或 20W-40，而不可标为 10W-20 或 20W-20。第一组黏度等级符合表中对应的低温黏度级别性能，第二组黏度等级符合表中对应的高温黏度级别性能，该多级油能在一个地区范围内冬、夏通用。

(3) 内燃机机油的主要性能指标

1) 黏度。黏度是表示油料稀稠度的一项主要指标，润滑油的牌号就是用黏度来表示的。黏度因测量方法不同有多种表示方法，我国常用的是运动黏度，它是油料的绝对黏度和同温度油料的比值，单位为 $cm^2/s$。对于黏度较大，不易用运动黏度测定的油料（如齿轮油），则采用恩氏黏度，单位为 E。度数越大，黏度也越大。

2) 黏温性能（黏度指数）。黏度随温度变化的程度小，黏温性能好，反之则差。表示黏温性能的指标是同一油样在 50℃的运动黏度对 100℃运动黏度的比值，比值越大，黏温性能越差，质量不好；比值越小，黏温性能好，油的质量就好。

3) 凝固点。将测定的润滑油放在试管中冷却，直到把它倾斜 45°，并经过 1min 后油面不流动时的温度为凝固点（简称凝点）。油料凝结时，其润滑性能变坏。

4) 酸值。中和 1g 润滑油中的有机酸所需要的氢氧化钾（KOH）的毫克数为润滑油的酸值。有机酸对金属有强烈的腐蚀性。酸值超过规定的润滑油在使用中容易变质（呈酸性），导致润滑作用变坏。

5）水溶性酸或碱。指能溶于水中的无机酸或碱，以及低分子有机酸和碱的化合物等物质。润滑油在使用中如呈水溶性酸，则主要是氧化物变质所造成。

6）闪点或燃点。当润滑油在一定的加热条件下，它的蒸气与空气形成混合气体，在接近火焰时有闪光发生，此时油的温度叫作"闪点"。如果使闪光时间达到5s，则此时的油温就达到"燃点"。闪点的高低表示油料在高温下的安定性。闪点高的油料，使用和运输都较安全。闪点低的润滑油易被蒸发，增大耗油量。

7）残炭。残炭会堵塞油路，增大机械磨损，对高精度的机械，不可选用炭渣成分多的润滑油。

8）灰分。灰分是油料安全燃烧后所剩下的残留物，主要是金属盐类。不含添加剂的油料灰分应该小，但一般润滑油都加入有高灰分的添加剂，这些添加剂的作用大大超过由于高灰分带来的不利因素，因此这些油品的灰分规定不小于一定的指标，用以间接控制添加剂的加入量不低于规定。

9）机械杂质和水分。经过溶解后过滤所残留的杂质称为机械杂质，它会影响润滑效果，加速机件磨损。水分会降低油膜强度，产生泡沫或乳化变质，低温时会结冰，影响机械功能。国标规定：加添加剂后的杂质含量不大于0.01%；水分含量不大于"痕迹"（即0.03%）。

(4) 内燃机机油的选用

1）根据发动机工作条件选用（使用级）

① 汽油机机油：根据发动机压缩比选用。压缩比在6.8～7.2，最高转速在3000r/min以上，升功率超过17.5kW/L的发动机可选用SC级油；压缩比超过8，最高转速达到5000r/min，升功率为30kW/L的发动机可选用SD级或SE级。

② 柴油机机油：柴油机可按其强化程度来选用柴油机机油。柴油机的强化程度可用柴油机的强化系数来表示，强化系数越高，其热负荷和机械负荷就越高，要求使用的柴油机油级别也越高。

2）根据地区气温选用（黏度等级）

根据地区气温选择机油的黏度等级，见表8-4。单级油不可能同时满足低温及高温条件下的工作要求。为了减少冬夏季换油，可选用温度范围较宽的多级油，如长城以南、长江以北地区可选用15W-30或15W-40的多级油；寒区可选用10W-30多级油；严寒地区可选用5W-30多级油。

根据气温与地区情况选择机油的黏度等级　　　　表8-4

| 气温（或月份） | 地　区 | 机油黏度 |
| --- | --- | --- |
| 4月 | 全国大部分地区 | 20、30、40号 |
| -10～0℃ | 长江以南，南岭以北 | 25W |
| -15～-5℃ | 黄河以南，长江以北 | 20W |
| -20～-15℃（-25～-20℃） | 华北、中西部及黄河以北的寒区 | 15W或10W |
| -30～-25℃ | 东北、西北等严寒地区 | 5W |
| -30℃以下 | 严寒地区 | 0W |

3) 根据机械技术状况选用

机件磨损较大的老旧发动机，可选用黏度大的机油，对新发动机则可选用黏度小的机油。对于提升功率大而且润滑系统容量较小的，应选用级别较高的机油。对于重负荷、长时间运转的机械，可选用黏度较大的机油。对于时常停歇的机械，曲轴箱温度较低，可选用黏度较小的机油。机械在走合期内，不论冬夏，都应使用20号机油。

(5) 内燃机机油使用要点

1) 必须选用黏度合适的机油，那种认为黏度大些有利于润滑的想法是错误的。其实，选用黏度过大的机油，反而会使机械磨损增大，冷却和清洁作用变差。

2) 正确选用机油级别。高级别机油可用于要求较低的发动机，但经济上不合算；低级别机油则切不可用于要求较高的发动机中，否则会导致发动机早期磨损。

3) 注意保持曲轴箱中机油油面正常，使用中应注意勿使油温过高，以免机油过稀和加速变质。

4) 注意保持空气及机油滤清器的清洁，及时更换滤芯，以保持机油清洁。换油时，应注意放净残油，注意不要将不同牌号的油品混用，以免降低润滑效果。

5) 使用多级油时还应注意以下几点：

① 用多级油替换单级油时，应在发动机停止运转后趁热放净旧油，并将油底壳清洗干净后再加入多级油，寒冷地区如将多级油与旧油混用，会影响发动机的低温启动性。

② 使用多级油时，发动机机油压力会略偏低，这是正常现象，不影响发动机的润滑。

③ 多级油中因加有清净分散剂，能使沉积物悬浮于油中，使用后机油颜色会逐渐变深，这是正常现象。但要防止混入水分，以免引起清净分散剂浮化，影响使用。

(6) 在用机油的快速检测

在用机油的质量随着时间的增加而逐步劣化，劣化到一定程度就要换新油。为了实施按质换油，根据施工机械的特点，在无油品化验测试时，可采用现场快速检测。比较简易的检测方法是机油的外观及气味的检测，即用一个洁净的试管取少量在用机油样品，用肉眼及借助放大镜或闻气味的方法进行观察，按表8-5所描述的性状，判断机油的劣化变质程度。

机油性状及其劣化程度　　　　　表8-5

| 状况描述 | 劣化程度描述 |
| --- | --- |
| 比较清澈透明，仍保持或接近新机油的颜色 | 污染较轻 |
| 不透明，呈雾状 | 机油中水分凝结较多或有水渗入 |
| 变灰 | 可能被染铅汽油污染 |
| 变黑 | 燃料不完全燃烧的产物，特别是柴油机燃烧尾气中的烟尘，渗入，使得机油很快变黑 |
| 出现刺激性气味 | 机油受高温后氧化较重 |
| 出现燃料味 | 燃料渗入，稀释机油 |

**2. 齿轮油**

齿轮传动润滑油简称齿轮油，有车辆齿轮油和工业齿轮油两大类，汽车和施工机械的齿轮箱使用车辆齿轮油。

（1）车辆齿轮油的分类

我国车辆齿轮油参照国际通用的 API 分类法，按齿轮油使用承载能力和使用场合的不同，划分为普通车用齿轮油、中负荷车用齿轮油和重负荷车用齿轮油三类，分别相当于 API 分类的 GL-3、GL-4、GL-5。

车辆齿轮油分类见表 8-6。

车辆齿轮油 API 分类（SAEJ308NOV·82）　　　　表 8-6

| API 类别 | 应用类型 | 齿轮传动类型 | 添加剂 |
| --- | --- | --- | --- |
| GL-1 | 低压、低滑动速度工作条件 | 螺旋锥齿轮和蜗轮-蜗杆主减速器及某些手动齿轮变速器 | 抗氧、防锈、抗起泡和降凝剂，无极压剂和摩擦改进剂 |
| GL-2 | GL-1 不能充分满足的负荷、温度和滑动速度的工作条件 | 蜗轮-蜗杆主减速器 | 抗磨剂以及少量极压剂 |
| GL-3 | 中等滑动速度和负荷，高于 GL-2 而低于 GL-4 的要求 | 螺旋锥齿轮主减速器和手动齿轮减速器 | 少量极压剂 |
| GL-4 | 高速小扭矩和低速大扭矩的工作条件 | 轿车和其他汽车的准双曲面锥齿轮主减速器 | 较多的极压剂 |
| GL-5 | 高速冲击负荷、高速小扭矩和低速大扭矩工作条件 | 轿车和其他汽车的准双曲面锥齿轮主减速器 | 多量极压剂 |
| GL-6 | 用于抗擦伤性能要求比 GL-5 更高的使用条件，例如高偏置双曲线齿轮 | 轿车和其他汽车高偏置双曲线齿轮主减速器（偏置量＞5cm，或接近大齿圈的 25%） | 大量极压剂 |

（2）车辆齿轮油的黏度分级

我国采用 SAEJ306 标准对车辆齿轮油进行分级，见表 8-7。表中分级级号数字后的"W"表示冬季用油，为了兼顾低温流动性和高温黏度，可采用多级齿轮油。如 80W-90 表示低温流动性符合 80W 黏度级要求，高温黏度符合 90 级油要求。

车辆齿轮油的 SAE 黏度分级（SAEJ306Jun83）　　　　表 8-7

| SAE 黏度分级级号 | 黏度为 150000MPa·S 的最高温度（℃） | 100℃ 运动黏度（mm²/s） | |
| --- | --- | --- | --- |
| | | 最低 | 最高 |
| 70W | －55 | 4.1 | — |
| 75W | －40 | 4.1 | — |
| 80W | －26 | 7.0 | — |
| 85W | －12 | 11.0 | — |
| 90 | — | 13.5 | ＜24.0 |
| 140 | — | 24.0 | ＜41.0 |
| 250 | — | 41.0 | — |

（3）车辆齿轮油的主要质量指标

1）极压抗磨性。是指齿面在极高压（或高温）润滑条件下，防止擦伤和磨损的能力，特别是准双曲面锥齿轮具齿面负荷在 2000MPa 以上，要求齿轮油有较好的极压抗磨性。

2）抗氧化安定性。是指齿轮油在与空气中的氧接触氧化后，会出现黏度升高、酸值增加、颜色加深,产生沉淀和胶质,影响使用寿命等的程度。

3)剪切安定性。是指齿轮油在齿轮啮合运动中会受到强烈的机械剪切作用,使齿轮油中添加的高分子化合物(黏度指数改进剂和某些降凝剂)被剪断面分裂成低分子化合物,而使黏度下降的程度。

4)黏温特性,与内燃机油的要求相同。

(4)车辆齿轮油的选用

1)根据齿轮工作条件选用(使用级)

① 凡齿面接触应力不超过 1500MPa,齿面滑动速度在 1.5~8m/s 以内的齿轮可选用 GL—4 级油;

② 凡齿面接触应力在 2000MPa 以上,滑动速度超过 10m/s,最高温度达到 120~130℃时,应选用 GL—5 级油;

③ 对于准双曲面锥齿轮和双曲线锥齿轮应选用 GL—4 和 GL—5 级双曲线齿轮油。

2)根据地区气温选用(黏度级)

根据地区气温选择车辆齿轮油的级别和牌号,见表 8-8。

根据地区气温选择车辆齿轮油　　　　表 8-8

| 油品名称 | 选用牌号 |
|---|---|
| GL—3 | 长江以北全年通用 85W-90;长江以南全年通用 90 或 85W-90 |
| GL—4 | 严寒地区用 75W,寒区用 85W-90;长江以北全年通用 85W-90;长江以南全年通用 90 或 85W-90 |
| GL—5 | 对齿轮油黏度要求较大的机械全年通用 85W-140 |

(5)车辆齿轮油使用注意事项

1)低级别齿轮油不能用在要求较高的机械上,高级别齿轮油可降级使用,但经济上不合算。

2)不同级别的齿轮油不能相互混用,也不能与其他厚质内燃机油混存混用。

3)不要认为高黏度齿轮油的润滑性能好。使用黏度太高的齿轮油,将增加机械燃料消耗。

4)加油量要适当。加油过多会增加齿轮运转时的搅拌阻力,造成能量损失;加油过少,会造成润滑不良,加速齿轮磨损。

5)换油时,应在热车状态下放出旧油并将齿轮箱清洗干净,然后换入新油。

### 3. 润滑脂

润滑脂是将稠化剂分散于液体润滑剂中所组成的润滑材料,由于它在常温下能附着于垂直表面而不流失,并能在敞开或密封不良的摩擦部位工作的特性,广泛应用于机械上的许多部位作为润滑材料。

(1)润滑脂的分类

润滑脂是按稠化剂组成分类的,即分为皂基脂、烃基脂、无机脂和有机脂四类,我国多用皂基脂。按所含皂类不同又可分为单一皂基(如钙基、钠基、锂基等)、混合皂基(如钙钠基)、复合皂基(如复合钙基、合成钠基等)。

1)钙基润滑脂。它是由动植物油与石灰制成的钙皂稠化润滑油制成。使用特点是抗水性强，耐热性差，只能在低于滴点 15～20℃ 以下，工作温度不超过 70℃，转速不超过 3000r/min 的情况下使用。

钙基脂有以下几种混合式复合钙基脂。

① 合成钙基脂：它是以合成脂肪酸、馏分酸的钙皂稠化中等黏度的润滑油制成，具有良好的润滑性，但使用温度不得超过 70℃。

② 复合钙基脂：它是以醋酸钙复合的脂肪酸钙皂稠化机械油制成，具有较好的机械安定性和胶体安定性。

③ 石墨钙基脂：它是由动植物钙皂稠化 40 号机械油并加入 10% 的鳞片状石墨制成。具有良好的耐压抗磨性和抗水性，但不耐高温，适用于工作温度不超过 60℃ 的重负荷粗糙表面的摩擦部位。

2) 钠基润滑脂。它是以动植物油加烧碱制成的钠皂稠化润滑油制成。使用特点是：耐热性强，耐水性极差，能于高温（达 135℃）工作环境，但不能用在潮湿或有水的部位。

3) 锂基润滑脂。它是以动植物油的锂皂稠化润滑油并加入一定量的抗氧化添加剂制成。使用特点是：低温性能良好，使用温度范围（-60～120℃）较广，使用周期长，抗水性也好，能代替钙基、钠基和钙钠基润滑脂，是一种多用途的优良润滑脂。

4) 钙钠基润滑脂。它是用动植物油的钙钠基混合皂稠化润滑油制成的，兼有钙基和钠基的特点，适用于工作温度在 100℃ 以下，而又易与水接触的工作条件。适合于轴承使用，故又称轴承脂。

5) 二硫化钼润滑脂。是由天然辉钼矿经过化学提纯和机械处理制成的一种黑色带银光泽的粉末，采用胶粘剂将其粘结成膏状物，使用时将膏状的二硫化钼均匀涂在啮合面上，被挤压成膜，对摩擦表面有优异的润滑效能，适用于高温、重负荷或有冲击负荷的机件润滑。

（2）润滑脂的主要质量指标

1) 稠度。润滑脂是由稠化剂和润滑油所形成两相分散体系的胶体，其稠度是指润滑脂在规定的剪切速度下，测定的润滑脂变形的程度，以表达其结构特性，一般用针入度来计量。针入度是在试验条件下，标准圆锥体在 5s 内沉入润滑脂的深度，单位是 1/10mm。针入度越大，稠度越小。我国润滑脂的牌号是根据针入度大小来划分的，见表 8-9。

国产润滑脂牌号与针入度指标　　　　　　表 8-9

| 润滑脂牌号 | 0 | 1 | 2 | 3 | 4 | 5 |
| --- | --- | --- | --- | --- | --- | --- |
| 针入度（25℃）(1/10mm) | 355～385 | 310～340 | 265～295 | 220～250 | 175～205 | 130～160 |

2) 滴点。是指润滑脂附着在部件表面不因动力流动而流失的能力，通常用丧失这种能力的温度来表示。滴点高，表明润滑脂耐温性好，反之，则耐温性差。要求润滑脂的滴点应高于使用部位工作温度 10～20℃。

3) 机械安定性。是指润滑脂在润滑部件上，随部件以一定的速度转动或滑动时，受到剪切作用而抵抗稠度变化的能力。在机械剪切作用下，如果润滑脂明显地软化，稠度变小，即说明其机械安定性差。

4）相似黏度。在给定温度下，润滑脂受到剪切时，其黏度随脂层间剪速的改变而改变，剪速与剪切的比值称为相似黏度。

5）极压性。涂在相互接触的金属表面的润滑脂所形成的脂膜，能承受纵向和横向负荷的特性称为极压性。

6）氧化安定性。指润滑脂抵抗空气氧化作用的能力。

7）胶体安定性。指润滑脂抵抗温度和压力的影响而保持其胶体结构的能力。

（3）润滑脂的选用

国产润滑脂的主要性能及选用范围见表 8-10。

润滑脂的主要性能及选用范围　　　　表 8-10

| 油品 | 牌号 | 针入度(1/100mm) | 滴点（℃）不低于 | 主要性能 | 选用范围 |
|---|---|---|---|---|---|
| 钙基润滑脂 | ZG—1 | 310～340 | 75 | 耐水性强，耐热性差 | 适用于温度<70℃，转速<3000r/min的工况，其中 ZG—1、ZG—2 号用于轻负荷，ZG—3 号用于中负荷；ZG—4、ZG—5 号用于低转速重负荷；ZG—2H、ZG—3H 号适用于轻、中负荷 |
| | ZG—2 | 265～295 | 80 | | |
| | ZG—3 | 220～250 | 85 | | |
| | ZG—4 | 175～205 | 90 | | |
| | ZG—5 | 130～160 | 95 | | |
| | ZG—2H | 270～330 | 75 | | |
| | ZG—3H | 220～290 | 85 | | |
| 复合钙基润滑脂 | ZFG—1 | 310～340 | 180 | 耐高温、耐低温，可在 -40℃下工作，有较好的耐水性 | 适用于高温 150～200℃及潮湿条件下工作，在南方盛夏潮湿季节里，更为适宜，用于轮壳及水泵、轴承等处 |
| | ZFG—2 | 265～295 | 200 | | |
| | ZFG—3 | 220～250 | 220 | | |
| | ZFG—4 | 175～205 | 240 | | |
| 石墨钙基润滑脂 | ZG—S | — | 80 | 抗磨极压性好，耐热性差，抗水性好 | 适用于高负荷、低转速粗糙机械如汽车钢板弹簧、绞车齿轮和钢丝绳、起重回转齿盘等 |
| 钠基润滑脂 | ZN—2 | 265～295 | 140 | 耐水性好，耐热性差 | 适用于不高于 135℃的中、重负荷摩擦部位，但不宜用于高速、低负荷部位及有水部位 |
| | ZN—3 | 220～250 | 140 | | |
| | ZN—4 | 175～205 | 150 | | |
| 合成钠基 | ZN—1H | 225～275 | 130 | 耐水性好，安定性好，耐热性差 | 合成钠基润滑脂性能同钠基润滑脂适用范围相同，高温钠基润滑脂适用温度在 200℃以下 |
| | ZN—2H | 175～225 | 150 | | |
| 高温钠基 | — | 170～225 | 200 | | |
| 钙钠基润滑脂 | ZGN—1 | 250～290 | 120 | 抗水性优于钠基，耐热性优于钙基 | 适用于一般潮湿环境下工作，但不适用于低温工作，如水泵轴承、轮壳轴承、传动中间轴承、离合器轴承等 |
| | ZGN—2 | 200～240 | 135 | | |
| 锂基润滑脂 | ZL—1H | 310～340 | 170 | 具有耐热性、耐水性、耐磨性、耐用性、使用温度广、性能优越 | 性能优于上述各种润滑脂，可用于 30000r/min 的高速磨头，温度范围可在 -60～120℃内使用 |
| | ZL—2H | 265～295 | 175 | | |
| | ZL—3H | 220～250 | 180 | | |
| | ZL—4H | 175～205 | 185 | | |
| | ZL—5H | 130～160 | 190 | | |
| 二硫化钼润滑脂 | — | — | — | 具有耐热性、耐磨性、耐低温性，抗水、稳定、安定性好，性能优异 | 适用于重负荷、高转速，可在 -60～400℃温度范围内使用 |

(4) 润滑脂使用注意事项

1) 不同种类的润滑脂混合使用,将使稠化剂分散不匀,不能形成稳定结构而使润滑脂变软和机械安定性下降。

2) 不允许将新鲜润滑脂和旧润滑脂混合使用,因为旧润滑脂中含有大量有机酸和杂质,将加速新鲜润滑脂的氧化。

3) 在一般情况下,润滑脂和润滑油不能混合使用。如因特殊需要,必须经过匀化处理。

4) 二硫化钼润滑脂由于石墨中含有较多杂质,不宜用于滚动轴承摩擦面。

## (三) 工作油

施工机械上使用的工作油主要有液压油、液力传动油和制动液三种。

### 1. 液压油

液压油是液压系统传递能量的介质,是各种机械液压装置的专用工作油。它既起传递动能的功用,还能起到对有关部件的润滑作用。

(1) 液压油的分类及性能

《润滑剂、工业用油和相关产品(L类)的分类 第 2 部分:H 组(液压系统)》GB/T 7631.2—2003 对液压油的分类采用 ISO6743/4 的规定,其中符号为 HH、HL、HM、HG、HV、HS 的均属矿油型液压油,施工机械常用的有 HM、HV、HS 三种,其组成和特性见表 8-11。表中抗磨液压油(HM)是液压系统广泛使用的液压油。液压系统对液压油质的要求取决于系统的压力、体积流率和温度等运行条件。我国液压系统压力范围分级见表 8-12。

液压油的组成和特性表　　表 8-11

| 应用场合 | 符 号 | 组成和特性 |
|---|---|---|
| 液压系统 | HM | HL 型油并改善其抗磨性(HL 系 ISO 分类代号为机床通用液压油)称为抗磨液压油 |
| | HV | HM 型油并改善其黏温特性 |
| | HS | 无特定抗燃性要求的合成液 |

液压系统压力范围分级　　表 8-12

| 压力分级 | 压力范围(MPa) | 压力分级 | 压力范围(MPa) |
|---|---|---|---|
| 低压 | 0~2.5 | 高压 | 大于 16.0~32.0 |
| 中压 | 大于 2.5~8.0 | 超高压 | 大于 32.0 |
| 中高压 | 大于 8.0~16.0 | | |

(2) 液压油的黏度分级

我国液压油的黏度分级是采用 ISO 标准,将液压油按 40℃运动黏度分为 N15、N22、N32、N46、N68、N100 和 N150 七个牌号,黏度范围见表 8-13。

液压油的黏度等级和原牌号对照　　　　　表 8-13

| 40℃运动黏度（mm²/s） | | 50℃运动黏度（mm²/s） | | |
| --- | --- | --- | --- | --- |
| ISO 黏度等级 | 黏度范围 | 黏度等级＝50 | 黏度等级＝90 | 相近的原黏度牌号 |
| ISOVG5 | 4.14～5.06 | 3.29～3.95 | 3.32～3.99 | 3 |
| ISOVG 7 | 6.12～7.48 | 4.68～5.16 | 4.77～5.72 | 5 |
| ISOVG10 | 9.00～11.00 | 6.65～7.99 | 6.78～8.14 | 7 |
| ISOVG15 | 13.5～16.5 | 9.62～11.5 | 9.80～11.8 | 10 |
| ISOVG22 | 19.8～24.2 | 13.6～16.4 | 13.9～16.6 | 15 |
| ISOVG32 | 28.8～35.2 | 19.0～22.6 | 19.4～23.5 | 20 |
| ISOVG46 | 41.4～50.6 | 26.1～31.1 | 27.0～32.5 | 30 |
| ISOVG68 | 61.2～74.8 | 37.1～44.4 | 38.7～46.6 | 40 |
| ISOVG100 | 90.0～110 | 52.4～63.0 | 55.3～66.6 | 66 |
| ISOVG150 | 135～165 | 75.9～91.2 | 80.6～97.2 | 80 |

（3）液压油的主要性能指标

1）极压抗磨性。液压油具有较高的油膜强度，能保证液压油泵、马达、控制阀等液压元件在高压、高速苛刻条件下得到正常润滑，减少磨损。

2）抗泡沫性和析气性。用以保证在运转中受到机械剧烈搅拌的条件下产生的泡沫能迅速消失；并能将混入油中的空气在较短时间内释放出来，以实现准确、灵敏、平稳地传递静压。

3）黏度和黏温性能。合适的黏度和黏温性能，用以保证液压元件在工作压力和工作温度发生变化的条件下得到良好的润滑、冷却和密封。

4）抗氧化安定性、水解安定性和热稳定性。用以抵抗空气、水分和高压、高温等因素的影响和作用，使液压元件不易老化变质，延长使用寿命。

5）抗乳化性。它能使混入油中的水分迅速分离，防止形成乳化液。

（4）液压油的选用

液压油的选用应在全面了解液压油性能指标并结合考虑经济性的基础上，根据液压系统的工作环境及其使用条件选择合适的品种，再根据黏度要求选择牌号（表 8-14、表 8-15）。

按液压系统工况选用液压油参考表　　　　　表 8-14

| 工　况 | 压力在 7MPa 以下，温度在 50℃以下 | 压力在 7～14MPa，温度在 50℃以下 | 压力在 7～14MPa，温度在 50℃以上 | 压力在 14MPa 以上，温度在 80～100℃ |
| --- | --- | --- | --- | --- |
| 室内固定液压设备 | HL 油 | HL 油或 HM 油 | HM 油 | HM 油 |
| 露天寒区和严寒区液压设备 | HR 油 | HV 油或 HS 油 | HV 油或 HS 油 | HV 油或 HS 油 |
| 地下作业和水上作业的液压设备 | HL 油 | HL 油或 HM 油 | HL 油或 HM 油 | HM 油 |

按液压泵选用液压油参考表　　　　　表 8-15

| 泵　型 | | 黏度（50℃）(mm²/s) | | 适用的液压油 | |
| --- | --- | --- | --- | --- | --- |
| | | 5～40℃[①] | 40～80℃[①] | 40～80℃[①] | 5～40℃[①] |
| 叶片泵 | 70MPa 以下 | 19～29 | 25～44 | 32 号、46 号 HL 油 | 46 号、68 号 HL 油 |
| | 70MPa 以上 | 31～42 | 35～55 | 46 号、68 号 HM 油 | 68 号、100 号 HL 油 |
| 螺杆泵[②] | | 19～29 | 25～49 | 32 号、46 号 HL 油或 HM 油 | 46 号、68 号 HL 油或 HM 油 |

续表

| 泵 型 | 黏度（50℃）(mm²/s) | | 适用的液压油 | |
|---|---|---|---|---|
| | 5～40℃① | 40～80℃① | 40～80℃① | 5～40℃① |
| 齿轮泵② | 19～42 | 59～98 | 32号、46号、68号 HL油或HM油 | 100号 HL油或HM油 |
| 径向柱塞泵 | 19～29 | 38～135 | 32号、46号 HL油或HM油 | 68号、100号 HL油或HM油 |
| 轴向柱塞泵② | 26～42 | 42～93 | 32号、46号、68号 HL油或HM油 | 68号、100号 HL油或HM油 |

注：① 系指液压系统工作温度；
　　② 高压时选用 HM 油。

液压泵最适合油料的黏度是在容积效率与机械效率达到最佳平衡时的油黏度。在选择适宜的黏度范围之后，还应选择适宜的黏度指数。对野外使用的施工机械，其液压系统以中、高压为主，且一般多采用柱塞泵或齿轮泵。对于那些油温高于环境温度不多的，应考虑低温泵送性，选用黏度级号较小的液压油；对于工作持续时间长，具有高压、低速、大扭矩和大流量等特点的施工机械，夏季工作温度可达80℃，则应选用黏度级号较高的液压油；对在寒区及严寒区作业的施工机械，应选用 HV 或 HS 高黏度指数低温液压油，以保证液压系统的低温性能，并使系统冬、夏用油一致，以免更换频繁。

在使用液压油的初期，应注意机械运转状况，定期进行油样化验，判断其是否符合要求（表 8-16）。

**液压泵适用液压油黏度范围表**　　　　　　　　表 8-16

| 泵 型 | 适用黏度范围 (mm²/s) | |
|---|---|---|
| | 40℃ | 50℃ |
| 柱塞泵或供水用离心泵 | >2.7 | >1.5 |
| 叶片泵 7MPa 以下 | 25～44 | 15～25 |
| 叶片泵 7MPa 以上 | 45～68 | 25～40 |
| 齿轮泵 | 30～115 | 15～70 |
| 柱塞泵 | 30～115 | 15～70 |
| 数控（Nc）液压系统电液脉冲：<br>马达<br>7MPa 以下 | 20～30 | 10～15 |
| 7MPa 以上 | 30～40 | 20～25 |

（5）液压油的更换

1）对在用液压油应定期取样化验，正常使用条件下，每两个月取样化验一次。不具备化验条件时，应按机械说明书规定周期换油。

2）换油步骤

① 首先应要更换液压油箱中的液压油，可先将油箱中的液压油放净，并拆卸总油管，严格清洗油箱及滤油器，再用清洁的化学清洗剂清洗液压油箱，待晾干后，再用清洁的新液压油冲洗，在放尽冲洗油后再加入新液压油。

② 启动内燃机，以低速运转，使液压泵开始动作，分别操纵各机构，依靠新液压油将系统各回路的旧油逐一排出，排出的旧油不得流入液压油箱，直至总回油管有新油流出后停止液压泵转动。在各回路换油的同时，应注意不断向液压油箱补充新液压油，以防液

压泵吸空。

③ 将总回油管与油箱连接,最后将各元件置于工作初始状态,往油箱中补充新液压油至规定位置。

3) 不同品种、不同牌号的液压油不得混合使用,新油在加入前和加入后,都要进行取样化验,以确保油液质量。

**2. 液力传动油**

液力传动油是液力传动的工作介质,属于动态液压油,又称 PTF 油。

(1) 液力传动油的分类

国外液力传动油均采用美国 ASTM 和 API 共同提出的分类方法,它与国产液力传动油相对应的使用分类见表 8-17。

液力传动油的分类、特点及使用范围　　　　　表 8-17

| API 分类 | 特点及使用范围 | 对应国产油名 |
| --- | --- | --- |
| PTF—1 | 低温启动性好,对油的低温黏度及黏温性有很高的要求,适用于轿车、轻型载重汽车的自动传动装置 | 8 号液力传动油,自动变速器油(液) |
| PTF—2 | 能在重负荷或苛刻条件下使用,对极压抗磨性的要求较高,适用于重型载重汽车、越野车的功率转换器和液力偶合器等 | 6 号液力传动油,功率转换器油 |
| PTF—3 | 极压抗磨性和负荷承载能力比 PTF-2 类油的要求更严格,适合在中低速下运转的拖拉机及野外作业的施工机械液力传动系统和齿轮箱中使用 | 拖拉机液压/传动两用油 |

(2) 液力传动油的选用

应按机械使用说明书的规定,选用适当品种的液力传动油。一般轻型施工机械和载重汽车的自动传动装置,可采用 8 号油;施工机械和重型汽车的液力传动系统,可采用 6 号油;对液压与传动系统同用一个油箱的全液压的施工机械、拖拉机则应选用传动/液压两用油。100 号两用油适用于南方地区,100 号和 68 号两用油适用于北方地区。

(3) 液力传动油使用要点

1) 6 号和 8 号液力传动油是一种专用产品,加有染色剂,系红色或蓝色透明液体,绝不能与其他油品混用,同牌号不同厂家生产的也不宜混兑使用。

2) 储存使用中要严格防止混入水等杂质,容器和加油工具必须保持清洁、严密,防止乳化变质。

3) 使用中,要注意保持油温正常,以延缓油品变质,延长使用周期。

4) 在检查油面和换油时,要注意油液的状况,可用手指蘸少许油液察看是否有渣粒存在,通过对油液的外观检查,以反映存在的问题,见表 8-18。

液力传动油外观检查所反映的问题　　　　　表 8-18

| 外 观 | 所反映的问题 |
| --- | --- |
| 清澈、带红色 | 正常 |
| 呈暗红或褐色 | 由于换油不及时或过热引起,如长时间低速重载运行 |
| 颜色清淡、气泡多 | 内部空气泄漏或油面过高 |
| 油中有固体残渣 | 离合器或轴承损坏造成金属磨屑进入油中 |
| 油标尺上有胶状物 | 变速器过热 |

### 3. 制动液

制动液（通称刹车油）是汽车及施工机械传递压力的工作介质。

（1）制动液的分类

制动液按配制原料的不同，可分为醇型、合成型和矿油型三类。

1）醇型制动液。它是由低碳脂肪醇（乙醇、丁醇）和蓖麻油按一定比例配制而成，有 1 号和 3 号两个牌号，由于其安全性能较差，可用性能优良的合成型制动液取代醇型制动液。

2）合成型制动液。它是以合成油为基础油，加入润滑剂和抗氧、防腐和防锈等添加剂制成的制动液，具有性能稳定的特点，适合在高速、重负荷的汽车和施工机械使用。

3）矿油型制动液。它是以精制的轻柴油馏分为原料，经深度精制后加入黏度指数改进剂、抗氧剂、防锈剂及染色剂等调合制成，具有良好的润滑性，对金属无腐蚀作用，但对天然橡胶有溶胀作用。使用时，制动缸内必须更换耐油的丁腈橡胶皮碗。

（2）制动液的选用

1）合成型制动液可冬、夏季通用，重型载重汽车和施工机械可选用 4603 号或 4603-1 号合成制动液；轻型车辆可选用 4604 号合成制动液。

2）矿油型制动液能保证温度在 −50~150℃ 范围内正常使用，使用矿油型制动液的制动系统要换用耐油橡胶体。7 号矿油型制动液在严寒地区冬、夏季通用；9 号矿油型制动液适宜在 −25℃ 以上地区使用。

（3）制动液使用要点

1）不同类型和不同牌号的制动液绝对不能混存混用。

2）勿使矿物油混入使用合成型制动液的制动系统中。

3）存放制动液的容器应密封良好，防止水分杂质混入或吸入水汽而变质。制动液属易燃品，应注意防火。

4）制动液使用前应予检查，如发现杂质及白色沉淀等，应过滤后再用。

5）灌装制动液的工具、容器应专用。更换制动液时应将制动系统清洗干净。

6）制动液更换期无具体规定，一般在车辆、机械维护中如要更换制动缸的活塞皮碗时，应同时更换制动液。

## （四）油料的技术管理

施工企业在油料的保管、供应工作中，必须加强技术管理，以保证油料的质量和安全。

### 1. 保证油料质量的管理措施

（1）正确选用油料。应根据机械使用说明书的要求选购和使用符合标准要求的油料。进口机械所用的油料，应严格按生产厂的具体要求，选择相对应的国产油料。

（2）严格油料入库验收制度。验收时，应认真核对单据和实物，做到账、单据与实物（品种、牌号及数量）完全相符。并应注意检查容器及其标志应完整，符合规定要求。

（3）严格领发制度。领发时应注意核对，防止差错，做到先进货的油料先发。注意对油料定期检验，不合格的油料不发。柴油要经过过滤，至少要经过沉淀 48h 才能领发使用。

**2. 预防油料变质的技术措施**

（1）减少油料轻馏分蒸发和延缓氧化变质

1) 降低温度，减少温差：要选择阴凉地点存放油料，尽量减少或防止阳光曝晒，油罐外表应喷涂银灰色涂层。有条件时应尽量使用地下或洞库储存油料，以降低储存温度。

2) 饱和储存，减少气体空间：油罐上部气体空间容积越大，油料越易蒸发和氧化。因此，装油容器除留出必要的膨胀空间（即安全容量）外，应尽可能装满。

3) 减少不必要的倒装：倒装时，不仅会造成油料的蒸发消耗，还会加速氧化。

4) 采取密封储存：密封储存油料，以减少与空气接触和防止污染物侵入。对于润滑油和特种油料，更应保持密封储存。

（2）防止水杂污染

1) 保持储油容器清洁：往油罐内卸油或灌桶前，必须检查罐、桶内部，清除水杂和污染物质，做到不清洁不灌装。油罐内壁应涂刷防腐涂层，以防铁锈落入油中。

2) 定期检查储油罐底部状况并清洗储油容器：每年应检查罐底一次，以判断是否需要清洗。一般清洗周期是：轻质油和润滑油储罐三年清洗一次；重柴油储罐两年半清洗一次。

3) 定期抽查库存油料：桶装油每六个月复验一次；罐存油可根据其周转情况每六个月至一年复验一次。对于易变质、稳定性差、存放周期长的油料，应缩短复验周期。

（3）防止混油污染

1) 不同性质的油料不能混用：对于各种散装油料在装运过程中，应将各输送管线、油泵分组专用，以防混油。

2) 油桶、油罐汽车、油罐等容器改装别种油料时，应进行刷洗、干燥。将使用过的容器改装高档润滑油时，必须进行特别刷洗，即用溶剂或适宜的洗油刷洗，要求达到无杂质、水分、油垢和纤维，目视或用抹布擦拭检查不呈锈皮及黑色油污后，方可装入。

# 九、工程预算的基本知识

## （一）建设工程造价的基本概念

建设工程造价主要分为：房屋建筑与装饰工程、仿古建筑工程、通用安装工程、市政工程、园林绿化工程、矿山工程、构筑物工程、城市轨道交通工程、爆破工程等九类。工程造价计价的主要依据是《建设工程工程量清单计价标准》GB 50500—2013。建设工程施工发承包计价活动都应按照该标准计价。计价活动应遵循客观、公正、公平的原则。全部使用国有资金投资或国有资金投资为主的建设工程施工发承包，必须采用工程量清单计价。非国有资金投资的建设工程，宜采用工程量清单计价。

工程量清单是指建设工程的分部分项工程项目、措施项目、其他项目、规费项目和税金项目的名称和相应数量等的明细清单。工程量清单由分部分项工程量清单、措施项目清单、其他项目清单、规费项目清单、税金项目清单组成。

综合单价指的是完成一个规定计量单位的分部分项工程和措施项目清单所需的人工费、材料和工程设备费、施工机具使用费和企业管理费、利润以及一定范围内的风险费用。

### 1. 建设工程造价的构成

建设工程造价由分部分项工程费、措施项目费、其他项目费、规费和税金组成。分部分项工程和措施项目清单采用综合单价计价。措施项目清单中的安全文明施工费、规费和税金不得作为竞争性费用。

即：工程总造价＝分部分项工程费＋措施项目费＋其他项目费＋规费＋税金

按照《关于印发〈建筑安装工程费用项目组成〉的通知》（建标〔2013〕44号），建筑安装工程费用项目组成分别按费用构成要素和按造价形成划分为两种。

（1）按费用构成要素划分

建设工程费用按费用构成要素划分由人工费、材料费、施工机具使用费、企业管理费、利润、规费、税金组成。其中人工费、材料费、施工机具使用费、企业管理费和利润包含在分部分项工程费、措施项目费、其他项目费中（图9-1）。

1) 人工费

人工费是指按工资总额构成规定，支付给从事建筑安装工程施工的生产工人和附属生产单位工人的各项费用。内容包括：计时工资或计件工资、奖金、津贴补贴、加班加点工资、特殊情况下支付的工资。

$$人工费 = \Sigma（工日消耗量 \times 日工资单价）$$

2) 材料费

材料费是指施工过程中耗费的原材料、辅助材料、构配件、零件、半成品或成品、工

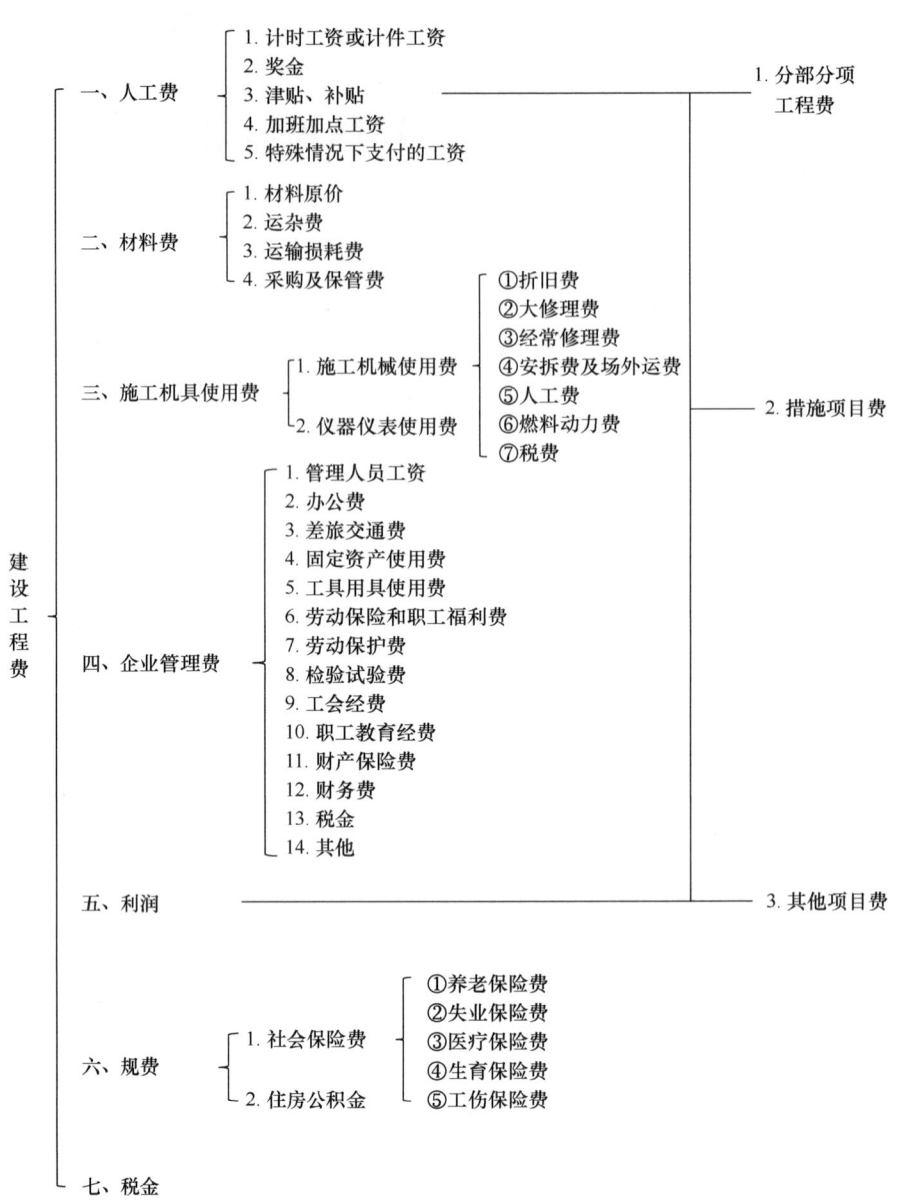

图 9-1 建设工程费组成（按费用构成要素划分）

程设备的费用。内容包括：材料原价、运杂费、运输损耗费、采购及保管费。

$$材料费=\Sigma(材料消耗量\times 材料单价)$$

材料单价＝[(材料原价＋运杂费)×[1＋运输损耗率(%)]]×[1＋采购保管费率(%)]

工程设备是指构成或计划构成永久工程一部分的机电设备、金属结构设备、仪器装置及其他类似的设备和装置。

3）施工机具使用费

施工机具使用费是指施工作业所发生的施工机械、仪器仪表使用费或其租赁费。

$$施工机械使用费=\Sigma（施工机械台班消耗量\times 机械台班单价）$$

如租赁施工机械则公式为：

$$施工机械使用费 = \Sigma（施工机械台班消耗量 \times 机械台班租赁单价）$$

仪器仪表使用费：是指工程施工所需使用的仪器仪表的摊销及维修费用。

4）企业管理费

企业管理费是指建筑安装企业组织施工生产和经营管理所需的费用。内容包括：管理人员工资、办公费、差旅交通费、固定资产使用费、工具用具使用费、劳动保险和职工福利费、劳动保护费、检验试验费、工会经费、职工教育经费、财产保险费、财务费、税金及其他。

这里的税金是指企业按规定缴纳的房产税、车船使用税、土地使用税、印花税等。其他是指技术转让费、技术开发费、投标费、业务招待费、绿化费、广告费、公证费、法律顾问费、审计费、咨询费、保险费等。

5）利润

利润是指施工企业完成所承包工程获得的盈利。利润以定额人工费或（定额人工费＋定额机械费）作为计算基数，税前计算，费率一般不低于5%且不高于7%。

6）规费

规费是指按国家法律、法规规定，由省级政府和省级有关部门规定施工单位必须缴纳或计取的费用。包括：社会保险费、住房公积金。其中社会保险费包括养老保险费、失业保险费、医疗保险费、生育保险费、工伤保险费。

其他应列而未列入的规费，按实际发生计取。

7）税金

税金是指国家税法规定的应计入建筑安装工程造价内的增值税销项税额。

（2）按造价形成划分

建设工程费用按造价形成划分由分部分项工程费、措施项目费、其他项目费、规费和税金组成。而分部分项工程费、措施项目费、其他项目费都包含人工费、材料费、施工机具使用费、企业管理费和利润（图9-2）。

1）分部分项工程费

分部分项工程费是指各专业工程的分部分项工程应包括的各项费用。

专业工程是指按现行国家计量规范划分的房屋建筑与装饰工程、仿古建筑工程、通用安装工程、市政工程、园林绿化工程、矿山工程、构筑物工程、城市轨道交通工程、爆破工程等各类工程。

分部分项工程指按现行国家计量规范对各专业工程划分的项目。如房屋建筑与装饰工程划分的土石方工程、地基处理与桩基工程、砌筑工程、钢筋及钢筋混凝土工程等。

$$分部分项工程费 = \Sigma（分部分项工程量 \times 综合单价）$$

式中：综合单价包括人工费、材料费、施工机具使用费、企业管理费和利润以及一定范围的风险费用。

即：综合单价＝人工费＋材料费＋施工机具使用费＋企业管理费＋利润

各类专业工程的分部分项工程划分见现行国家或行业计量规范。

2）措施项目费

措施项目费是指为完成建设工程施工，发生于该工程施工前和施工过程中的技术、生

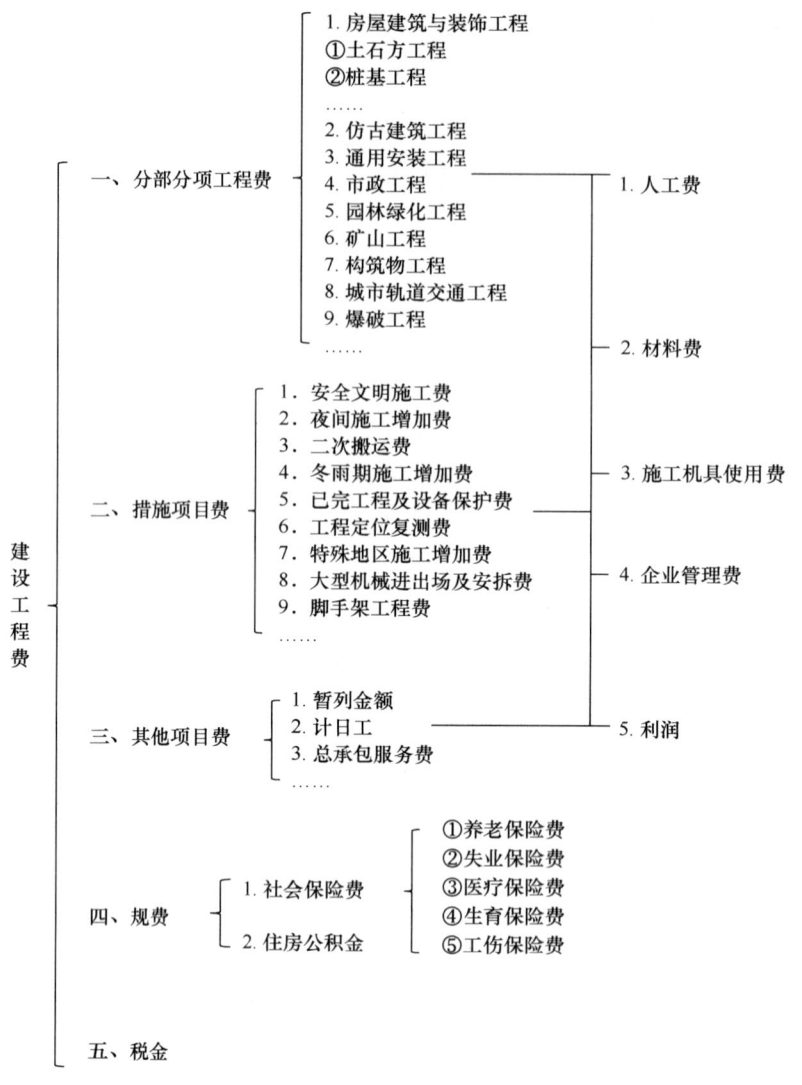

图 9-2 建设工程费组成(按造价形成划分)

活、安全、环境保护等方面的费用。内容包括：安全文明施工费、夜间施工增加费、二次搬运费、冬雨期施工增加费、已完工程及设备保护费、工程定位复测费、特殊地区施工增加费、大型机械设备进出场及安拆费、脚手架工程费。

$$措施项目费 = \Sigma (措施项目工程量 \times 综合单价)$$

3) 其他项目费

其他项目费包括暂列金额、计日工、总承包服务费。

4) 规费

同上。

5) 税金

同上。

## 2. 建筑工程工程计量汇总有效位数

（1）以"t"为单位，应保留小数点后三位数字，第四位小数四舍五入；

（2）以"m、$m^2$、$m^3$、kg"为单位，应保留小数点后两位数字，第三位小数四舍五入；

（3）以"株、丛、个、件、根、套、组"等为单位，应取整数。

## 3. 工程造价的定额计价方法的概念

定额计价是按照各地区省级建设行政主管部门发布的《建设工程工程量清单计价定额》中的"工程量计算规则"和"人工费、材料费、机械费定额单价"，同时按照省级建设行政主管部门发布的同期动态调整价格：人工工日单价或人工费调整系数、机械台班单价、材料价格、设备价格及同期市场价格，直接计算出分部分项工程工程费，再按规定的计算方法计算措施费、其他项目费、管理费、利润、规费、税金，汇总确定建筑安装工程造价。

## 4. 工程量清单计价方法的概念

工程量清单计价方法是一种国际上通行的计价方法。工程量清单计价方法计算单位工程造价的基本思路是，将反映拟建工程的分部分项工程量清单、措施项目清单、其他项目清单的工程数量，分别乘以相应的综合单价，即可分别得出三种清单中各子项的价格；将三种清单中各子项的价格分别相加，即分别得出三种清单的合计价格。最后将三种清单的合计价格汇总相加，即可得出拟建工程造价。

工程量清单计价方法真正反映了工程造价是通过构成该工程的"工程数量×综合单价"来计算的思路。

## 5. 预算、结算和决算的概念

（1）预算：是设计单位或施工单位根据施工图纸，按照现行工程定额预算价格编制的工程建设项目从筹建到竣工验收所需的全部建设费用。

（2）结算：是施工单位根据竣工图纸，按现行工程定额实际价格编制的工程建设项目从开工到竣工验收所需的全部建设费用。它是反映施工企业经营管理状况，搞好经济核算的基础。

（3）决算：是建设单位根据决算编制要求，工程建设项目从筹建到交付使用所需的全部建设费用。它是反映工程建设项目实际造价和投资效果的文件。

## （二）建设工程机械使用费

建设工程中的机械使用费，是指在施工过程中由于建筑机械进行作业所发生的费用。以各种机械设备的台班消耗用量和机械台班单价为依据，可计算出该工程的机械使用费。

**1. 机械台班消耗量的确定**

机械台班消耗量也称机械台班消耗定额,是指在正常施工条件和合理使用建筑机械条件下完成单位合格产品所消耗的某种型号的建筑机械台班的数量标准。按其表现形式,可分为机械时间定额和机械产量定额。

(1)机械时间定额

机械时间定额是指在合理的劳动组织、生产组织和合理使用机械正常施工条件下,由熟练工人或工人小组操纵使用机械,完成单位合格产品所必须消耗的机械工作时间,计量单位以"台班"或"工日"表示。

(2)机械产量定额

机械产量定额是指在合理的劳动组织、生产组织和合理使用机械正常施工条件下,机械在单位时间内完成合格产品的数量,计量单位以"平方米、根、块"等表示。

机械由工人操纵,一般既要计算机械时间定额,又要计算操纵机械的人工定额。人工消耗包括基本用工、辅助用工、其他用工和机上用工。

**2. 施工机械使用费、机械台班单价**

(1)机械台班单价及其组成

施工机械使用费是以施工机械台班耗用量乘以施工机械台班单价表示,机械台班预算单价是指一台建筑机械,在正常运转条件下,一个工作台班所发生的全部费用。施工机械台班单价由下列七项费用组成:折旧费、大修理费、经常修理费、安拆费及场外运费、人工费、燃料动力费、税费。

即:机械台班单价=台班折旧费+台班大修费+台班经常修理费+台班安拆费及场外运费+台班人工费+台班燃料动力费+台班车船税费

1)折旧费:指施工机械在规定的使用年限内,陆续收回其原值的费用。如有贷款,还应加上贷款利息的费用。

2)大修理费:指施工机械按规定的大修理间隔台班进行必要的大修理,以恢复其正常功能所需的费用。

3)经常修理费:指施工机械除大修理以外的各级保养和临时故障排除所需的费用。包括为保障机械正常运转所需替换设备与随机配备工具附具的摊销和维护费用,机械运转中日常保养所需润滑与擦拭的材料费用及机械停滞期间的维护和保养费用等。

4)安拆费及场外运费:安拆费指施工机械(大型机械除外)在现场进行安装与拆卸所需的人工、材料、机械和试运转费用以及机械辅助设施的折旧、搭设、拆除等费用;场外运费指施工机械整体或分体自停放地点运至施工现场或由一施工地点运至另一施工地点的运输、装卸、辅助材料及架线等费用。

5)人工费:指机上司机(司炉)和其他操作人员的人工费。

6)燃料动力费:指施工机械在运转作业中所消耗的各种燃料及水、电等。

7)税费:指施工机械按照国家规定应缴纳的车船使用税、保险费及年检费等。

(2)机械台班单价的确定依据

1)折旧费的计算依据

① 机械预算价：按设备购置费计算。

② 残值率：是指机械报废时回收的残值占机械预算价格的比率。残值率按有关文件规定：运输机械2%，特大型机械3%，中小型机械4%，掘进机械5%。

③ 贷款利息系数：为补偿企业贷款购置机械设备所支付的利息，从而合理反映资金的时间价格，以大于1的贷款利息系数，将贷款利息（单利）分摊在台班折旧费中。其计算公式如下：

$$贷款利息系数 = 1 + \frac{(n+1)}{2} \times i$$

式中　$n$——国家有关文件规定的此类机械折旧年限；

　　　$i$——当年银行贷款利率。

④ 耐用总台班数：指机械在正常施工条件下，从投入使用直到报废为止，按规定应达到的使用总台班数。其计算公式如下：

$$耐用总台班数 = 折旧年限 \times 年工作台班 = 大修间隔台班 \times 大修周期$$

$$大修周期 = 寿命期大修理次数 + 1$$

2) 大修理费计算依据

每台班的大修理费是指机械设备按规定的大修间隔台班进行必要的大修理，以恢复机械的正常功能时，每台班所摊的费用，其计算公式如下：

$$台班大修理费 = (一次大修理费 \times 寿命期内大修次数) \div 耐用总台班数$$

① 一次大修理费：按机械设备规定的大修理范围和工作内容，进行一次修理所需消耗的工时、配件、辅助材料、油料以及送修运输等全部费用计算。

② 寿命期内大修次数：为恢复原机功能按规定在寿命期内需要进行的大修次数。

3) 经常修理费计算依据

① 各级一次保养费用：分别指机械在各个使用周期内为保证机械处于完好状态，必须按规定的各级保养间隔周期、保养范围和内容进行的一、二、三级保养或定期保养所消耗的工时、配件、辅料、油燃料等费用。

② 寿命期各级保养总次数：分别指一、二、三级保养或定期保养，在寿命期内各个使用周期中保养次数之和。

③ 机械临时故障排除费用、机械停置期间维护保养费：指机械除规定的大修理及各级保养以外，临时故障所需费用以及机械在工作日以外的保养维护所需润滑擦拭材料费，可按各级保养费用之和的百分数计算。即：

$$机械临时故障排除费及机械停置期间维护保养费$$
$$= \Sigma(各级保养一次费用 \times 寿命期各级保养总次数) \times 3\%$$

④ 替换设备及工具附具台班摊销费：指轮胎、电缆、蓄电池、运输皮带、钢丝绳、履带板等消耗性设备和按规定随机配备的全套工具附具的台班摊销费用。其计算公式：

$$替换设备及工具附具台班摊销费$$
$$= \Sigma[(各类替换设备数量 \times 单价 \div 耐用台班) +$$
$$(各类随机工具附具数量 \times 单价 \div 耐用台班)]$$

⑤ 例保辅料费：即机械日常保养所需润滑擦拭材料费用。

4) 安拆费及场外运输费计算依据

台班安拆费用、场外运输费用分别按不同机械型号、重量、外形体积以及不同的安拆和运输方式测算其一次安拆费和一次场外运输费及年平均安拆、运输次数，作为计算依据。

**3. 建筑机械台班使用费的组成和计算方法**

建筑机械台班使用费，即建筑机械台班预算价格，是以"台班"为计量单位，指一台建筑机械在一个台班中（按8h计）为使机械正常运转所支出和分摊的各种费用之和。建筑机械台班使用费是工程造价的主要组成部分，它的正确计算，将有利于确定工程造价，促使企业合理使用资金，加强建筑机械的管理水平，提高劳动生产率。计算如下：

（1）折旧费的计算

$$台班折旧费 = (机械预算价格 \times (1 - 残值率) \times 贷款利息系数) \div 耐用总台班数$$

$$耐用总台班数 = 折旧年限 \times 年工作台班$$

（2）大修理费的计算

$$台班大修理费 = (一次大修理费 \times 寿命期内大修次数) \div 耐用总台班数$$

（3）经常修理费的计算

$$台班经常修理费 = [\Sigma(各级保养一次费用 \times 寿命期内各级保养总次数) +$$
$$临时故障排除费) \div 耐用总台班数] +$$
$$替换设备台班摊销费 + 工具附具台班摊销费 + 例保辅料费$$

为简化计算，编制台班费用定额时也可以采用下列公式：

$$台班经常修理费 = 台班大修理费 \times K$$

$$K = 台班经常修理费 \div 台班大修理费$$

系数 $K$ 可在《建筑安装工程机械台班费用定额》的附表中查得。

（4）安拆费及场外运费的计算

$$台班安拆费 = [(机械一次安拆费 \times 年平均安拆次数) \div 年工作台班] + 台班辅助设施费$$

$$台班辅助设施费 = [(一次运输及装卸费 + 辅助材料一次摊销费 +$$
$$一次架线费) \times 年运输次数] \div 年工作台班$$

（5）人工费的计算

$$台班人工费 = 定额机上人工工日 \times 日工资单价$$

$$定额机上人工工日 = 机上定员工日 \times (1 + 增加工日系数)$$

（6）燃料动力费的计算

$$台班燃料动力费 = 台班燃料动力消耗量 \times 燃料或动力的单价$$

（7）养路费及车船使用税的计算

$$养路费及车船使用税 = 载重量(或核定自重吨位) \times (养路费标准元/吨·月 \times 12 +$$
$$车船使用税标准元/t·年) \div 年工作台班$$

**【例9-1】** 现有5t载重汽车的资料如下，若不计养路费及车船税，试计算其台班使用费。预算价格71846元，年工作台班240台班，折旧年限8年，贷款年利率8.64%，大修理间隔台班950台班，人工费单价22.47元/日，使用周期2年，人工消耗1.25工日/班，一次大修理费16653.44元，柴油预算价格2.17元/kg，经常维修费系数 $K$ 为5.61，柴油32.19kg/台班，机械残值率2%。

**【解】** （1）耐用总台班为：

$$950 \times 2 = 1900 \text{ 台班}$$

(2) 机械台班折旧费为:
$$71846 \times (1-2\%) \times [1+0.5 \times 8.64\% \times (8+1)] \div 1900 = 51.46 \text{ 元/台班}$$

(3) 台班大修理费为:
$$16653.44 \times (2-1) \div 1900 = 8.76 \text{ 元/台班}$$

(4) 经常修理费为:
$$台班经常修理费 = 台班大修理费 \times K = 8.76 \times 5.61 = 49.14 \text{ 元/台班}$$

(5) 台班人工费为:
$$22.47 \times 1.25 = 28.09 \text{ 元/台班}$$

(6) 台班柴油费为:
$$2.17 \times 32.19 = 69.85 \text{ 元/台班}$$

(7) 5t 载重汽车台班使用费为:
$$51.46 + 8.76 + 49.14 + 28.09 + 69.85 = 207.3 \text{ 元/台班}$$

**4. 大型机械设备进出场及安拆费**

大型机械设备进出场及安拆费是指机械整体或分体自停放场地运至施工现场或由一个施工地点运至另一个施工地点,所发生的机械进出场运输及转移费用及机械在施工现场进行安装、拆卸所需的人工费、材料费、机械费、试运转费和安装所需的辅助设施的费用。

## (三) 建设工程机械施工费

### 1. 机械施工费的组成

机械施工费是指施工过程中,所有投入的机械本身、进出场安拆及保证机械正常安全生产所发生的所有费用。一次性投入的专用机械包含机械采购费用、安拆及进出场、维护修理费、操作维保人工费、燃油动力费、相关规费等。周转使用的施工机械包含机械的折旧费、安拆及进出场费、维护修理费、操作维保人工费、燃油动力费、相关规费等。

### 2. 机械施工费的计算方法

机械施工费的计算,是按工程量清单进行工料分析,计算投入的各种机械的台班消耗量,按相应的定额单价计算各施工机械费用,投入所有机械的费用总和即机械施工费。

$$机械施工费 = \sum 单机施工费$$

$$单机施工费 = 消耗总台班量 \times 台班单价$$

# 十、常见施工机械的工作原理、类型及技术性能

## （一）建筑起重机械

### 1. 塔式起重机

（1）塔式起重机的分类

塔式起重机的应用广泛，类型较多，通常按以下进行分类。

1）按结构形式分：

① 固定式：通过连接件将塔身机架固定在地基基础或结构物上，进行起重作业的塔式起重机。

② 移动式：具有运行装置，可以行走的塔式起重机。

③ 自升式：可通过自身的专门装置，增、减塔身标准节来改变起升高度的塔式起重机。分为附着式塔式起重机（通过附墙支撑装置将塔身锚固在建筑物上的自升塔式起重机）和内爬式塔式起重机（设置在建筑物内部，通过支承在结构物上的专门装置，使整机能随着建筑物的高度增加而升高的塔式起重机）。

2）按回转形式分：

① 上回转塔式起重机：将回转支撑，平衡重，主要机构均设置在上端，其优点是由于塔身不回转，可简化塔身下部结构、顶升加节方便。缺点是：当建筑物超过塔身高度时，由于平衡臂的影响，限制起重机的回转，同时重心较高，风压增大，压重增加，使整机总重量增加。

② 下回转塔式起重机：将回转支承、平衡重主要机构等均设置在下端，其优点是：塔身所受弯矩较少，重心低，稳定性好，安装维修方便，缺点是对回转支承要求较高，安装高度受到限制。

3）按架设方法分：

① 非自行架设：依靠其他起重设备进行组装架设成整机的塔式起重机。主要用于中高层建筑及工作幅度大，起重量大的场所，是目前建筑工地上的主要机种。

② 自行架设：依靠自身的动力装置和机构能实现运输状态与工作状态相互转换的塔式起重机。

能自行架设的塔式起重机都属于中小型快装式下回转塔式起重机，主要用于工期短，要求频繁移动塔式起重机的低层建筑上，主要优点是能提高工作效率，节省安装成本，省时省工省料，缺点是结构复杂，维修量大。

4）按变幅方式分：

① 动臂变幅式塔式起重机（图 10-1a）是靠起重臂仰俯来实现变幅的。其优点是：能充分发挥起重臂的有效高度，能带负荷变幅。缺点是最小幅度被限制在最大幅度的 5%～

10%左右,吊重时,被吊构件不能完全靠近塔身。

② 小车变幅式塔式起重机(图 10-1b)是靠水平起重臂上的小车行走实现变幅的。其优点是:变幅范围大,变幅载重小车可驶近塔身,并能带负荷变幅。

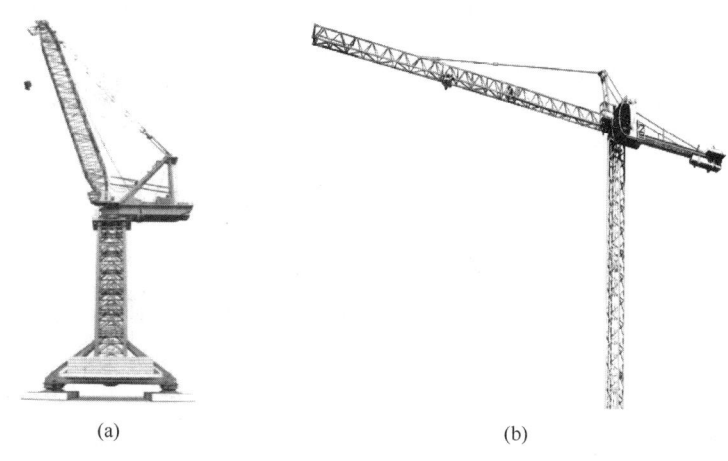

图 10-1 塔式起重机变幅方式
(a)动臂变幅式;(b)小车变幅式

③ 折臂式塔式起重机是根据起重作业的需要,臂架可以弯折的塔式起重机。它可以同时具备动臂变幅和小车变幅的性能。

5)按臂架支承形式分:

按臂架支承形式小车变幅塔式起重机又可分为平头式塔式起重机(图 10-2)和非平头式塔式起重机如图 10-3 所示。

图 10-2 平头式塔式起重机

图 10-3 非平头式塔式起重机

平头式塔式起重机是最近几年发展起来的一种新型机种,特点是在原自升式塔式起重机的结构上取消了塔帽及其前后拉杆部分,无塔帽和臂架拉杆,增强了大臂和平衡臂的结构强度,大臂和平衡臂直接相连。由于臂架采用无拉杆式,很大程度上方便了空中变臂、拆臂等操作,避免了空中安装拆卸起重臂拉杆的复杂性及危险性。具有结构形式更简单,有利于受力，减轻自重，简化构造等优点。缺点是在同类型塔式起重机中平头式塔式起重机价格高。

（2）塔式起重机的特点

1）工作高度高，有效起升高度大，特别有利于分层、分段安装作业，能满足全高度的建筑物垂直运输；

2）塔式起重机的起重臂较长，其水平覆盖面广；

3）塔式起重机具有多种工作速度、多种作业性能，生产效率高；

4）塔式起重机的驾驶室一般设在与起重臂同等高度的位置，司机的视野开阔；

5）塔式起重机的构造较为简单，维修、保养方便。

（3）塔式起重机的主要性能参数

塔式起重机的主要技术性能参数包括起重力矩、起重量、幅度、起升高度等。

1）起重力矩

起重量与相应幅度的乘积为起重力矩，单位为 kN·m。

额定起重力矩是塔式起重机工作能力的最重要参数，它是塔式起重机工作时保持塔式起重机稳定性的控制值。塔式起重机的起重量随着幅度的增加而相应递减。

为防止塔式起重机在工作时，因操作或判断失误造成超力矩而发生事故，塔式起重机必须安装力矩限制器。其工作原理是当力矩增大达到额定力矩时，发生弹性形变而触发限位开关动作，使起升机构不能动作，小车也不能向外变幅。另外，当达到80%额定力矩之后，小车自动切断高速，只能慢速向前，防止因惯性而超力矩。

2）幅度

幅度是指从塔式起重机回转中心至吊钩中心的水平距离，通常称回转半径或工作半径。

动臂变幅式塔式起重机的幅度与起重臂的仰角有关，幅度随仰角增大而减小。小车变幅式的起重臂始终是水平的，变幅的范围较大，因此小车变幅的起重机在工作幅度上占优势。动臂变幅式变幅范围略小于平臂小车变幅式的变幅范围，但动臂变幅式的起重机在工作高度上占优势。

3）起重量

塔机在正常工作条件下，允许吊起的起重量。图10-4所示是一台QTZ63塔机的起重特性曲线，上面一条曲线是4倍率工作状态时的起重特性，最大起重量是6000kg；下面一条曲线是2倍率工作状态时的起重特性，最大起重量是3000kg。

4）起升高度

起升高度也称吊钩有效高度，是从塔式起重机基础基准表面（或行走轨道顶面）到吊钩支承面的垂直距离。

为防止塔式起重机吊钩起升超高而损坏设备发生事故，塔式起重机必须安装高度限位器。

5）实例

常见塔式起重机的型号及主要技术性能参数见表10-1。

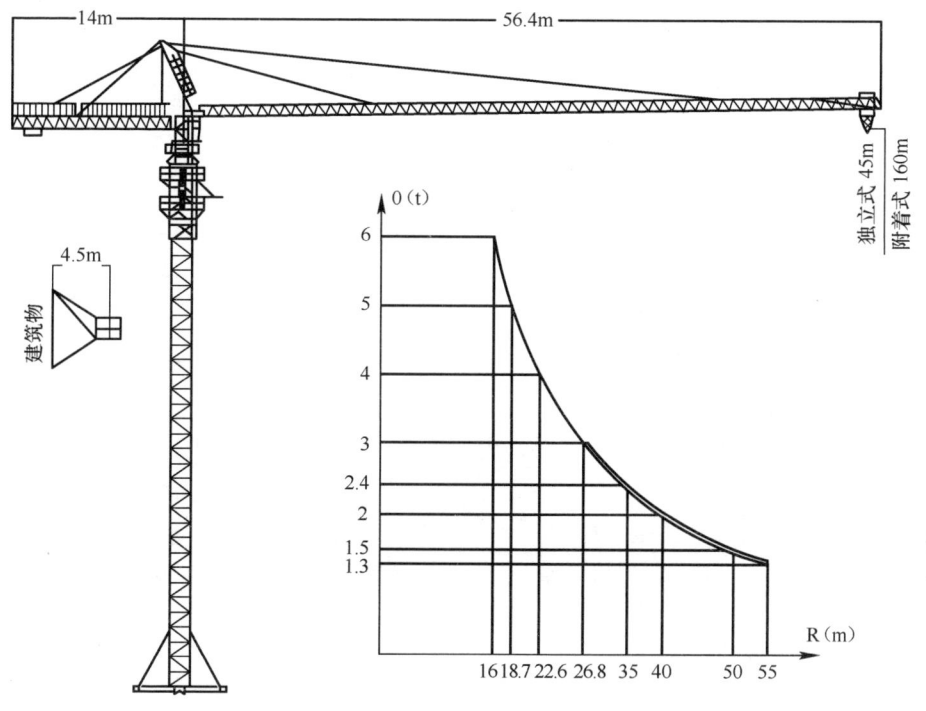

图 10-4 QTZ63 塔机的起重特性曲线

常见塔式起重机的型号及主要技术性能参数表　　　　表 10-1

| 性能参数 | | 型号 | QTZ60 | QTZ63 | QT80A | QTZ100 | F0/23B |
|---|---|---|---|---|---|---|---|
| 起重力矩（kN·m） | | | 600 | 630 | 1000 | 1000 | 1450 |
| 最大幅度（m）/起升载荷（kN） | | | 45/11.2 | 48/11.9 | 50/15 | 60/12 | 50/23 |
| 最小幅度（m）/起升载荷（kN） | | | 12.25/60 | 12.76/60 | 12.5/80 | 15/80 | 14.5/10 |
| 起升高度（m） | 附着式 | | 100 | 101 | 120 | 180 | 203 |
| | 轨道式 | | — | — | 45.5 | — | — |
| | 固定式 | | 39.5 | 41 | 45.5 | 50 | 59.8 |
| | 内爬升式 | | 160 | — | 140 | — | — |
| 工作速度（m/min） | 起升（2绳）（4绳） | | 32.7~100 16.3~50 | 12~80 6~40 | 29.5~100 14.5~50 | 10~100 5~50 | 0~100 0~50 |
| | 变幅 | | 30~60 | 22~44 | 22.5 | 34~52 | 30~60 |
| | 行走 | | — | — | 18 | — | 12.5~25 |
| 电机功率（kW） | 起升 | | 22 | 30 | 30 | 30 | 51.5 |
| | 变幅（小车） | | 4.4 | 4.5 | 3.5 | 5.5 | 4.4 |
| | 回转 | | 4.4 | 5.5 | 3.7×2 | 4×2 | 4×2 |
| | 行走 | | — | — | 7.5×2 | — | 4×3.7 |
| | 顶升 | | 5.5 | 4 | 7.5 | 7.5 | 7.5 |

续表

| 性能参数 | 型号 | QTZ60 | QTZ63 | QT80A | QTZ100 | F0/23B |
|---|---|---|---|---|---|---|
| 质量（kg） | 平衡质量 | 12900 | 4000～7000 | 10400 | 7400～11000 | 9300～16100 |
| | 压重 | 52000 | 14000 | 56000 | 26000 | 116600 |
| | 自身质量 | 33000 | 31000～32000 | 49500 | 48000～50000 | 57800～69000 |
| | 总质量 | 97900 | — | 115900 | — | — |
| 起重臂长（m） | | 35/40/45 | 48 | 50 | 60 | 50 |
| 平衡臂长（m） | | 9.5 | 14 | 11.9 | 17.01 | 11.3 |
| 轴距×轨距/(m×m) | | — | — | 5×5 | — | — |

（4）塔式起重机的构造

塔式起重机由钢结构件、工作机构、电气系统和安全保护装置，以及与外部支撑的附加设施等组成。

1）钢结构件，主要由底座、塔身基础节、塔身标准节、回转平台、回转过渡节、塔顶、起重臂、平衡臂、拉杆、司机室、附着装置等部分组成，如图10-5所示。

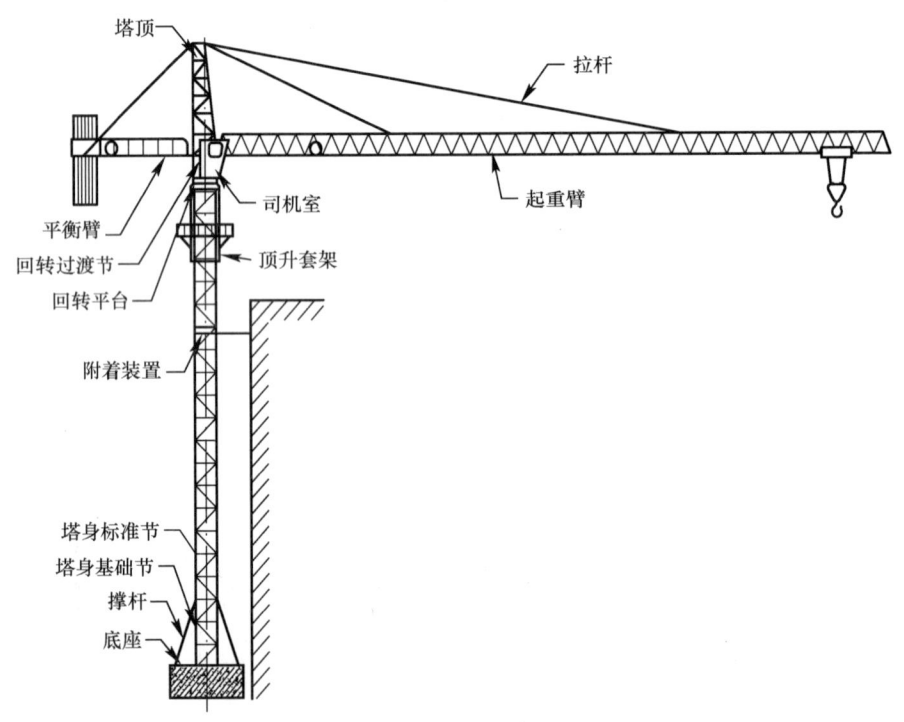

图10-5 自升式塔机各结构件名称位置示意图

2）工作机构，包括起升机构、行走机构、变幅机构、回转机构、液压顶升机构等。

3）电气系统，由驱动、控制等电气装置组成。

4）安全装置，主要包括起重量限制器、起重力矩限制器、起升高度限位器、幅度限位器、回转限位器、运行限位器、小车断绳保护装置、小车防坠落装置、抗风防滑装置、钢丝绳防脱装置、报警装置、风速仪、工作空间限制器等。主要安全装置如图10-6所示。

十、常见施工机械的工作原理、类型及技术性能

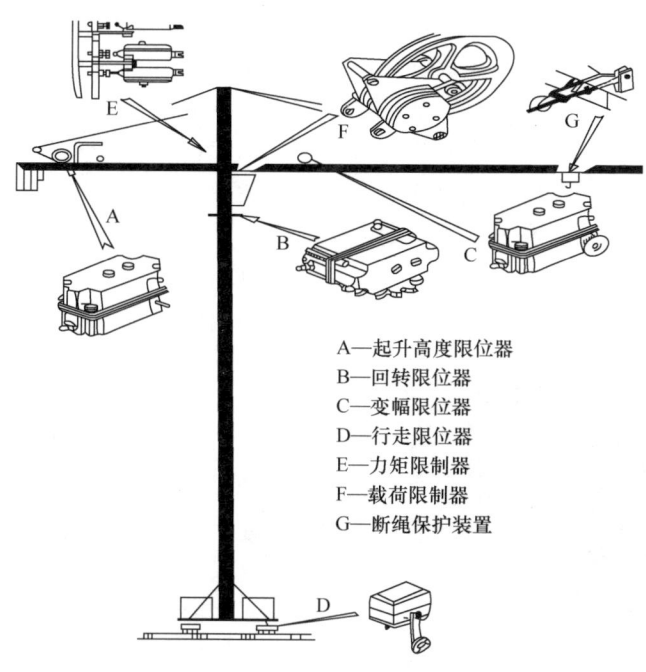

A—起升高度限位器
B—回转限位器
C—变幅限位器
D—行走限位器
E—力矩限制器
F—载荷限制器
G—断绳保护装置

图 10-6 塔式起重机安全装置示意

（5）塔式起重机的工作机构

塔式起重机的工作机构有起升机构、变幅机构、回转机构、行走机构和液压顶升机构等。

1）起升机构

起升机构通常由起升卷扬机、电气控制系统、钢丝绳、滑轮组及吊钩等组成。如图 10-7 所示。

图 10-7 起升机构

起升卷扬机是起升机构的驱动装置，由电动机、制动器、变速箱、联轴器、卷筒等组成。其工作原理是电机通电后通过联轴器带动变速箱进而带动卷筒转动，电机正转时，卷筒放出钢丝绳；电机反转时，卷筒收回钢丝绳，通过滑轮组及吊钩把重物提升或下降。

为提高塔式起重机工作效率，起升机构应有多种速度。在轻载和空钩下降以及起升高

度较大时,均要求有较高的工作速度,以提高塔式起重机的工作效率。在重载或运送大件物品以及重物高速下降至接近安装就位时,为了安全可靠和准确就位要求较低工作速度。各种不同的速度档位对应于不同的起重量,以符合重载低速、轻载高速度的要求。为防止起升机构发生超载事故,有级变速的起升机构对载荷升降过程中的换挡应有明确的规定,并设有相应的载荷限制器和高度限位置器等安全装置。而随着变频技术的应用,使起升机构可以实现无级变速,已被很多厂家采用。

2)变幅机构

塔式起重机的变幅机构由电动机、变速箱、卷筒、制动器和机架组成(见图10-8)。

塔式起重机的变幅方式基本上有两类:一类是起重臂为水平形式,载重小车沿起重臂上的轨道移动而改变幅度,称为小车变幅式;另一类是利用起重臂俯仰运动而改变臂端吊钩的幅度,称为动臂变幅式。

动臂变幅塔式起重机在臂架向下变幅时,特别是允许带载变幅时,整个起重臂与吊重一起向下运动,容易造成失速坠落的安全事故。相关标准规定:对能带载变幅的塔式起重机变幅机构应设有可靠的防止吊臂坠落的安全装置,如超速停

图10-8 变幅机构

止器等,当起重臂下降速度超过正常工作速度时,能立即制停。

水平臂塔式起重机的变幅小车牵引机构,一般采用卷扬牵引方式。对于采用蜗杆传动的小车牵引机构须安装制动器,不允许仅依靠蜗杆的自锁性能来制停。对于最大运行速度超过40m/min的小车变幅机构,为了防止载重小车和吊重在停止变幅后因惯性而继续向外滑行,造成超载事故,应设有慢速挡,在小车向外运行至起重力矩达到额定值的80%时,变幅机构应自动转换为慢速运行。

3)回转机构

塔式起重机回转机构(图10-9)由电动机、变速箱和回转小齿轮三部分组成,它的传动方式一般有两种:一种是电动机带动蜗轮蜗杆变速箱,其运动输出轴再带动小齿轮围绕大齿圈(外齿圈)转动,使塔式起重机的转台及上部分围绕其回转中心转动;另一种是电动机通过少齿差、行星齿轮减速箱或摆线针轮减速箱来带动小齿轮围绕大齿圈转动,驱动塔式起重机作回转运动。

塔式起重机回转机构具有调速和制动功能,调速系统主要有涡流制动绕线电机调速、多挡速度绕线电机调速、变频调速和电磁联轴节调速等,后两种可以实现无级调速,性能较好。

塔式起重机的起重臂较长,其侧向迎风面积较大,塔身所承受的风载产生很大的扭矩,对塔式起重机的安全运行造成威胁,所以在非工作状态下,回转机构应保证臂架能自由转动。根据这一要求,塔式起重机的回转机构一般均采用常开式制动器,即在停机或在非工作状态下,制动器应松闸,使起重臂可以随风向自由转动,臂端始终指向顺风的方向。

4）行走机构

塔式起重机行走机构作用是驱动塔式起重机沿轨道行驶，配合其他机构完成垂直运输工作。行走机构是由驱动装置和支承装置组成，包括电动机、减速箱、制动器、行走轮或者台车等（图10-10）。

图10-9　回转机构　　　　　　　　图10-10　行走机构

① 行走台车，分为有动力装置（主动）和无动力装置（从动），起重机的自重和载荷力矩通过行走轮传递给轨道。部分行走台车为了促使两个车轮同时着地行走，一般均设计均衡机构。行走台车架端部装有夹轨器，其作用是在非工作状况或安装阶段锁紧在轨道上，以保证塔式起重机的稳定安全。

② 行走支腿与底架平台（下回转塔式起重机），主要是承受塔式起重机载荷，并能保证塔式起重机在所铺设的轨道上行走自如。

底架与支腿之间的结构形式有三种：

A. 水母式，行走支腿底架销轴作水平方向灵活转动。它可在曲线轨道上行走，但在平时需用水平支撑机构相互固定。

B. 井架式，支腿与底架连成一体呈井字形。制造简便，底架上空间高度大，安放压铁较容易，但安装麻烦。底架平台上的压重有两种：一为钢筋混凝土预制，成本低；二为铸铁制成，比重大，体积小。

C. 十字架式，支腿与底架连成十字形。结构轻巧，用钢量省，占用高度空间小。缺点是用作行走时，塔式起重机不能作弯轨运行。

5）液压顶升机构

顶升系统一般由顶升套架、顶升横梁、液压站及顶升液压缸组成（图10-11）。

液压站由液压泵、液压缸、操纵阀、液压锁、油箱、滤油器、高低压管道等元件组成。液压缸活塞杆通过横梁支承在塔身上。在顶升系统的顶升套架上，设置有两层工作平台和标准节引进滑道或引进梁（图10-12）。

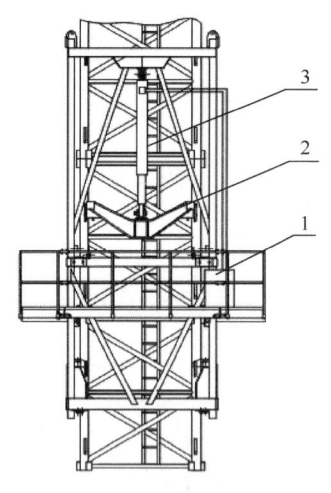

图 10-11 顶升机构　　　　　图 10-12 顶升套架工作平台
1—液压站；2—顶升横梁；3—顶升液压缸

液压顶升加节的过程是：吊运一个塔身标准节安放在摆渡小车上，移动起重臂上的平衡重，使塔身所受力矩平衡，起重臂朝向与引进轨道方位相同并加以锁定，起动液压泵站将液压缸前端顶升横梁支撑到标准节上的顶升踏步耳板圆弧槽内，确认无误后，操纵换向阀，液压缸伸出将顶升套架及其以上部分顶起，当顶起高度超过半个标准节并使顶升套架上的活动爬爪滑过一对踏步并自动复位后，停止顶升，并回缩液压缸，提起顶升横梁投入标准节上部的踏步耳板圆弧槽内，再次伸出液压缸，将套架及上部结构再次顶起，略超过半个标准节高度，此时塔身上方恰好有一个标准节的空间，将待加标准节推至塔身中心，对正后卸下引进滚轮，用高强螺栓或销轴，将标准节与塔身连接牢固。再将活塞杆支承在新加的标准节上，缩短液压缸，至此完成一个标准节的加节工作。

### 2. 施工升降机

施工升降机是一种用吊笼沿导轨架上下垂直运送人员和物料，服务于建设施工工地各层站的临时安装的建筑升降机械。其主要应用于高层和超高层建筑施工，也用于码头、高塔、桥梁等固定设施的垂直运输。

施工升降机可分为人货两用施工升降机（图 10-13）和货用施工升降机（图 10-14）两种类型。俗称的"龙门架及井架物料提升机"属于货用升降机。常用的人货两用升降机按其吊笼的驱动型式可分为齿轮齿条式和钢丝绳式两种。钢丝绳式又可分为卷筒（卷扬机）驱动和曳引轮（曳引机）驱动两种。

货用施工升降机按装载或卸载时人可否进入运载装置（吊笼或平台），分为可进人的货用升降机和不可进人的倾斜式货用升降机。

建筑施工现场常用的施工升降机是《吊笼有垂直导向的人货两用施工升降机》GB/T 26557—2021 和《货用施工升降机 第 1 部分：运载装置可进人的升降机》GB/T 10054.1—2021。

（1）齿轮齿条式施工升降机

施工升降机一般由钢结构件、传动机构、安全装置和控制系统四部分组成。

1) 钢结构件

施工升降机的钢结构件主要有导轨架、吊笼、防护围栏（图10-15）、附墙架和楼层门等。

图10-13 齿轮齿条式施工升降机

图10-14 货用施工升降机

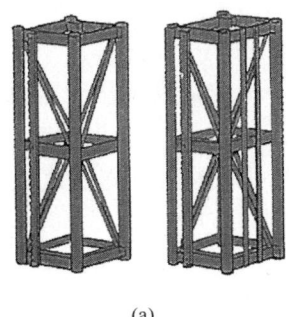 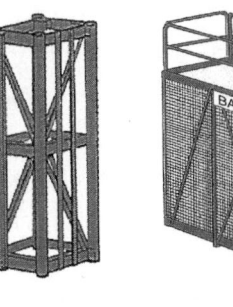 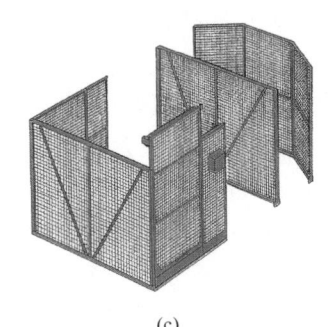

(a) (b) (c)

图10-15 施工升降机的钢结构件
(a) 导轨架；(b) 吊笼；(c) 防护围栏

① 导轨架是升降机承载人员和货物乘载系统和上、下运行的主体结构和轨道，导轨架由标准节通过高强度螺栓连接组成，并通过附着装置与建筑物连接。

② 吊笼是用型钢、钢板和钢板网等焊接而成，专门运送人员和物料。前后进出设有

单开门和双开门,一侧装有驾驶室,主要操作开关均设置在驾驶室内。吊笼上安装了导向滚轮沿导轨架运行。

③ 地面防护围栏由型钢、钢板和钢板网等焊接而成,将升降机的主机部分包围起来形成一个封闭区域,防止升降机在运行时人和物的进入。

④ 附着装置是导轨架与建筑物之间的连接部件,用以保持升降机的导轨架及整体结构的稳定。

2)传动机构

齿轮齿条式施工升降机传动机构如图 10-16 所示,导轨架上固定的齿条和吊笼上的齿轮啮合在一起,电动机通过减速器使齿轮转动,带动吊笼作上升、下降运动。齿轮齿条式施工升降机的传动机构一般有外挂式和内置式两种,按传动机构的配置数量有二传动和三传动之分(图 10-17)。

图 10-16 齿轮齿条式传动机构

图 10-17 传动机构的配置形式

为保证传动方式的安全有效,首先应保证传动齿轮和齿条的啮合。因此在齿条的背面设置二套背轮,通过调节背轮使传动齿轮和齿条的啮合间隙符合要求。另外在齿条的背面还设置了二个限位挡块,确保在紧急情况下传动齿轮不会脱离齿条。

3)安全装置

施工升降机的安全装置是由防坠安全器及各安全限位开关组成,以保证吊笼的安全正常运行。安全装置的位置如图 10-18 所示。

① 防坠安全器,是施工升降机最重要的安全装置,其作用是限制吊笼超速运行,防止吊笼坠落,保证人员设备安全,构造如图 10-19 所示。

防坠安全器在任何时候都应起作用,包括安装、拆卸和动作后重新设置之前。防坠安全器应能使装有 1.3 倍额定载荷的吊笼停止并保持停止状态。防坠器的动作速度不应大于升降机额定速度加上 0.4m/s。

② 上下行程开关,由安装在导轨架上的上下碰铁挡板来触发安装在吊笼内的上下行程开关,而使吊笼停止运行。用于控制吊笼行程。

当额定提升速度小于 0.8m/s 时,上行程开关触发后导轨架还有 1.8m 的安全距离;当额定提升速度小于 1.8m/s 时,上行程开关触发后导轨架还有 $L=1.8m+0.1V^2$ 的安全距离。

十、常见施工机械的工作原理、类型及技术性能

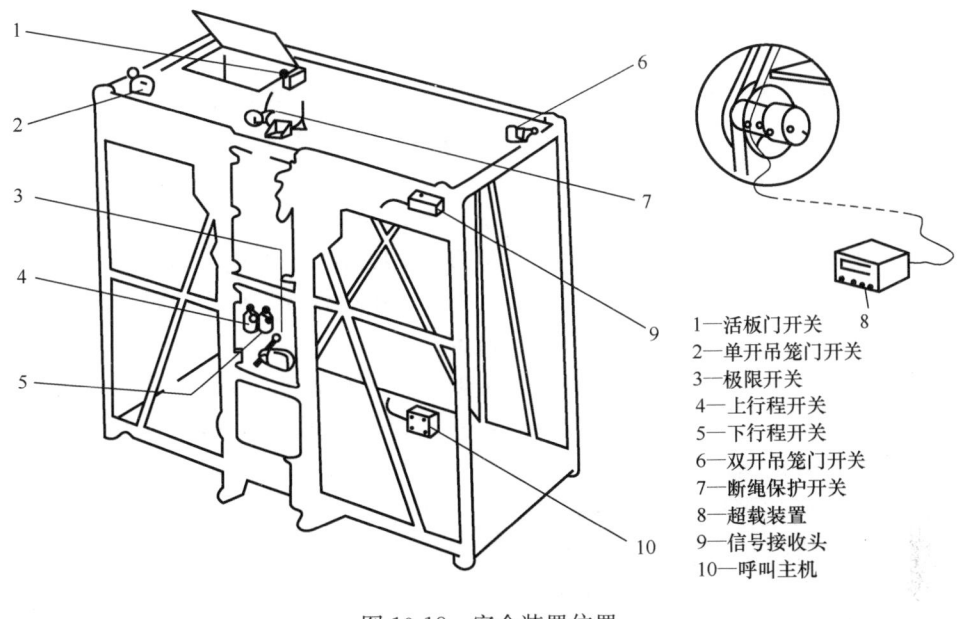

1—活板门开关
2—单开吊笼门开关
3—极限开关
4—上行程开关
5—下行程开关
6—双开吊笼门开关
7—断绳保护开关
8—超载装置
9—信号接收头
10—呼叫主机

图 10-18 安全装置位置

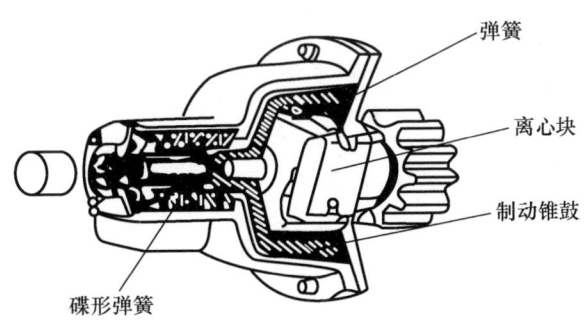

图 10-19 防坠安全器

下行程开关的安装位置应保证吊笼以额定重量下降时,触发碰铁使吊笼制停,此时触板离下极限开关还有一定行程。

③ 上下极限开关,由安装在导轨架上的上下碰铁挡板来触发安装在吊笼内的极限开关,而使吊笼停止运行,是防止上下行程开关失效后的又一道安全保护开关。

正常工作状态下,上极限开关的安装位置应保证上极限开关与上行程开关之间的越程距离为 0.15m,而下极限开关的安装位置应保证吊笼碰到地面缓冲器之前,下极限开关首先动作。

④ 吊笼门联锁开关,吊笼的单行门、双行门、顶门均安装有安全限位开关,与各门机电联锁,只有当各个门关闭后,吊笼方可运行。

⑤ 地面围栏门联锁开关,在围栏门上安装有安全限位开关,与围栏门机电联锁,只有围栏门关闭后,吊笼方可上下运行。

⑥ 防松绳开关,对于带对重的施工升降机,安装在吊笼上部对重钢丝绳一端的张力均衡装置上,是非自动复位型的防松绳开关,当钢丝绳出现的相对伸长超过允许值或断绳

时，该开关将切断控制电路，吊笼停止运行。

⑦ 安全钩，安装在吊笼2个主立柱槽钢外侧面上，防止吊笼从导轨架上倾翻坠落。

⑧ 超载检测装置，是防止施工升降机超载的保护装置，无论是笼内载荷还是笼顶部载荷，当载荷大于110%额定载荷时，超载检测装置应给出清晰的警示信号，并切断电源，阻止启动运行。

（2）钢丝绳式施工升降机

钢丝绳式施工升降机驱动机构一般采用卷扬机或曳引机，主要是货用施工升降机。工作原理是由提升钢丝绳通过导轨架顶上的导向滑轮，用设置在地面上（或导轨架下部）的卷扬机（或曳引机）使吊笼沿导轨架作上下运动。

该机型采用施工升降机标准节组成的导轨架，使用附墙杆的附着方式，安装、使用比高层井架提升机更安全可靠，其性价比比高层井架提升机更趋合理，特别适合50m左右施工高度的物料垂直运输，是适合小高层施工，替代高层井架提升机的理想产品。

（3）施工升降机主要技术性能参数

常用施工升降机型号及主要技术性能参数见表10-2。

施工升降机主要技术性能参数　　　表10-2

| 性能参数＼型号 | SC200/200TD | SCD200/200GZ | SCD200/200TD | SCD200/200 | SS150/150 |
|---|---|---|---|---|---|
| 最大提升高度（m） | 250 | 250 | 250 | 250 | 80 |
| 提升速度（m/min） | 36 | 0～63 | 36 | 36 | 22 |
| 额定载重量（kg） | 2×2000 | 2×2000 | 2×2000 | 2×2000 | 2×1500 |
| 吊杆额定载重量（kg） | 180 | 180 | 180 | 180 | — |
| 电机功率（kW） | 2×3×11 | 2×3×15 | 2×3×11 | 2×3×11 | 2×7.5 |
| 电机数量（组×台） | 2×3 | 2×2 | 2×3 | 2×2 | 2 |
| 防护等级 | IP55 | IP55 | IP55 | IP55 | IP55 |
| 额定电流（A） | 2×3×23.5 | 2×3×32.0 | 2×3×23.5 | 2×3×23.5 | — |
| 供电电压（V） | 380 | 380 | 380 | 380 | 380 |
| 限速器 | SAJ40-1.2 | SAJ40-1.2 | SAJ30-1.2 | SAJ30-1.2 | — |
| 吊笼尺寸（m） | 2.5×1.3×2.5 | 3.0×1.5×2.5 | 3.2×1.5×2.5 | 3.0×1.5×2.5 | 2.8×1.5×1.9 |
| 吊笼重量（kg） | 2×1200 | 2×1200 | 2×1200 | 2×1200 | — |
| 标准节重量（kg） | 150 | 180 | 170 | 170 | 170 |
| 标准节长度（mm） | 1508 | 1508 | 1508 | 1508 | 1508 |
| 对重重量（kg） | 无 | 2×2000 | 2×1000 | 2×1000 | — |

### 3. 物料提升机

物料提升机是指符合《龙门架及井架物料提升机安全技术规范》JGJ 88—2010 的规定，以卷扬机或曳引机为动力，由型钢组成钢结构架体，用钢丝绳通过滑轮拉动吊笼沿导轨垂直运行运载货物的机械。物料提升机结构简单，安装、拆卸方便，广泛应用于中低层房屋建筑工地中。

物料提升机额定起重量不宜超过 160kN；安装高度不宜超过 30m。当安装高度超过 30m 时，物料提升机不仅应具有起重量限制、防坠保护、停层及限位功能，还应符合下列规定：

① 吊笼应具有自动停层功能，停层后吊笼底板与停层平台的垂直高度偏差不应超过 30mm；

② 防坠安全器应为渐进式；

③ 物料提升机应具有自升降安拆功能；

④ 物料提升机应具有语音及影像信号。

(1) 物料提升机的分类

按架体形式分为龙门式（图 10-20）、井架式（图 10-21）；

图 10-20　龙门式物料提升机　　图 10-21　井架式物料提升机

按动力形式分为卷扬机式、曳引机式；按吊笼运行位置分为内吊笼式、外吊笼式；按吊篮数目分为单笼、双笼；按架体高度分为低架（提升高度≤30m）、高架（提升高度＞30m）。

(2) 物料提升机的组成

以龙门式卷扬机驱动的物料提升机为例，其主要结构有架体、吊笼、自升平台、卷扬机、电气系统及安全装置等。

1) 架体

架体包括基础底盘，标准节等构件。底盘由槽钢拼焊而成，标准节与其相连，是整个设备的支承基础，由地脚螺栓固定在与混凝土基础上。架体制作材料选用型钢或钢管，焊成格构式标准节,其断面可分为三角形、方形。

2) 吊笼

吊笼是装载物料沿提升机导轨作上下运动的部件,由型钢及连接板焊成吊笼框架,吊笼的两侧应设置安全挡板或挡网,吊笼前后进料门和卸料门,防止物料从吊篮中洒落。两侧装有导靴,吊笼横梁上安装有停靠装置,防坠安全器安装在吊笼两侧导靴上部。

3) 自升平台

自升平台是架体安装加高和拆卸的工作机构,起到提升天梁的作用。由自升操作卷筒,导向滑轮、棘轮装置以及手摇小吊杆等组成,平台的活动爬爪可手动或自动复位。天梁与自升平台为一体,由型钢焊制而成,其上设有吊笼提升钢丝绳导向滑轮,并要求安装防坠安全器。

4) 卷扬机

卷扬机是提升吊笼的动力装置,选用应满足额定牵引力、提升高度、提升速度等参数的要求,选用可逆式卷扬机,不得选用摩擦式卷扬机,卷扬机钢丝绳的第一个导向轮(地轮)与卷扬机卷筒中心的距离不应小于卷筒宽度的15~20倍。

卷筒直径与钢丝绳直径的比值不应小于30,卷筒两端的凸缘至最外层钢丝绳的距离不应小于钢丝绳直径的两倍。当吊笼处于最低位置时,卷筒上的钢丝绳不应小于3圈。卷扬机应设置防止钢丝绳脱出卷筒的保护装置,该装置与卷筒外缘的间隙不应大于3mm,并应有足够的强度。

如果是曳引机式卷扬机,曳引轮直径与钢丝绳直径的比值不应小于40,包角不宜小于150°。

5) 电气控制系统

总电源中设置短路保护及漏电保护装置,电动机的主回路设置失压及过电流保护装置。携带式控制开关控制线路电压不大于36V,其引线长度不宜大于5m。严禁采用倒顺开关作为动力设备的控制开关。现场安装应符合和现行行业标准《施工现场临时用电安全技术规范》JGJ 46—2005的规定。

6) 安全装置与防护设施

安全装置主要包括:起重量限制器、防坠安全器、安全停层装置、上限位开关、下限位开关、紧急断电开关、缓冲器及信号通信装置等。

防护设施主要包括:防护围栏、停层平台及平台门、进料口防护棚、卷扬机操作棚等。

当荷载达到额定起重量的90%时,起重量限制器应发出警示信号;当荷载达到额定起重量的110%时,起重量限制器应切断上升主电路电源。

自升平台应采用渐进式防坠安全器,自升平台的传动系统应具有自锁功能。

上限位开关:当吊笼上升至限定位置时,触发限位开关,吊笼被制停,上部越程距离不应小于3m。

制动器应采用常闭式制动器,其额定制动力矩不应低于作业时额定力矩的1.5倍,不得采用带式制动器。

(3) 物料提升机主要技术参数

SMZ150型物料提升机主要技术参数见表10-3。

SMZ150型物料提升机主要技术参数  表10-3

| 技术参数 | 单位 | 数值 |
| --- | --- | --- |
| 基本安装高度 | m | 24 |
| 附着安装高度 | m | 80 |
| 额定起重量 | kg | 1500 |
| 提升速度 | m/min | 22 |
| 吊笼尺寸（长×宽×高） | m | 3.5×1.5×1.9 |
| 卷扬机型号 | — | JK1.5 |
| 钢丝绳型号 | — | 6×37+1—12—170—右 |
| 钢丝绳长度（基本安装高度） | m | 75 |

## 4. 流动式起重机

（1）履带式起重机

履带式起重机（图10-22）是在行走的履带底盘上装有起重装置的起重机械，是自行式、全回转的一种起重机。履带式起重机的履带与地面接触面积大，平均接地比压小，故可在松软、泥泞的路面上行走，适用于地面情况恶劣的场所进行装卸和安装作业。

履带式起重机的吊臂一般是固定式桁架臂，转移作业场地时整机可通过铁路平车或公路平板拖车装运。

1）履带式起重机的构造

履带式起重机由起重臂、上平台（或转盘）、回转支承装置、底盘以及起升、回转、变幅、行走等机构和电气附属设备（或液压机构）等机构组成。除行走机构外，其余各机构等都安装在回转平台上。

图10-22 履带式起重机

① 起重臂，为多节组装桁架结构臂，调整节数后可改变长度，其下端铰装于转台前部，顶端用变幅钢丝绳滑轮组悬挂支承，可改变其倾角。

大型履带式起重机的起重臂可以在主臂顶端加装副臂，主臂与副臂组合形成一定夹角，满足更高吊装施工的需求。

② 上平台，通过回转支承安装在履带底盘上，回转支承由上、下滚道和其间的滚动件（滚球、滚柱）组成，可将上平台上的全部重量传递给底盘，并保证转台的自由转动。上平台安装有动力装置、传动系统、卷扬机、操纵机构、平衡重和操作室等。

③ 底盘，包括履带架、履带和行走机构。行走装置由履带架、驱动轮、导向轮、支重轮、托链轮和履带轮等组成。动力装置通过垂直轴、水平轴和齿轮传动使驱动轮旋转，

带动导向轮和支重轮，使整机沿履带滚动而行走。

履带式起重机的动力为柴油机，传动形式有机械传动、电力-机械传动和液压传动。

提升机构有主、副两套卷扬系统，主卷扬系统用于主臂吊重，副卷扬系统用于副臂吊重。

2) 履带式起重机的主要技术参数

① 起重量，是履带式起重机吊钩能吊起的重量，其中包括吊索、吊具及容器的重量。

履带式起重机的起重量因起重工作幅度的改变而改变，因此各机型的履带式起重机都有其本身的起重量与起重工作幅度的对应表，亦称起重特性表。通常采用起重特性表或起重性能曲线图来指导吊装作业。

② 工作幅度，是指从履带式起重机回转中心至吊钩垂直中心的水平距离，亦称回转半径或工作半径。

③ 起升高度，亦称吊钩有效高度，是从履带式起重机履带所站的基准面到吊钩支撑面的最大垂直距离。

3) 履带式起重机技术性能参数

常用履带式起重机型号及主要技术性能参数见表10-4。

**履带式起重机型号及主要技术性能参数**　　　　　表10-4

| 性能参数 | 型号 | QUY50A | QUY80A | QUY150 |
|---|---|---|---|---|
| 最大额定起重量（kg） | | 50000（主）/4000（副） | 80000 | 150000 |
| 最大起重力矩（kN·m） | | 1810 | 3400 | 9000 |
| 主臂长度（m） | | 18～52 | 13～58 | 15～80 |
| 主臂变幅角度 | | 30°～80° | 30°～80° | 30°～80° |
| 固定副臂长度（m） | | 9.0～15.0 | 9.0～18.0 | 13.0～31.0 |
| 起升机构单绳速度（m/min） | | 65 | 116/58 | 142/117 |
| 主臂变幅单绳速度（m/min） | | 52 | 54 | 30 |
| 最大回转速度（r/min） | | 1.5 | 3/1.4 | 2.3 |
| 最高行驶速度（km/h） | | 1.3 | 1.3 | 1.25 |
| 接地比压（kPa） | | 69 | 83 | 92 |
| 最大爬坡能力 | | 40° | 30° | 30° |
| 发动机 | 生产厂商 | DEUTZ | 康明斯 | 康明斯 |
| | 型号 | BF6M1013ECP | QSL-9 | QSL-300 |
| | 额定功率（kW） | 158 | 209 | 325 |
| | 额定转速（rpm） | 2200 | 2000 | 1850 |
| 外形尺寸（mm） | | 7090×3170×3050 | 9150×3480×3480 | 9750×3380×3580 |
| 整机质量（不含配重）（kg） | | 50000 | 83000 | 165000 |

(2) 汽车起重机

装在专用底盘或通用载重汽车底盘上的起重机称为汽车起重机。汽车起重机特点是：

行驶速度高，机动灵活性一般，转移迅速；采用专用或通用底盘，适宜于公路行驶；作业性能高，结构较简单；作业辅助时间少，作业高度和幅度可随时变换。

1）汽车起重机构造

汽车起重机（图10-23）主要由底盘、主起重臂、副起重臂、转台、支腿、回转机构、起升机构、变幅机构、液压系统、电器系统等组成。

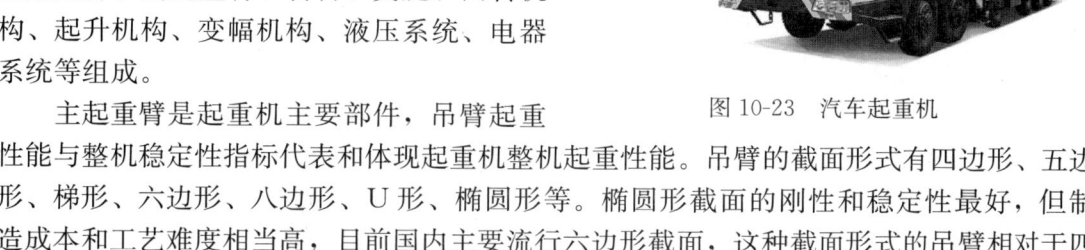

图10-23 汽车起重机

主起重臂是起重机主要部件，吊臂起重性能与整机稳定性指标代表和体现起重机整机起重性能。吊臂的截面形式有四边形、五边形、梯形、六边形、八边形、U形、椭圆形等。椭圆形截面的刚性和稳定性最好，但制造成本和工艺难度相当高，目前国内主要流行六边形截面，这种截面形式的吊臂相对于四边形的起重性能有了较大幅度的提升。

汽车起重机的主起重臂多为伸缩式，伸缩动作由伸缩油缸及同步伸缩机构完成。在吊臂组装或拆卸时，对伸缩钢丝绳的保护一定要小心谨慎，以防被挤压损伤。目前世界上最先进的伸缩臂是连锁插销式顺序伸缩臂，这种吊臂结构紧凑，各伸缩臂间隙可以很小，更有利于提高吊臂的起重性能，但吊臂的插销控制复杂，制作精度要求高。

副起重臂一般为桁架式结构，其截面有四边形和三角形两种形式。三角形截面自重更轻，但其侧向载荷能力较弱一些。副起重臂可以随挂在主起重臂的侧面，使用时将其安装到副起重臂的头部。但吨位较大的起重机一般不随挂副臂，需使用时另外安装。

支腿在起重机工作状态时起到支撑稳定作用。由固定支腿和活动支腿两部分组成，活动支腿在固定支腿中，可以通过水平油缸伸出和缩回。起重机工作前水平液压缸伸出将活动支腿推出，然后垂直液压缸伸出接触地面，将起重机支撑起离开地面。

汽车起重机的回转机构的减速机一般采用内置式行星齿轮减速机，结构紧凑，效率高，传动平稳，制动可靠，承载能力强，寿命长。回转支承作为下车和上车的连接部分，允许360°回转。

起升机构有主、副起升机构，汽车起重机根据用户需求，可以只配置主起升机构一套，也可配置主、副起升机构各一套。起升机构包括减速机、卷筒、钢丝绳和马达等。起升减速机一般采用内置式行星齿轮减速机。起升机构安装及使用时必须注意对钢丝绳的保护，并且绳头的固定必须牢固可靠，必须警惕钢丝绳发生乱绳缠绕，若有发生须及时小心处理，以免钢丝绳受损。钢丝绳损伤时必须按标准加以判断是否予以报废。特别注意起重钩的缺陷不可焊补，若表面有裂纹、破口、磨损、扭转变形、危险断面及钩筋有塑性变形等情况时，一定按标准要求进行判断是否报废。

变幅机构是通过变幅液压缸的伸缩实现吊臂角度变化。幅度指示器有外置式和电子显示式。电子显示式幅度指示器是通过力矩限制器的液晶显示屏显示吊臂的工作角度和幅度。

2）常见汽车起重机的主要技术参数

常见汽车起重机型号及主要技术性能参数见表10-5。

常见汽车起重机型号及主要技术性能参数　　表 10-5

| 性能参数 | 型号 | QY16B | QY35F | QY40F |
|---|---|---|---|---|
| 工作性能参数 | 最大额定总起重量（kg） | 16000 | 35000 | 40000 |
| | 基本臂最大起重力矩（kN·m） | 720 | 1120 | 1400 |
| | 最长主臂最大起重力矩（kN·m） | — | 490 | 500 |
| | 全伸主臂最大起升高度（m） | — | 38.05 | 39.8 |
| | 全伸主臂+副臂最大起升高度（m） | — | 46.5 | 48 |
| 行驶参数 | 最高行驶速度（km/h） | 75 | 70 | 70 |
| | 最大爬坡度（%） | 24 | 24 | 24 |
| | 最小转弯直径（m） | 20 | 22 | 22 |
| | 百公里油耗（L） | ≤35 | — | 35 |
| 尺寸参数 | 整机外形尺寸（长×宽×高）（m） | 12.11×2.5×3.25 | 13.09×2.5×3.63 | 13.56×2.5×3.58 |
| | 支腿跨距（纵×横）（m） | 4.6×5.4 | 5.4×6.6 | 5.4×6.6 |
| | 主臂长度（m） | 31.1 | 38 | 39.5 |
| | 副臂长度（m） | 8.3 | 8.5 | 8.3 |
| | 全伸主臂+副臂长度（m） | 39.4 | 46.5 | 47.8 |
| | 主臂仰角（°） | 22～79 | 22～79 | 25～80 |
| 质量参数 | 行驶状态自重（总质量）（kg） | 24000 | 35800 | 38030 |
| 底盘参数 | 型号 | | CA5365JQZ | CA5385JQZ |
| | 发动机型号 | WD415.21 | CA6DL1-29E3 | CA6DL1-29E3 |
| | 发动机功率（kW/rpm） | 155/2200 | 224/2300 | 224/2300 |
| | 发动机最大扭矩（N·m/rpm） | 820/1400 | 1150/1300-1700 | 1150/1300-1700 |

（3）轮胎起重机

轮胎起重机（图 10-24）是利用轮胎式底盘行走的动臂旋转起重机，它是把起重机构安装在加重型轮胎和轮轴组成的特制底盘上的一种全回转式起重机。其上部构造与履带式起重机基本相同。

1) 轮胎起重机构造

轮胎起重机由上车和下车两部分组成。上车为起重作业部分，设有动臂、起升机构、变幅机构、平衡重和转台等；下车为支

图 10-24　轮胎起重机

承和行走部分。上、下车之间用回转支承连接。为了保证作业时机身的稳定性，起重机设有四个可伸缩的支腿。吊重时一般需放下支腿，增大支承面，保证起重机的稳定；在平坦地面上可不用支腿进行小起重量吊装及吊物低速行驶。其特点：采用特制底盘，行驶作业共用一个驾驶室，可全轮驱动和转向，可越野行驶，行驶速度较慢，机动灵活性好，整机

尺寸小，通过性好；作业性能高，结构较复杂，价格比汽车起重机稍贵；作业辅助时间少，作业高度和幅度可随时变换。

与汽车式起重机相比其优点有：轮胎起重机轮距较宽、稳定性好、车身短、转弯半径小，可在360°范围内工作。但其行驶时对路面要求较高，行驶速度较汽车式慢，不适于在松软泥泞的地面上工作。

轮胎起重机动臂的结构形式有桁架臂和伸缩臂两种。前者用钢丝绳滑轮组变幅，臂长可折叠或接长，其长度较大；后者为多节箱形断面伸缩臂架，用液压缸伸缩和变幅。行驶状态因外形尺寸小，适应快速转移工地的需要。其基本技术参数为：起重量、起升高度、幅度、载荷力矩和整机自重。轮胎起重机的额定起重量受动臂强度和整机稳定限制，随幅度而变化，为防止超载必须装有力矩限制器。

2）轮胎起重机的主要技术参数

轮胎起重机型号及主要技术性能参数见表10-6。

**轮胎起重机型号及主要技术性能参数** 表10-6

| 性能参数 | | 型号 | RT100越野轮胎起重机 | RT60越野轮胎起重机 |
|---|---|---|---|---|
| 最大额定起重量（kg） | | | 100000 | 60000 |
| 基本臂最大起重力矩（kN·m） | | | 3500 | 2075 |
| 最长主臂最大起重力矩（kN·m） | | | 1840 | 1186 |
| 基本臂最大起升高度（m） | | | 13.2 | 11.8 |
| 主臂最大起升高度（m） | | | 48.8 | 43.9 |
| 副臂最大起升高度（m） | | | 69 | 59.1 |
| 主卷最大速度（m/min） | | | 125 | 125 |
| 副卷最大速度（m/min） | | | 125 | 125 |
| 变幅时间 | | 全程伸臂（s） | 95 | 90 |
| | | 全程缩臂（s） | 120 | 120 |
| 伸缩时间 | | 全程伸臂（s） | 150 | 110 |
| | | 全程缩臂（s） | 180 | 130 |
| 最高回转速度（r/min） | | | 2.0 | 2.0 |
| 水平支腿同时伸/缩时间（s） | | | 40/30 | 40/30 |
| 垂直支腿同时伸/缩时间（s） | | | 55/40 | 55/40 |
| 行驶性能参数 | | 最高行驶车速（km/h） | 33 | 35 |
| | | 最大爬坡度（%） | 60 | 65 |
| | | 最小转弯直径（m） | 7.5（四轮），12（两轮） | 6.1（四轮），10.5（两轮） |
| 质量参数 | | 整车整备质量（含配重）（kg） | 58900 | 48987 |
| | | 配重质量（kg） | 18000 | 9000 |

续表

| 性能参数 | | 型号 | RT100越野轮胎起重机 | RT60越野轮胎起重机 |
|---|---|---|---|---|
| 尺寸参数 | | 外形尺寸（长×宽×高）(mm) | 14900×3500×3990 | 13160×3180×3750 |
| | | 轴距（mm） | 4645 | 4000 |
| | | 轮距（mm） | 2640 | 2400 |
| | | 支腿跨距（纵/横）(mm) | 8400/8200 | 7300/7200 |
| | | 基本臂臂长（m） | 12.4 | 11.32 |
| | | 主臂臂长（m） | 48 | 43.2 |
| | | 副臂长（m） | 11.7/20.6 | 10/18.5 |
| | | 副臂安装角（°） | 0，20，40 | 0，20，40 |
| | | 吊臂最大/最小仰角（°） | 80°/23° | 80°/22° |
| 发动机 | 参数 | 型号 | 康明斯QSL8.9 | 康明斯QSB6.7-C260 |
| | | 功率/转速 | 224/2100 | 194/2200 |

## （二）高处作业吊篮

高处作业吊篮（以下简称吊篮）是采用悬挂机构架设于建筑物或构筑物上，提升机驱动悬吊平台通过钢丝绳沿立面上下运行的一种悬挂设备。由于安装、拆卸方便，能代替传统的脚手架进行高层建筑的外墙施工、装饰、清洗与维修和旧楼改造，是一种效率高、功能多的高处作业专用设备。

吊篮主要由悬挂机构、悬吊平台、提升机、电气控制系统、安全保护装置、工作钢丝绳和安全钢丝绳组成，如图10-25所示。

### 1．悬挂机构

悬挂机构是吊篮的基础结构件。其作用是通过悬挂在其端部的钢丝绳承受悬吊平台升空作业时的全部自重、工作载荷和风载荷等所有悬吊载荷。

由于建筑物或构筑物的顶部或某些用于架设悬挂机构的层面的结构、空间和形状各异，所以吊篮的悬挂机构类型较多。尽管类型不同，但吊篮悬挂机构具有的共同特点是：便于拆装组合；单件重量较轻（一般不超过50kg）；具有伸缩或可调节性。

按力矩平衡方式不同，吊篮悬挂机构大致分为附着式和杠杆式两大类型。

（1）附着式悬挂机构

附着式悬挂机构的特点是：悬挂机构附着在建筑物或构筑物的女儿墙、檐口或某些承重的结构上。悬吊所产生的倾翻力矩，全部或部分靠被附着的建筑结构所平衡。

其优点是：结构简单，零件数量少，不需大量配重块，机动性好。但其适用范围较窄，使用的限制条件较多，例如：必须对被附着的结构的强度充分了解；被附着的结构要求比较规则。图10-26所示为两种较常见的附着式悬挂机构。

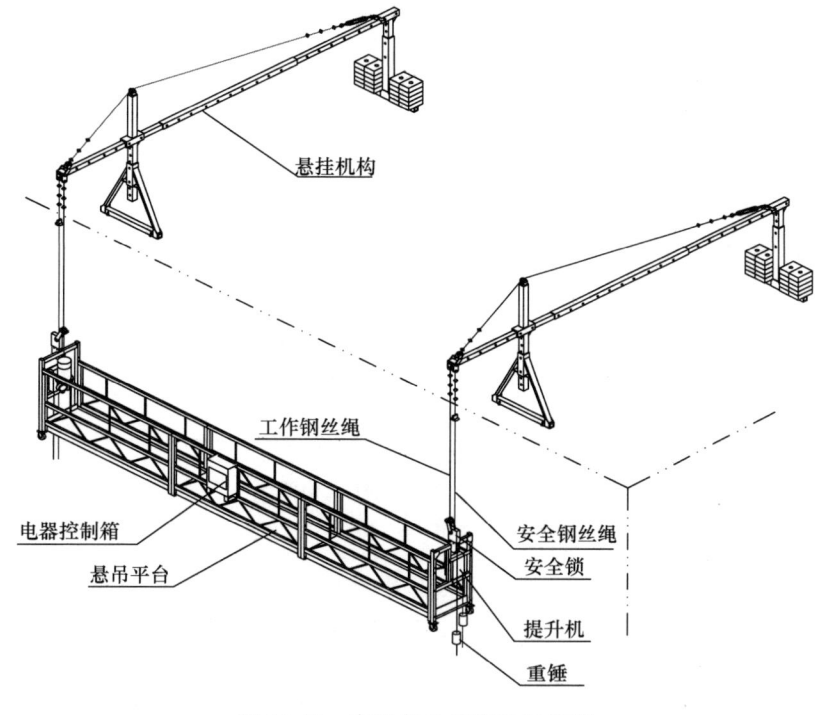

图 10-25 高处作业吊篮构造简图

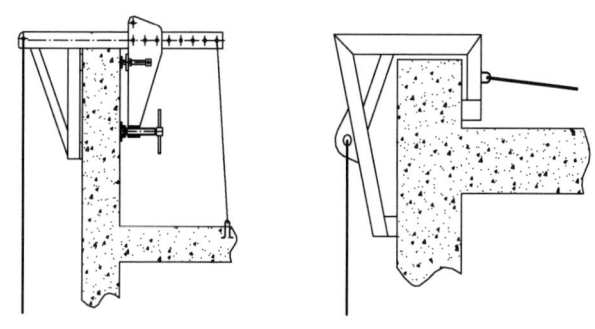

图 10-26 附着式悬挂机构简图

（2）杠杆式悬挂机构

杠杆式悬挂机构的倾翻力矩全部靠本身结构进行平衡。其优点是：适用范围宽，对安装现场无特殊要求，目前在吊篮上应用最为广泛。图 10-27 为最典型的杠杆式悬挂机构。

横梁 1 由前梁、中梁和后梁组合而成。三段梁均采用薄壁矩形管材套接成整体，前、后梁均可伸缩，以便组成不同的外伸长度 $L$ 和不同的支承距离 $B$，来适应建筑物的不同需求。

前支架 2、后支架 3 都分为上下两段。一般也采用薄壁矩形管材套接成整体，并且可以伸缩，改变支架高度，以适应不同高度的女儿墙。支架上端与横梁采用销轴或螺栓连接。有的在支架下端横撑上设置脚轮，便于悬挂机构整体平移。有的还设置可调支腿，使支架落地平稳可靠。

后支架 3 的横撑上焊有数根立管，用于固定配重。

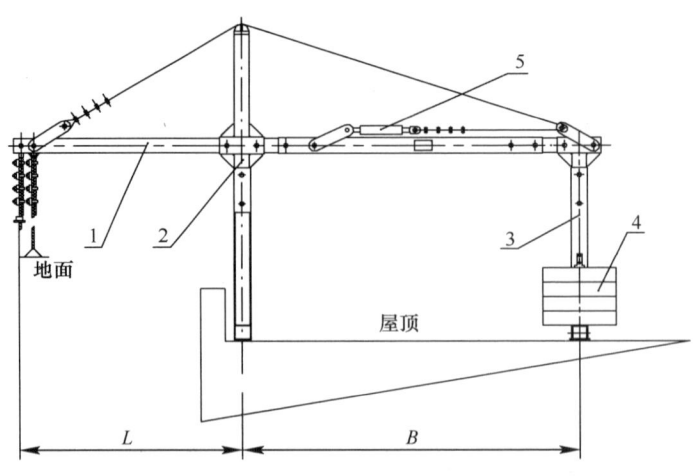

图 10-27 杠杆式悬挂机构简图
1—横梁；2—前支架；3—后支架；4—配重；5—加强钢丝绳张紧机构

配重 4 安装在后支架横撑上。其作用就是平衡作用在悬挂机构上的倾翻力矩。其材料一般采用铸铁、特制高强混凝土或外包铁皮混凝土。每块配重的重量为 20kg 或 25kg，便于搬运和装卸。

加强钢丝绳张紧机构 5 由加强绳、立柱和索具螺旋扣（俗称花篮螺栓）组成。其作用是增强横梁承载能力，改善横梁受力状况，减小横梁截面尺寸和自重。

## 2. 悬吊平台

悬吊平台是用于搭载作业人员、工具和材料进行高处作业的悬挂装置。

最常见的悬吊平台底板呈长方形，四周设置围栏。配置二组吊架与二套提升机和安全锁采用螺栓连接。吊架一般设置在悬吊平台两端（图 10-28）。

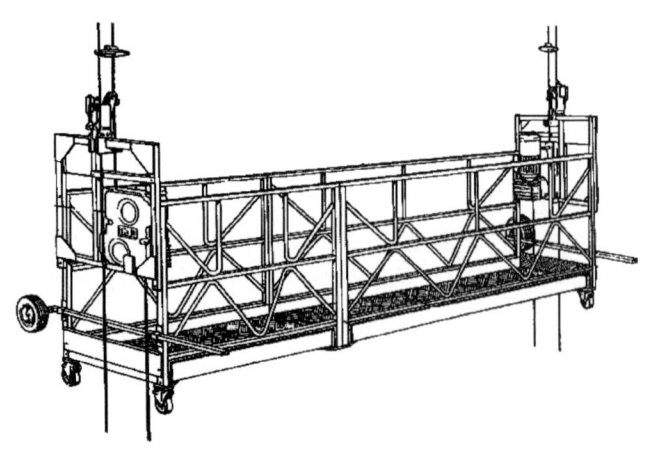

图 10-28 吊架在两端的普通悬吊平台

也有少数吊篮的吊架设置在悬吊平台中间（图 10-29）。两种吊架设置各有所长，前者，吊架结构简单，重量轻；后者，使悬吊平台受力合理，适用于长度较大的悬吊平台。

悬吊平台按材质可分为铝合金和钢结构。根据作业功能、作业部位等可制成多种不同的形式。悬吊平台一般由一至三个基本节及两端的提升机安装架拼装而成。基本节由前、后护栏及底板组成，如图 10-30 所示。

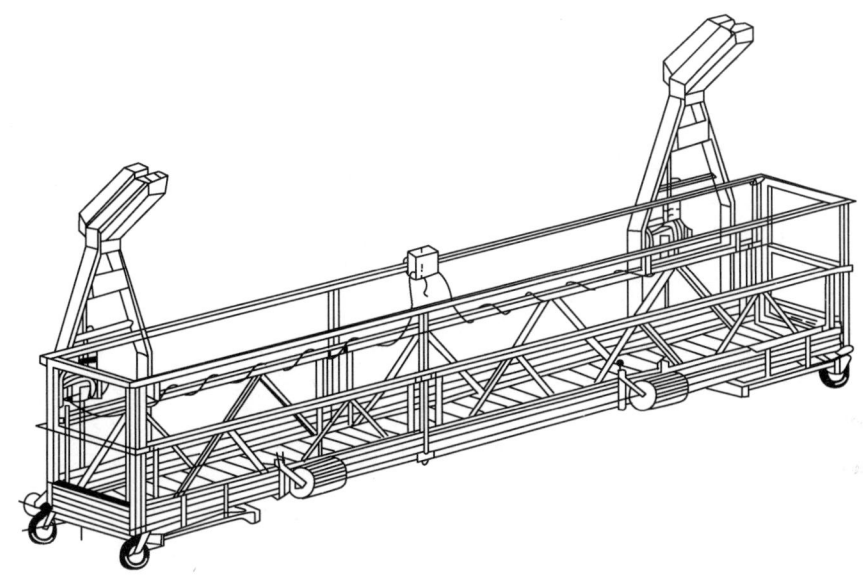

图 10-29　吊架在中间的悬吊平台

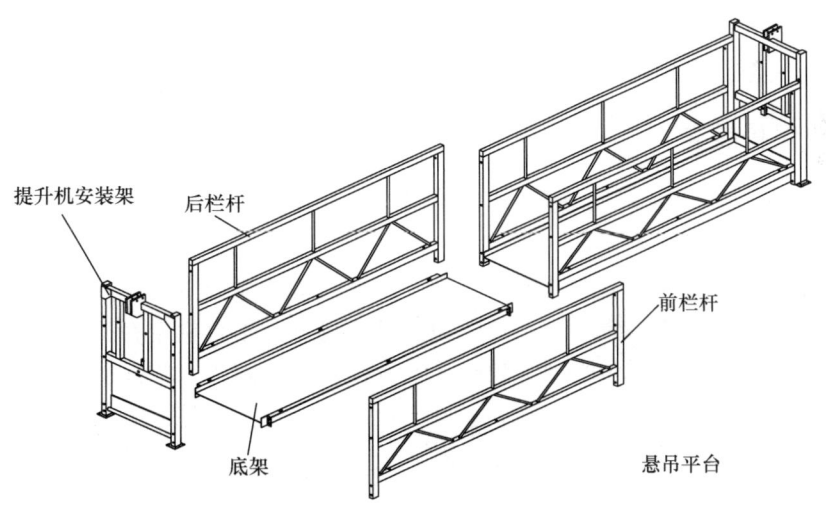

图 10-30　悬吊平台示意图

### 3. 提升机

提升机是吊篮的动力装置，其作用是为悬吊平台上下运行提供动力，并且使悬吊平台能够停止在作业范围内的任意高度位置上。

### 4. 电气控制系统

电气控制系统由电器控制箱、电磁制动电机、上限位开关和手握开关等组成，如图

10-31 所示。在电气控制箱上设有上、下操作按钮、转换开关和"急停"按钮，并设有操作手柄。操作电压通常为 24～36V。

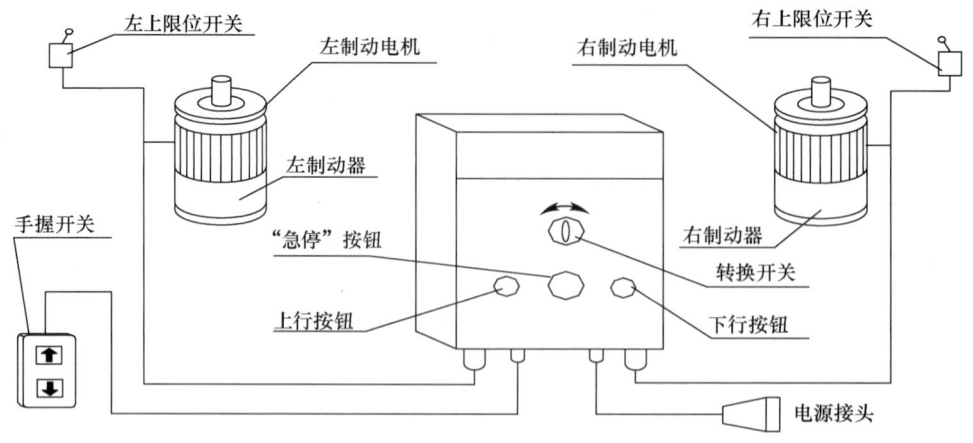

图 10-31　电气控制系统

操作控制电路由控制变压器转换成 24～36V 低压电控制，操作安全、方便。工作时，可在电器箱上操作，也可通过手握开关进行操作。电机可同时运行，也可以单独运行，只需转动电器箱面板上的转换开关即可实现操作转换。当转换开关转至一侧时，即可实现单机运行。

在悬吊平台工作区域的上限位置设置上限位块。上限位行程开关触及上限位块后，电机停止运行，报警铃响。此时悬吊平台只能往下运行。

### 5. 安全保护装置

吊篮的安全装置有安全锁、限位装置、限速器和超载保护装置。

（1）安全锁

安全锁是保证吊篮安全工作的重要部件。当提升机故障或工作钢丝绳断裂，悬吊平台发生超速下滑、倾斜等意外情况时，安全锁能迅速将悬吊平台锁定在安全钢丝绳上。根据工作特性可分为离心限速式和摆臂防倾式。安全锁构造如图 10-32 所示。

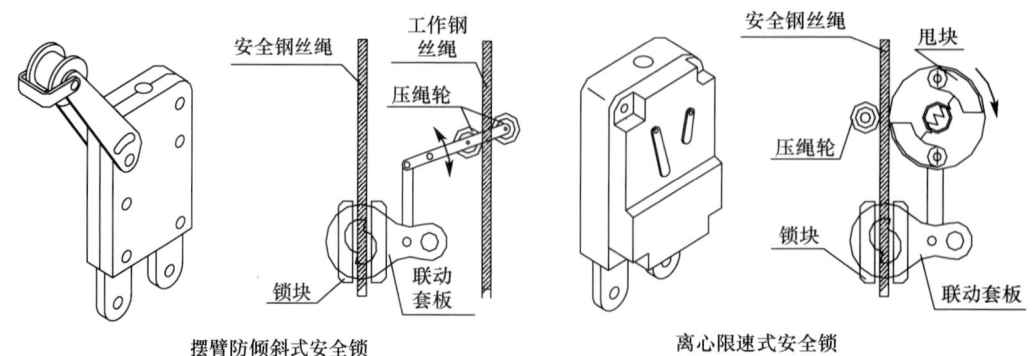

图 10-32　安全锁构造示意图

（2）限位装置

限位装置分为上、下限位装置，一般安装在悬吊平台两端顶部和底部工作钢丝绳附近。限位装置的作用是当悬吊平台到达预设极限位置时可断开运行电路，使悬吊平台停止上升或下降。此时应将悬吊平台及时脱离极限位置。

（3）限速器

提升机电动机输出轴端装有离心限速器，限制下降速度不大于1.5倍的额定速度。

### 6. 钢丝绳

钢丝绳是承受悬吊平台全部载荷的主要受力构件，吊篮悬吊平台两端各设置一组工作钢丝绳和安全钢丝绳。工作钢丝绳的作用是牵引悬吊平台升降并且承受悬吊平台悬空作业的全部载荷。安全钢丝绳的作用是与安全锁配套，对吊篮起安全保护作用。

常用 ZLP 系列高处作业吊篮主要技术参数见表 10-7。

ZLP 系列高处作业吊篮主要技术参数　　　表 10-7

| 性能参数 | | | 型号 | ZLP800 | ZLP630 |
|---|---|---|---|---|---|
| | | 额定重量（kg） | | 800 | 630 |
| | | 升降速度（m/min） | | 8～10 | 8～10 |
| | | 悬吊平台长度尺寸（m） | | 7.5 | 5 |
| | | 钢丝绳（mm） | | 特制钢丝绳 $\phi 8.6$ | 特制钢丝绳 $\phi 8.6$ |
| 提升机 | | 额定提升力 | | 7.84 | 6.17 |
| | 电动机 | 型号 | | YEJ100L-4 | YEJ90L-4 |
| | | 功率（kW） | | 2.2 | 1.5 |
| | | 电压（V） | | 380 | 380 |
| | | 转速（rpm） | | 1420 | 1420 |
| | | 制动力矩（kN） | | 15 | 15 |
| 安全锁 | | 允许冲击力（kN） | | 30 | 30 |
| | | 倾斜锁绳角度（°） | | 3～8 | 3～8 |
| 悬挂机构 | | 前梁升出长度（m） | | 1.3～1.5 | 1.3～1.5 |
| | | 支架调节高度（m） | | 1.44～2.14 | 1.44～2.14 |
| 重量 | | 悬吊平台（kg） | | 562 | 440 |
| | | 悬挂机构（kg） | | 336 | 36 |
| | | 配重（kg） | | 1000 | 800 |
| | | 整机（kg） | | 2010 | 1650 |

## （三）土石方机械

### 1. 挖掘机

挖掘机是用来进行土方开挖的一种建筑机械，具有挖掘能力强、构造通用性好、效率高、产量大、用途广的特点，在建筑与市政工程施工中承担基础开挖等作业。

挖掘机按作业特点分为间歇重复循环作业式和连续性作业式两种，前者为单斗挖掘机，每一个工作循环包括：挖掘、回转、卸料和返回四个过程；后者为多斗挖掘机。在建筑与市政工程中多采用单斗挖掘机，本节着重介绍单斗挖掘机。

（1）单斗挖掘机的类型

按传动形式分为液压式挖掘机和机械式挖掘机。

液压式挖掘机的挖土动作主要靠挖掘机动臂、斗杆、铲斗的自重和各工作液压缸的推动力，因此，液压挖掘机具有挖掘力大、动作平稳、作业效率高、结构紧凑、操纵轻便、更换工作装置容易等特点。机械式挖掘机主要应用在矿山开采。

按工作装置形式分为反铲挖掘机（图10-33）、正铲挖掘机（图10-34）；

图 10-33 反铲挖掘机

图 10-34 正铲挖掘机

图 10-35 轮胎式挖掘机

反铲是中小型液压挖掘机的主要工作装置形式，主要用于基坑开挖等停机面以下的土方工程，也可以挖掘停机面以上的土方工程。工作时后退向下，强制切土，其挖掘力较正铲小，可挖掘Ⅰ～Ⅱ级土。

正铲挖掘机主要用于挖掘停机面以上的工作面。由于液压挖掘机正铲的动臂摆幅能够变化，因此也能挖掘停机面以下工作面的土层或矿石。工作时前进向上，强制切土，其挖掘力大，可直接挖掘Ⅰ～Ⅳ级土和松散的岩石、砾石等土层、石料施工作业。

按行走装置形式分为履带式、轮胎式（见图 10-35）和步履式。

（2）单斗反铲挖掘机的构造

图 10-36 所示为反铲单斗挖掘机的总体构造简图。单斗挖掘机主要由发动机、工作装置、回转装置、行走装置、液压系统、电气系统和操作系统等组成。

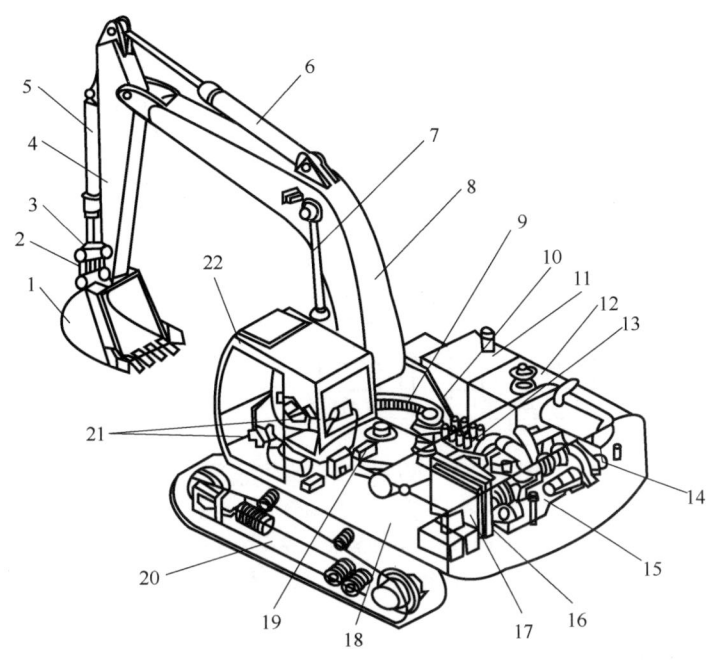

图 10-36　反铲单斗挖掘机的总体构造简图

1—铲斗；2—连杆；3—摇杆；4—斗杆；5—铲斗液压缸；6—斗杆液压缸；7—动臂液压缸；8—动臂；9—回转支撑；10—回转驱动装置；11—燃油箱；12—液压油箱；13—液控多路阀；14—液压泵；15—发动机；16—水箱；17—液压油冷却器；18—平台；19—中央回转接头；20—行走装置；21—操作系统；22—驾驶室

1）发动机：整机的动力源，多采用柴油机。

2）工作装置：单斗挖掘机工作装置由动臂、斗杆、铲斗组成。动臂是工作装置的主要构件，斗杆的结构形式取决于动臂的结构形式，反铲动臂可分为整体式和组合式两种。整体式动臂有直动臂和弯动臂两种。直动臂构造简单、轻巧、布置紧凑，主要用于悬挂式挖掘机。组合式动臂由上下两节或多节组成，其工作尺寸和挖掘力可根据作业条件的变化进行调整。

3）回转装置：回转装置由回转平台和回转机构组成。回转装置使回转平台上的工作装置回转，以便进行挖掘和卸料。

4）行走装置：支承全机质量并执行行驶任务，有履带式、轮胎式与汽车式等。

5）操作系统：操纵工作装置、回转装置和行走装置，有机械式、液压式、气压式及复合式等。

图 10-37 为液压挖掘机传动示意图，液压挖掘机是采用液压传动装置来传递动力，它由液压泵、液压马达、液压缸、控制阀以及各种液压管路等液压元件组成。

（3）单斗反铲挖掘机的技术性能参数

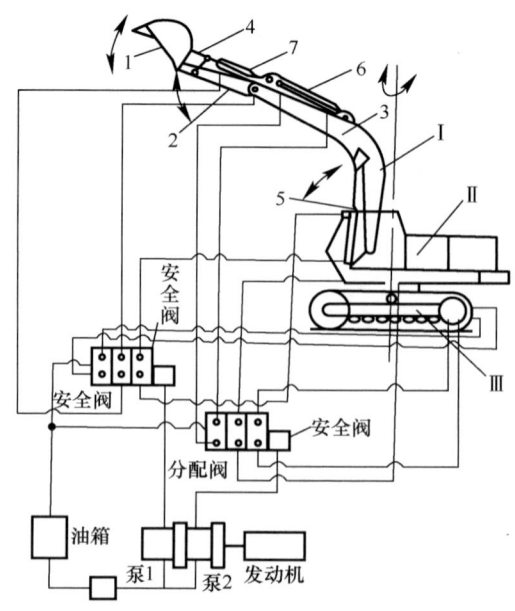

图 10-37　液压挖掘机传动示意图

1—铲斗；2—斗杆；3—动臂；4—连杆；

5、6、7—液压缸；Ⅰ—挖掘装置；

Ⅱ—回转装置；Ⅲ—行走装置

某企业生产的单斗液压反铲挖掘机的型号及技术性能参数见表 10-8。

单斗液压反铲挖掘机的型号及技术性能参数　　　　表 10-8

| 性能参数＼型号 | GC88 | JCM922D | JCM933D |
| --- | --- | --- | --- |
| 斗杆类型（mm） | 1750 | 2925 | 3186 |
| 总长（mm） | 6535 | 9548 | 11172 |
| 接地长度（运输时）（mm） | 4490 | 4997 | 5823 |
| 总高（至动臂顶部）（mm） | 2603 | 3073 | 3311 |
| 总宽（mm） | 2300 | 2880 | 3300 |
| 总高（至驾驶室顶部）（mm） | 2705 | 2977 | 3125 |
| 最小离地间隙（mm） | 365 | 470 | 532 |
| 尾部回转半径（mm） | 1950 | 2905 | 3438 |
| 轮距（mm） | 2285 | 3450 | 4030 |
| 履带长度（mm） | 2910 | 4237 | 4932 |
| 轨距（mm） | 1850 | 2280 | 2600 |
| 履带宽度（mm） | 2300 | 2880 | 3300 |
| 履带板宽度（mm） | 450 | 600 | 700 |
| 最大挖掘高度（mm） | 7213 | 9281 | 10125 |
| 最大卸载高度（mm） | 5054 | 6480 | 7082 |
| 最大挖掘深度（mm） | 4250 | 6605 | 7340 |

续表

| 性能参数 \ 型号 | GC88 | JCM922D | JCM933D |
|---|---|---|---|
| 最大垂直挖掘深度（mm） | 3977 | 5735 | 7010 |
| 最大挖掘距离（mm） | 6706 | 9845 | 11084 |
| 地平面的最大挖掘距离（mm） | 6566 | 9671 | 10886 |
| 工作装置最小回转半径（mm） | 2148 | 3500 | 4335 |
| 发动机 | | | |
| 型号 | 洋马 4TNV98-SFN | 康明斯 B5.9-C | 康明斯 6C8.3 |
| 形式 | 4缸、直列、水冷、增压 | 水冷、6缸直列式、涡轮增压、空空中冷 | 水冷、6缸直列式、涡轮增压、空空中冷 |
| 缸数×缸径×行程（mm） | 4×98×110 | 6×102×120 | 6×114×134.9 |
| 排量（L） | 3.319 | 5.9 | 8.3 |
| 额定功率（kW/rpm） | 53.1/2200 | 112/1950 | 186/2200 |
| 液压系统 | | | |
| 液压泵形式 | 1个变量柱塞泵 | 变量双联柱塞泵 | 变量双联柱塞泵 |
| 额定工作流量（L/min） | 220 | 2×208 | 2×265 |
| 行走回路压力（MPa） | 27.5 | 31.9/34.3 | 31.9/34.3 |
| 回转回路压力（MPa） | 23.5 | 25.5 | 27.5 |
| 控制回路压力（MPa） | 3.5 | 3.9 | 3.9 |
| 铲斗 | | | |
| 铲斗容量（m³） | 0.35 | 1.0 | 1.43 |
| 铲斗宽度（mm） | 827 | 1310 | 1430 |
| 回转系统 | | | |
| 回转速度（r/min） | 12 | 11.9（max） | 11.5 |
| 制动类型 | 压力释放机械制动 | 压力释放机械制动 | 压力释放机械制动 |
| 挖掘力 | | | |
| 斗杆挖掘力（kN） | 40.5 | 92.5/99.5 | 142.8/153.5 |
| 铲斗挖掘力（kN） | 61 | 115/124 | 168.1/181 |
| 操作重量和接地比压 | | | |
| 操作重量（kg） | 8700 | 21600 | 32900 |
| 接地比压（kPa） | 38 | 47 | 52.9 |
| 行走系统 | | | |
| 行走马达 | 轴向变量柱塞马达 | 轴向变量柱塞马达 | 轴向变量柱塞马达 |
| 履带板数量 | 2×40 | 2×47 | 2×48 |
| 行走速度（km/h） | 3.1/5.0 | 3.3/5.4 | 2.95/5.04 |
| 牵引力（kN） | 65.3 | 201（max） | 284 |
| 爬坡能力 | 70%（35°） | 70%（35°） | 70%（35°） |
| 支重轮数量 | 2×6 | 2×8 | 2×9 |
| 拖链轮数量 | 2×1 | 2×2 | 2×2 |

## 2. 铲运机

铲运机是一种利用装在前后轮轴或左右履带之间的铲运斗铲削土壤,并将碎土装入铲斗进行运送的铲土运输机械,可以独立地完成铲土、装土、运土、卸土(包括铺平和碾压)等工序。主要用于开挖土方、填筑路堤、开挖河道、修筑堤坝、挖掘基坑、平整场地、土层剥离等工作。特别适合于有大量土方的场地平整和大面积基坑填挖的工程。但铲运机不适合用于土壤中含有石块、杂物的场合和深挖掘的作业。

铲运机的经济运距与行驶道路、地面条件、坡度等有关,故一般适于中等距离运土(拖式铲运机用履带式机械牵引的经济运距为500m以内,自行式轮胎铲运机的经济运距为800～1500m范围内)。

(1) 铲运机的分类

铲运机可分为以下几种类型:

1) 按牵引车与铲运斗组装方式分类

① 拖式铲运机

牵引车可以是履带式或轮胎式拖拉机。履带式的工作距离一般为500m以内;轮胎式的工作距离可达2000～3000m,但牵引力比同等功率的履带式牵引车小,如图10-38(a)、(b)所示。

② 自行式铲运机

牵引车与铲运斗组成统一的机体,二者不可分离,绝大多数为轮胎式。其行驶速度高,机动灵活,生产率高。自行式铲运机铲斗容量为$7～9m^3$,由铲斗车和低压轮胎单轴牵引车两部分组成,采用液力变矩器、液压换挡行星轮变速箱、液压转向和车轮蹄式内胀式气制动,如图10-38(c)所示。

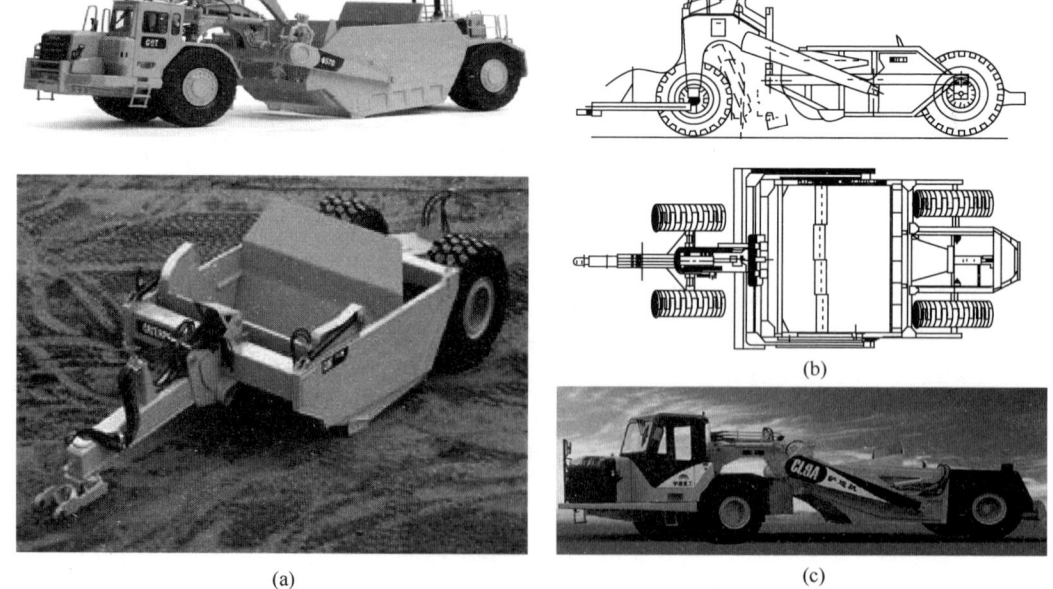

图10-38 按牵引车与铲运斗组装方式分类
(a) 拖式铲运机;(b) 拖式铲运机结构示意;(c) 自行式轮胎铲运机

2）按牵引车和动力传递方式分类

铲运机根据牵引车和动力传递方式，又可分为机械传动、液力机械传动、电力传动和静液压传动等，其中以液力机械传动应用较广，机械式传动在老机型上使用得较多，电力传动仅使用在少数大型铲运机上，而静液压传动则使用在少数小型铲运机上。

3）按铲运机的卸土方式分类

铲运机按卸土方式分类又可分为强制式、半强制式和自由式等。

强制式铲运机是用可移动的铲斗后壁将斗内的土强行推出，卸土效果好，适用于大部分施工场合。

半强制式铲运机是铲斗后壁与斗底成一整体，能绕前边铰接点向前旋转，将土倒出，适用于一般施工场合。

自由式铲运机卸土时将铲斗倾抖，土靠自重倒出，适用于小型铲运机。

4）按铲斗容量大小分类

铲斗少于 $6m^3$ 为小型，$6\sim15m^3$ 为中型，$15m^3$ 以上为大型。斗容量是按堆装几何体积计量的，尖装时可多装约 1/3 以上。

（2）铲运机的型号含义

1）轮胎式铲运机

以型号 CL-7 为例：C—铲运机，L—轮胎式，7—铲斗容积（$m^3$）。

2）拖式铲运机

以型号 CTY-9 为例：C—铲运机，T—拖式，Y—液压操纵，9—铲斗容量（$m^3$）。

（3）铲运机的施工选择

1）根据土的性质

① Ⅰ、Ⅱ类土时，各型铲运机都能适用；Ⅲ类土时，应选择大功率的液压式铲运机；Ⅳ类土时，应预先进行翻松。

② 当土的含水率在 25％ 以下时，最适宜用铲运机施工；当土的湿度较大时，应选择强制式或半强制式卸土的铲运机。

2）根据运土距离

运距小于 70m 时，使用铲运机不经济，应采用推土机施工。

运距在 70～300m 时，可采用斗容在 $4m^3$ 以下的拖式铲运机施工。

运距在 800m 以内时，可采用 $6\sim9m^3$ 拖式铲运机施工。

运距大于 800m 时，应采用自行式铲运机。

（4）铲运机主要技术性能参数（表 10-9）

铲运机主要技术性能参数（摘要） 表 10-9

| 产品名称 | 液压拖式铲运机 | 自行拖式铲运机 | 液压拖式铲运机 | 液压拖式铲运机 |
|---|---|---|---|---|
| 型号 | CTY-TZ5 | CTY8 | CTY613G | CTY13 |
| 铲斗容量（$m^3$） | 4.0 | 8.0 | 8.4 | 13.0 |
| 切土宽度（mm） | 2000 | 2700 | 2435 | 2680 |
| 最大切土深度（mm） | 250 | 300 | 260 | 300 |
| 最小转弯半径（mm） | 3850 | 4100 | 4500 | 4500 |

续表

| 产品名称 | 液压拖式铲运机 | 自行拖式铲运机 | 液压拖式铲运机 | 液压拖式铲运机 |
| --- | --- | --- | --- | --- |
| 最小离地间隙（mm） | 250 | 275 | 450 | 300 |
| 液压系统压力（MPa） | 12 | 14 | 15 | 20 |
| 发动机功率（kW） | ～75 | ～110 | ～120 | ～150 |
| 外形尺寸（mm） | 6500×2850×2550 | 9000×3115×2530 | 12400×3440×3180 | 10000×3155×3120 |
| 整机重量（kg） | 3550 | 9000 | 12870 | 11000 |

### 3. 装载机

装载机（图10-39）是用机身前端的铲斗进行铲、装、运、卸作业的施工机械。它是一种通过安装在前端的铲斗支撑结构和连杆，随机身向前运动进行装载或挖掘，也可以进行提升、运输和卸载作业，行走采用履带或轮胎。它利用牵引力和工作装置产生的掘起力进行工作，用于装卸松散物料，并可完成短距离运土，是建筑与市政工程施工中应用较为广泛的机械。

图10-39 轮胎式装载机

装载机的工作装置由连杆机构组成，常用的连杆机构有正转六连杆机构、正转八连杆机构和反转六连杆机构，如图10-40所示。

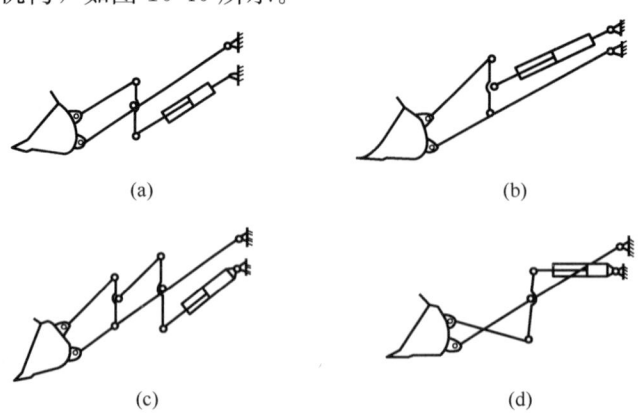

图10-40 常用的铲斗工作装置连杆机构
（a）、(b) 正转六连杆机构；(c) 正转八连杆机构；(d) 反转六连杆机构

我国 ZL 系列轮式装载机的工作装置则多数采用反转 Z 型六连杆机构。反转六连杆转斗机构由铲斗、动臂、摇臂、连杆、转斗液压缸和动臂液压缸等组成。

图 10-41 所示装载机工作装置由动臂 5、铲斗 1、摇臂 3 和连杆 2 等零件组成。动臂 5 的后端通过动臂销与前车架相连，前端安装有铲斗 1，中部与动臂液压缸 4 相连接。当动臂液压缸 4 收缩时，动臂 5 绕其后端销转动，实现铲斗 1 的提升或下降。摇臂 3 的中部和动臂 5 相连，两端分别与连杆 2 和转斗液压缸 6 相连。当转斗液压缸 6 伸缩时，摇臂 3 绕其中间支撑点转动，通过连杆 2 使铲斗 1 上转或下翻。工作装置是装载机的主要工作部分之一，也是主要的承重部件。装载机的装载工作主要依靠工作装置来完成，与左右动臂相连的动臂液压缸用来完成升降臂作业，与摇臂相连的转斗液压缸用来完成翻斗作业。

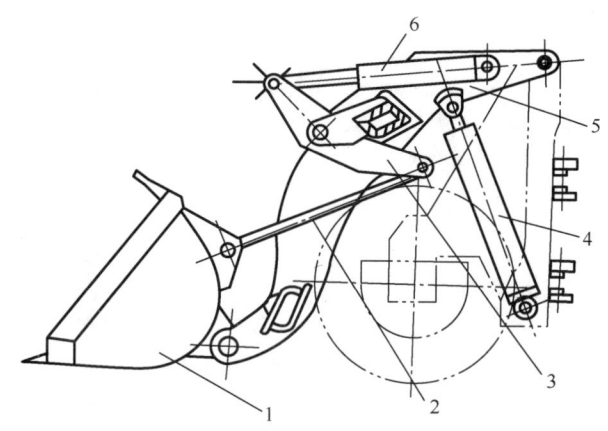

图 10-41 轮胎式装载机工作装置
1—铲斗；2—连杆；3—摇臂；4—动臂液压缸；5—动臂；6—转斗液压缸

在装载机进行作业时，工作装置应能保证：当转斗液压缸闭锁，动臂举升或降落时，连杆机构能使铲斗上下平动或接近平动，以免铲斗倾斜而洒落物料；当动臂处在任何位置，铲斗绕动臂铰点转动进行卸料时，其卸料角不小于 $45°$，在最高位置卸料后，当动臂下降时，又能使铲斗自动放平。

(1) 装载机的分类

1) 按行走方式分类

① 履带式：接地比压低，牵引力大，但行驶速度慢，转移不灵活。履带式装载机的特点是履带有良好的附着性能，铲取原状土和砂砾的速度较快，挖掘能力强，操作简便；但其最大缺点就是行驶速度慢，转移场地不方便，故实际使用较少。

② 轮胎式：行驶速度快，机动灵活，可在城市道路行驶，使用方便。轮胎式装载机显著的优点是行驶速度快，机动性能好，转移工作场地方便，并可在短距离内自铲自运、它不仅能用于装卸土方，还可以推送土方；其缺点是在潮湿地面作业易于打滑，铲取紧密的原状土壤较难，轮胎磨损较快。

2) 按机身结构分类

① 整体式结构：转弯半径大，但行驶速度快。

② 铰接式结构：转弯半径小，可在狭窄地方工作。

国产 ZL 系列轮式装载机多数采用铰接式结构。目前使用较多的是轮胎式、机架铰接、铲斗非回转型式的装载机。

3）按传动方式分类

① 机械传动：牵引力不能随外载荷变化而自动变化，使用不方便。

② 液力机械传动：牵引力和车速变化范围大，随着外阻力的增加，车速可自动下降，液力机械传动可减少冲击，减少动载荷，保护机器。

③ 液压传动：可充分利用发动机功率，降低燃油消耗，提高生产率，但车速变化范围窄，车速偏低。

(2) 装载机的工作装置

装载机的工作装置很多，包括通用铲斗、"V"形铲斗、抓具、铲叉、推土板、吊臂等。装载机的各种工作装置如图10-42所示。

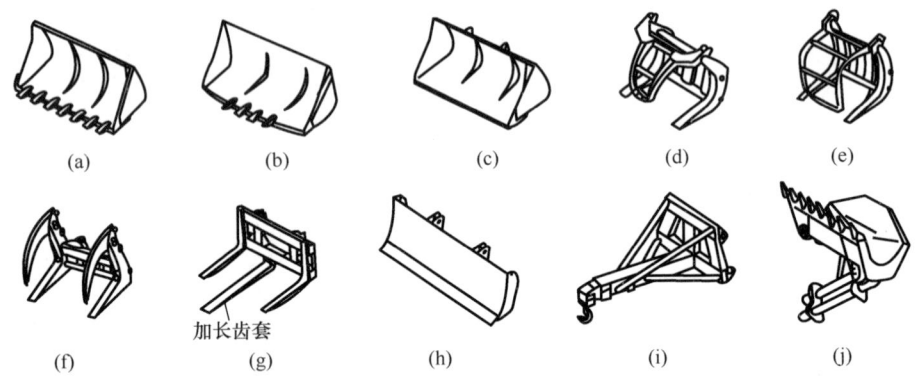

图 10-42 装载机工作装置

(a) 通用铲斗；(b) V形刃铲斗；(c) 直边无齿铲斗；(d) 通用抓具；(e) 大容量原木抓具；(f) 抓具；(g) 铲叉；(h) 推土板；(i) 吊臂；(j) 可侧卸铲斗

(3) 装载机的型号

目前我国装载机行业已有十多个品种，基本上形成了系列产品，并向大型化发展。国产装载机型式大多为液力机械传动、铰接车架转向、大型轮胎行走和全动力换挡的前卸式装载机。产品有 $1.0m^3$、$1.5m^3$、$2.0m^3$、$3.0m^3$、$4.0m^3$ 和 $5.0m^3$ 等规格系列。

装载机的型号以 ZL-40 型号为例：Z—装载机代号；L—轮胎式；Y—液压式；J—铰接式；40—载重量 $40×100kg$。

(4) 装载机的主要技术性能参数

常用轮胎铰接式装载机的主要型号及技术性能参数见表 10-10。

轮胎铰接式装载机的主要型号及技术性能参数　　　　表 10-10

| 性能参数 \ 型号 | ZL10 | ZL20 | ZL30 | ZL40 |
| --- | --- | --- | --- | --- |
| 铲斗容量（$m^3$） | 0.5 | 1.0 | 1.5 | 2.0 |
| 装载量（kg） | 1000 | 2000 | 3000 | 4000 |
| 卸载高度（m） | 2.25 | 2.6 | 2.7 | 2.8 |
| 发动机功率（hp） | 40.4 | 59.5 | 73.5 | 99.2 |

续表

| 性能参数 型号 | ZL10 | ZL20 | ZL30 | ZL40 |
|---|---|---|---|---|
| 行走速度（km/h） | 10～28 | 0～30 | 0～32 | 0～35 |
| 最大牵引力（kN） | 32 | 64 | 75 | 105 |
| 爬坡能力（°） | 30 | 30 | 25 | 28～30 |
| 回转半径（m） | 4.48 | 5.03 | 5.5 | 5.9 |
| 离地间隙（m） | 0.29 | 0.39 | 0.40 | 0.45 |
| 外形尺寸（长×宽×高）(mm) | 4400×1800×2700 | 5700×2200×2500 | 6000×2400×2800 | 6400×2500×3200 |
| 总重（kg） | 4500 | 7600 | 8200 | 11500 |

### 4. 推土机

推土机（图10-43）是循环作业机械，它具有机动性大、动作灵活，能在较小的工作面上工作的特点，是土石方工程的主要建筑机械。推土机广泛用于基坑开挖、管沟的回填、工地的现场清除、场地平整等作业施工中，是短距离自行式铲土运输机械，主要用于50～100m的短距离施工作业。推土机主要由发动机、底盘、液压系统、电气系统、工作装置和辅助设备组成。

图10-43 履带式推土机

（1）推土机的分类

1）按行走机构分类

① 履带式推土机：附着性能好、牵引力大、接地比压小（0.04～0.15MPa）且爬坡能力强，能适应恶劣的工作环境。履带式推土机具有优越的作业性能，是推土机重点发展的机种。但行驶速度低。

② 轮胎式推土机：行驶速度快、机动性能好、作业循环时间短、转移方便迅速且不损坏路面，特别适合在城市建设和道路维修工程中使用，但牵引力较小。

2）按传动方式分类

按推土机的传动方式可分为机械传动式、液力机械传动式、全液压传动式和电气传动式等。

① 机械传动式：采用机械式传动的推土机具有工作可靠。制造简单、传动效率高、维修方便等优点；但操作费力，传动装置对荷载的自适应性差，容易引起发动机熄火，降低作业效率，在大、中型推土机上已较少采用机械式传动。

② 液力机械传动式：液力机械式传动是现代推土机采用的主要传动形式。采用液力变矩器和动力换挡变速箱组合传动装置，具有自动适应外负荷变化的能力，发动机不容易熄火，且可带负载换挡，减少换挡次数，操纵轻便灵活，作业效率高。缺点是成本高、维修较困难。

③ 全液压传动式：全液压传动式推土机的传动装置结构紧凑。操纵轻便，可实现原地转向。能在不同负荷工况下稳定发动机转速，充分利用发动机功率，静液压驱动可实现自动无级调速、运行平稳无冲击，但全液压式传动由于液压元件制造精度要求高、特别是低速大扭矩液压马达制造难度较大，增加了制造成本，且耐用度和可靠性较差，维修困难，故目前全液压式传动的推土机使用量尚不多。

④ 电气传动式：电气传动式采用电动机驱动，结构简单工作可靠，不污染环境作业效率高。此类推土机一般用于露天矿山开采或井下作业、因受电力和电缆的限制，电气传动式推土机的使用范围受到很大的限制。

3) 按推土板安装方式分类

推土机按推土板安装方式分为固定式和回转式两种。

① 固定式：固定式又称为直铲式。铲刀与底盘的纵向轴线构成直角，铲刀切削角可以调整，大型和小型推土机采用较多。

② 回转式：回转式又称为角铲式。铲刀除可调切削角外，还可在水平方向回转一定角度（±25°），因而可实现斜铲和侧铲作业，并实现侧向卸土，扩大了推土机的作业范围。现在大、中型推土机一般都采用回转式。

(2) 推土机的型号

型号：用来表示履带式还是轮胎式，轮胎式以 L 表示；履带式无字母表示。

特性：液压式以 Y 表示，湿地式以 S 表示。

代号：T—履带式推土机；TY—履带液压推土机；TS—履带湿地推土机；TL—轮胎式推土机。

(3) 推土机的运用

1) 推土机的作业循环

推土机的作业循环是：切土→推土→卸土→倒退（或折返）回空。

切土时用 I 挡速度（土质松软时也可用 II 挡），以最大的切土深度（100～200mm）在最短的距离（6～8m）内推成满刀，开始下刀并保持随后提刀的操作应平稳，进入推土施工时应用 II 挡或 III 挡。

为保持满刀土推送，应随时调整推土刀的高低，使其刀刃与地面保持接触。卸土时按照施工要求，或者分层铺卸，或者堆卸。往边坡卸土时要特别注意安全，其措施一般是在卸土时筑成向边坡方向一段缓缓的上坡，并在边上留一小堆土，如此逐步向前推移。卸土后在多数情况下是倒退回空，回空时尽可能用高速挡。

2) 推土机的作业形式

① 直铲作业：直铲作业是推土机最常用的作业方法，用于将土和石渣向前推送和场

地平整作业。其经济作业距离为：小型履带推土机一般为50m以内；中型履带推土机为50～100m，最远不宜超过120m；大型履带推土机为50～100m，最远不宜超过150m；轮胎式推土机为50～80m，最远不宜超过150m。

② 侧铲作业：侧铲作业主要用于傍山铲土、单侧弃土。此时推土板的水平回转角一般为左右各25°，作业时能一边切削土壤，一边将土壤移至另一侧。侧铲作业的经济运距，一般较直铲作业时短，生产率较低。

③ 斜铲作业：斜铲作业主要应用在坡度不大的斜坡上铲运硬土及挖沟等作业。推土板可在垂直面内上下各倾斜10°。工作时、场地的纵向坡度应不大于30°，横向坡度应不大于25°。

④ 松土作业：一般大、中型履带式推土机的后部可悬挂液压松土器进行作业。

松土器有多齿和单齿两种。多齿松土器挖凿力较小，主要用于疏松较薄的硬土、冻土层等；单齿松土器有较大的挖凿力，除了能疏松硬土、冻土外，还可以劈裂风化岩和有裂缝或节理发达的岩石，并可拔除树根；用重型单齿松土器劈松岩石的效率比钻孔爆破法高，为了提高劈松岩石的能力，也可用推土机助推。

（4）推土机主要技术性能参数

推土机主要技术性能参数见表10-11。

**推土机主要技术性能参数**　　表10-11

| 性能指标 | | 型号 | T165-2 | ZD220S-3 | D9R | PR752 |
|---|---|---|---|---|---|---|
| 推土铲容量（m³） | | | 5.0 | 7.0 | 16 | 9.5 |
| 推土铲宽度（mm） | | | 3297 | 4365 | 4298 | 4200 |
| 推土铲高度（mm） | | | 1150 | 1970 | 1920 | 1650 |
| 最大提升高度（m） | | | 1.25 | 1.3 | 1.55 | 1.44 |
| 最大下降量（m） | | | 0.5 | 0.55 | 0.675 | 0.57 |
| 最大倾斜量（m） | | | 4.5 | 0.5 | 0.5 | 1 |
| 最大牵引力（kN） | | | 165 | 206 | 370 | 295 |
| 行走机构 | 行走速度（km/h） | | 11.5 | 13.2 | 14.3 | 5.0/11.0 |
| | 最大爬坡能力 | | 30° | 30° | 30° | 35° |
| | 履带中心距（mm） | | 1880 | 2250 | 2250 | 2180 |
| | 履带板宽度（mm） | | 500 | 610 | 610 | 600 |
| | 履带长度（mm） | | 3350 | 3480 | 3475 | 4075 |
| | 接地比压（kPa） | | 67 | 40 | 65 | 44 |
| | 最小离地间隙（mm） | | 350 | 450 | 685 | 625 |
| 发动机 | 生产厂商 | | 潍柴 | 康明斯 | 卡特彼勒 | 利勃海尔 |
| | 型号 | | WD10G178E25 | NT855-C280 | 3408C | D9406TI-E |
| | 额定功率（kW） | | 125 | 162 | 292 | 243 |
| | 额定转速（rpm） | | 1650 | 1800 | 2250 | 1800 |
| 外形尺寸（mm） | | | 5415×3295×3160 | 6330×3450×3320 | 9780×2980×3160 | 4880×2890×3640 |
| 整机重量（kg） | | | 17200 | 25890 | 48720 | 34800 |

### 5. 平地机

平地机（图 10-44）是一种功能多、效率高的工程机械，适用于公路、铁路、机场、港口等大面积的场地平整作业，还可以进行轻度铲掘、松土、路基成型、边坡修整、浅沟开挖及铺路材料的推平成形作业。平地机具有高效能、高清晰度的平面刮削、平整作业能力，是土方工程机械化施工中重要的工程机械。

图 10-44　自行式平地机

（1）自行式平地机的工作原理

自行式平地机是用铲刀（刮土板）对土壤进行刮屑、平整和摊铺的土方作业机械，适用于Ⅰ～Ⅳ级土壤的平地作业，Ⅳ级以上土壤及冻土铲运时，应进行预松。作业时，铲刀和耙齿在机械起步后，逐渐切入土中，在铲刀和耙松作业时，必须采取低速挡进行；移土和平整作业，视情况适当提高行驶速度。对铲刀升降的调整应缓慢进行，避免每次操作操纵杆的时间过长，出现波浪形的铲削，影响下一道工序的进行。平地机主要用来平土、平整路基面、修整斜坡、边坡、填筑路堤等施工；在水利水电工程中，可用于修筑道路、渠道及平整场地和土坝施工中的平土作业；此外进行刮平地机还可以用来进行在路基上拌合路面材料并将其铺平、修整和养护土路、清除杂草和扫雪等作业。

（2）自行式平地机的分类

平地机是连续作业的轮式机械，有拖式和自行式两种类型。

拖式平地机由拖拉机牵引，用人力操纵其工作装置；自行式平地机则在其机架上装有发动机以供给动力，用以驱动机械行驶和各种工作装置进行工作，前者因机动性差，操纵费力，已被淘汰。目前常用的是液压操纵的自行式平地机。

自行式平地机根据轮胎数目，可分为四轮、六轮两种；根据车轮的转向情况，可分为前轮转向、后轮转向和全轮转向。根据车轮驱动情况有后轮驱动和全轮驱动。

自行式平地机驱动轮越多，在工作中所产生的附着力越大；转向轮数越多，机械的转弯半径越小。

平地机按铲刀长度和功率大小分为轻型、中型和大型。轻型平地机铲刀长度小于 3000mm，功率在 44～60kW，质量在 5000～9000kg；中型平地机铲刀长度 3000～3700mm，功率在 66～111kW，质量在 9000～14000kg；大型平地机铲刀长度大于 3700mm，功率大于 111kW，质量大于 14000kg。

（3）平地机技术性能参数

表 10-12 为国内几种平地机的型号及主要技术性能参数。

平地机的型号及主要技术性能参数　　　　表10-12

| 性能指标 | | 型号 | PY180 | PY160B | PY160A |
|---|---|---|---|---|---|
| 铲刀宽度（mm） | | | 610 | 610 | 550 |
| 铲刀长度（mm） | | | 3965 | 3660 | 3705 |
| 铲刀水平回转角度（°） | | | 360 | 360 | 360 |
| 铲刀倾斜角度（°） | | | 90 | 90 | 90 |
| 铲刀切土深度（m） | | | 0.5 | 0.49 | 0.5 |
| 铲刀侧伸距离（m） | | | 左1.27 右2.25 | — | 1.245（牵引架居中） |
| 铲土角（°） | | | 36～60 | 40 | 30～65 |
| 松土器 | 松土器齿数 | | 6 | 6 | 5 |
| | 松土宽度（m） | | 1.1 | 1.145 | 1.240 |
| | 最大入地深度（m） | | 0.15 | 0.185 | 0.180 |
| 液压系统 | 齿轮液压泵型号 | | — | CBGF1032 | CBF-E32 |
| | 额定压力（MPa） | | 18.0 | 15.69 | 16.0 |
| | 系统工作压力（MPa） | | — | — | 12500 |
| 发动机 | 参数 | 型号 | 6110Z-2J | 6135K-10 | 6135K-10 |
| | 可变功率范围（kW） | | 132 | 118 | 118 |
| | 额定转速（rpm） | | 2600 | 2000 | 2000 |
| 外形尺寸（mm） | | | 102800×3965×3305 | 8145×2575×3340 | 18146×2575×3285 |
| 整机重量（kg） | | | 15400 | 14200 | 14700 |

## 6. 压实机械

压实机械主要用于道路基础、路面、建筑物基础、堤坝、机场跑道等压实作业，提高土石方基础的抗压强度和稳定性，使之具有一定的承载能力，不致因载荷的作用而产生沉陷。

压实机械按其工作原理的不同，可分为静力式压实机械、冲击式压实机械和振动式压实机械。

（1）静力式压实机械

静力式压实机械是利用机械本身自重和机上附加重量，通过碾压轮使被压实的土壤或路面材料产生一定深度的永久变形。静力式压实机械对土壤的加载时间长，有利于土壤的塑性变形。对黏土等压实效果较好，尤其对大面积压实的效率也较高，故适用于大型建筑和筑路工程中。

1) 静力式光轮压路机

静力式光轮压路机的工作装置是由几个用钢板卷成或用铸钢铸成的圆柱形中空（内部可装压实材料）的滚轮组成，它是借助滚轮自重的静压力作用对被压层进行压实工作的，单位直线压力较小，由于土壤存在内摩擦力，因此静作用的压实作用和压实深度都受到限制，压实不均匀，且压实深度不大，一般用于分层压实。主要用于筑路工程的碾压路基、路面、广场和其他各类工程的地基。

静力式光轮压路机是由发动机、传动装置、行驶滚轮、操纵系统、机架和驾驶室部分组成。发动机是压路机的原动力。静力式光轮压路机一般采用柴油机作为动力设备，其安装在机架的前部。机架是压路机的骨架，机架上装有发动机、传动装置、操纵系统和驾驶室。机架的前端和后部分别支承在前后滚轮上。

2) 轮胎式压路机

轮胎式压路机是由于胶轮的弹性所产生的揉压作用，使被实层的颗粒向各个方向产生位移，因此压实表面均匀而密实；同时由于胶轮的弹性变形，压实表面的接触面积比铁轮宽，使被压实的土壤在同一点上承受压力作用的时间长，故压实效率高于光轮压路机。

轮胎式压路机有增减配重，改变轮胎充气兄气的特性，并可改变其接地压力，因此轮胎式压路机对各种土壤都有良好的压实效果，除了沥青铺装层的整平作用外，几乎可适用于所有的压实工作，更显现出其优越的性能。轮胎式压路机的机动性好，有的还设置有洒水功能，具有一机多用的特点。

(2) 冲击式压实机械

冲击式压实机械依靠机械的冲击力压实土壤，有利用二冲程内燃机原理工作的火力夯、利用离心力原理工作的冲击夯（图10-45）和利用连杆机构及弹簧工作的快速冲击夯等。其特点是夯实厚度较大，适用于狭小面积及基坑的夯实。

(3) 振动式压实机械

振动式压实机械是利用偏心块（或偏心轴）高速旋转时所产生的离心力作用而对材料进行振动压实的。产生这种高频离心力的装置称为振动装置。

将振动装置装在压路机上称为振动式压路机，它适用于大面积的路基土壤和路面铺砌层的压实。

振动式压路机与静力式压路机相比，在同等结构重量的条件下，振动碾压的效果比静碾压高1~2倍，动力节省1/3，金属消耗节约1/2，且压实厚度大、适应性强。

振动式压路机的缺点是不宜压实黏性大的土壤，也严禁在坚硬的地面上振动，同时由于振动频率高，驾驶员容易产生疲劳，因此需要有良好的减振装置。

1) 振动式压路机的分类

① 振动式压路机按行驶方法的不同可分为拖式、手扶式和自行式。

拖式振动压路机工作时由牵引车来拖驶；手扶式振动压路机（图10-46）本身能自行，但其行驶方向和速度需由驾驶员在机下手扶操作，故操作人员工作时需随机走动；自行式振动压路机工作时是由驾驶员直接在机上进行操作的，因此，一般大、中型振动压路机均采用自行式。

图 10-45 冲击夯

图 10-46 手扶式振动压路机

② 振动压路机按传动形式的不同，可分为机械式和机械液力式两种类型。

机械传动式柴油机的动力通过齿轮链条等机械传动来驱动压路机走行和使碾压轮产生振动的；机械液力式传动是柴油机的动力通过齿轮油泵产生高压油，从而使碾压轮产生振动，并通过机械传动使压路机行走。

③ 振动式压路机按振动压路机自身重量的不同，可分为轻型（0.5～2t）、中型（2～4.5t）和重型（8t以上）三种。

④ 振动式压路机按工作轮形式的不同，可分为全钢轮式（图10-47）和组合轮式两种类型。全钢轮式振动压路机的前后轮均为钢轮，并且前轮为振动轮（即驱动轮），后轮为转向轮。组合轮式振动压路机（图10-48）的前轮为钢轮，后轮为胶轮。

图 10-47 全钢轮式振动压路机

图 10-48 组合轮式振动压路机

2) 振动式压路机主要技术性能参数

振动式压路机主要技术性能参数见表10-13。

振动式压路机主要技术性能参数　　　　表 10-13

| 性能参数 | | XS302 | 620D | STR130C |
|---|---|---|---|---|
| 压轮宽度（mm） | | 2130 | 2130 | 2135 |
| 静线载荷（kN/m） | | 84.5 | 46.5 | 31 |
| 振动频率（低/高）（Hz） | | 27/33 | 30/32 | 40/50 |
| 名义振幅（高/低）（mm） | | 2.0/1.0 | 2.0/1.0 | 0.7/0.3 |
| 激振力（高/低）（kN） | | 520/390 | 400/210 | 140/90 |
| 行走机构机 | 行走速度（km/h） | 10 | 13.2 | 11 |
| | 摇摆角（°） | ±10 | ±10 | ±6 |
| | 转向角（°） | ±33 | ±33 | ±30 |
| | 最大爬坡能力（°） | 40 | 30 | 30 |
| | 最小转弯半径（m） | 7.180 | 6.850 | 6.850 |
| 发动机 | 生产厂商 | DEUTZ | 康明斯 | DEUTZ |
| | 型号 | BF6M1013ECP | NT855-C280 | BF4M2102C |
| | 额定功率（kW） | 179 | 164 | 98 |
| | 额定转速（rpm） | 2200 | 1850 | 2100 |
| 前轮分配质量（kg） | | 18000 | 10000 | 6750 |
| 后轮分配质量（kg） | | 12000 | 10000 | 6750 |
| 整机工作质量（kg） | | 30000 | 20000 | 13500 |

## （四）钢筋加工及预应力机械

钢筋加工机械和钢筋预应力机械主要用于制作各种钢筋混凝土结构物或钢筋混凝土预制件所用钢筋和钢筋骨架等。主要包括钢筋强化机械、钢筋成型机械、钢筋预应力机械以及钢筋连接机械。

### 1. 钢筋强化机械

建筑施工中广泛应用的钢筋强化冷加工主要有冷拉、冷拔、冷轧、冷轧扭四种方法。钢筋强化机械是对钢筋进行冷加工的专用设备，主要有钢筋冷拉机、钢筋冷拔机、冷轧带肋钢筋成型机和钢筋冷轧扭机等。

（1）钢筋冷拉机

钢筋冷拉机是对Ⅰ级光圆钢筋、Ⅱ级、Ⅲ级和Ⅳ级热轧带肋钢筋进行强力拉伸，使其拉应力超过钢筋的屈服点，但不大于抗拉强度，钢筋冷拉是钢筋冷加工方法之一，是在常温下利用此时钢筋产生塑性变形，然后放松钢筋的冷拉工艺。

（2）钢筋冷拔机

钢筋冷拔机是通过用钨合金钢制成的拔丝模（模孔比钢筋直径小 0.5～1mm），将直径为 6～10mm 的Ⅰ级光圆钢筋，冷拔成比原钢筋直径略细的冷拔钢丝。如将钢筋进行多次冷拔，则可加工成直径更细的冷拔钢丝。

根据钢筋原材料材质和冷拔道次而提高的冷拔钢丝强度不同，可将冷拔钢丝分为甲级和乙级。钢筋经冷拔后，强度可大幅度的提高，一般可提高 40%～90%，但塑性降低，延伸率变小。

钢筋冷拔机种类很多,一般在建筑工程中使用的有卧式钢筋冷拔机和立式钢筋冷拔机。

**2. 钢筋成型机械**

钢筋成型机械是钢筋混凝土预制构件生产及施工现场不可缺少的机械设备,其作用是把原料钢筋按照混凝土结构物所用钢筋制品的要求进行成型加工。主要包括:钢筋调直切断机、钢筋切断机、钢筋弯曲机、钢筋弯箍机。

(1) 钢筋调直切断机是对钢筋进行调直加工并按照规定的长度切断。常用的钢筋调直机为机械式钢筋调直切断机,其规格有 GT3/8、GT6/12、GT10/16、GT4-10、GT4-14 等。

GT6/12 型钢筋调直切断机,如图 10-49 所示,工作原理是盘料架上的钢筋,经过导向套进入调直筒,由上下牵引辊夹紧钢筋向前送进,钢筋穿过剪切齿轮的槽口至受料架的滑槽中。当钢筋端头触到长度限位开关时,接通电磁铁控制机构,使剪切齿轮旋转 120°切断钢筋。该机可调直 6～12mm 的钢筋,它是由电动机、调直筒、牵引、旋转剪切机构、承料架及操纵机构等组成,两台电动机驱动,采用旋转式剪刀切断钢筋。

(2) 钢筋切断机是用于对钢筋原材料或矫直的钢筋按制品所需尺寸进行切断的专用设备。常用的钢筋切断机主要有机械式钢筋切断机、液压式钢筋切断机,其规格为 GQ32、GQ40、GQ50、GQ65;YQ50、YQ60、YQ70、YQ80 等。YQ 钢筋切断机如图 10-50 所示。

图 10-49  GT6/12 型钢筋调直切断机　　　　图 10-50  YQ 钢筋切断机

曲柄连杆式钢筋切断机的主要由电动机、传动系统、减速机构、曲柄连杆机构、机体及切断刀等组成。其工作原理是:传动系统由电动机驱动,通过三角皮带轮、圆柱齿轮减速带动偏心轴旋转,在偏心轴上装有连杆,连杆带动滑块和动刀片在机座的滑道中作往复运动,与固定在机座上的定刀片配合切断钢筋。

(3) 钢筋弯曲机如图 10-51 所示。钢筋弯曲机是用来将已切断好的钢筋,按要求弯曲成所需要的形状和尺寸的专用设备。常用的钢筋弯曲机主要有蜗轮蜗杆式钢筋弯曲机、齿轮式钢筋弯曲机、液压式钢筋弯曲机,其规格为 GW12、GW20、GW25、GW32、

图 10-51  钢筋弯曲机

GW40、GW50、GW65 等。

蜗轮蜗杆式钢筋弯曲机主要由电动机、机架、传动系统、工作机构（工作盘、插入器、夹持器、转轴等）及控制装置等组成。

蜗轮蜗杆式钢筋弯曲机工作原理是：由电动机经皮带传动至两对齿轮和蜗杆，带动工作盘转动，利用插入器的定位成型辊及挡料装置，将不同规格的钢筋弯曲成型。

（4）钢筋弯箍机

钢筋弯箍机是适合弯制箍筋的钢筋弯曲机械，弯曲角度一般可任意调节。

图 10-52　钢筋弯箍机

钢筋弯箍机工作原理：钢筋弯箍机有 2 个或 4 个工作盘，由电动机驱动。电动机通过一对皮带轮和两对齿轮减速，使偏心圆盘转动。偏心圆盘通过偏心铰带动两个连杆，每个连杆又铰接一根齿条，齿条沿滑道作往复直线运动。同时齿条又带动齿轮使工作盘在一定角度内作往复回转运动。

钢筋弯箍机如图 10-52 所示。与钢筋弯曲机的工作盘，其构造和原理都相同，只是在弯制钢筋过程中，钢筋弯箍机的工作盘，在调好角度内作往复回转运动。

### 3. 钢筋预应力机械

钢筋预应力机械是生产预应力混凝土构件的专用设备，常用的设备有：预应力钢筋张拉机、预应力千斤顶、预应力液压泵、预应力钢筋墩头机、预应力锚具等。

预应力钢筋张拉机又称为预应力钢筋拉伸机，是对混凝土结构中的预应力钢筋施加张拉力的专用设备，是预应力混凝土施工必不可少的设备。主要有液压式、机械式和电热式三种。

（1）液压式钢筋预应力拉伸机是采用高压或超高压的液压传动进行工作的，它由预应力千斤顶、高压油泵及连接油管等部分组成。由于液压拉伸机具有作用力大、体积小、自重轻和操作简便等优点，因而在预应力混凝土施工中应用较广。

（2）预应力液压千斤顶是预应力张拉机的工作装置，也是一种专用的液压工作油缸，其形式和主参数的选定与预应力钢筋种类、锚夹具形式、构件参数和张锚方法有关。

预应力液压千斤顶的张锚机型可分为拉杆式（YDL）、穿心式、锥锚式（YDZ）和台座式（YDT）等。预应力液压千斤顶的张锚公称张拉力分为 200kN、300kN、650kN、1100kN、1500kN、2500kN、5000kN。

### 4. 钢筋调直切断机主要技术性能参数（表 10-14）

钢筋调直切断机主要技术性能参数（摘要）　　　表 10-14

| 产品名称 | 钢筋调直切断机 | 钢筋矫直切断机 | 液压数控钢筋调直机 |
| --- | --- | --- | --- |
| 型号 | GT6-12 | GT10-14 | GT4-14 |
| 钢筋切断直径（mm） | 6～12 | 10～14 | 4～14 |

续表

| 产品名称 | 钢筋调直切断机 | 钢筋矫直切断机 | 液压数控钢筋调直机 |
|---|---|---|---|
| 钢筋强度（MPa） | 550 | 550 | 550 |
| 切断长度（精度）（mm） | 300~6500（±3） | 1000~12000（±1） | 800~9000（±1） |
| 进料速度（m/min） | 36/54/72 | 70/100/130 | 45~50 |
| 调直筒转速（r/min） | 2800 | — | — |
| 送料辊直径（mm） | 102 | — | — |
| 调直电机 型号 | Y132M-4 | Y160L-4 | Y132M-4 |
| 调直电机 额定功率（kW） | 7.5 | 15 | 7.5 |
| 调直电机 额定转速（rpm） | 1450 | 1460 | 1450 |
| 送料电机 型号 | Y112M-4 | Y160L-4 | Y112M-4 |
| 送料电机 额定功率（kW） | 4 | 15 | 4 |
| 送料电机 额定转速（rpm） | 1450 | 1460 | 1450 |
| 切断电机 型号 | Y90S-6 | Y112M-4 | Y112M-4 |
| 切断电机 额定功率（kW） | 1.5 | 4 | 4 |
| 切断电机 额定转速（rpm） | 960 | 1450 | 1450 |
| 外形尺寸（mm） | 1870×550×1520 | 3250×1200×1750 | 2700×800×1700 |
| 整机重量（kg） | 1300 | 2100 | 1550 |

### 5. 钢筋切断机主要技术性能参数（表10-15）

钢筋切断机主要技术性能参数（摘要） 表10-15

| 产品名称 | 液压钢筋切断机 | 液压钢筋切断机 | 钢筋切断机 |
|---|---|---|---|
| 型号 | YQ50 | YQ70 | GQ50 |
| 钢筋切断直径（mm） | 10~50 | 10~70 | 6~50 |
| 钢筋强度（MPa） | 550 | 550 | 450 |
| 切断速度（次/min） | 35 | 25 | 30 |
| 电机 型号 | Y160M-6 | Y180Z-6 | Y132S-4 |
| 电机 额定功率（kW） | 7.5 | 15 | 5.5 |
| 电机 额定转速（rpm） | 960 | 960 | 1450 |
| 外形尺寸（mm） | 2000×950×850 | 2270×1300×1050 | 1450×695×915 |
| 整机重量（kg） | 2000 | 4000 | 950 |

## （五）桩工机械

桩基础是建筑工程中常用的基础形式。桩可分为预制桩和灌注桩。预制桩有预应力钢筋混凝土方桩、管桩、钢管桩、H形钢桩等，采用锤击的方法将其打入土壤中。灌注桩是先成孔后在孔内灌注成桩。

桩工机械按动作原理可分为：冲击式、振动式、静压式和成孔灌注式等。

柴油打桩机属于冲击式，结构简单、工作可靠、使用方便，能锤击各种规格的桩，但工作时振动大、噪声大。

振动沉拔桩机属于振动式，体积小、质量轻，在没有专用桩架的情况下，也能打桩，但仅适用小型桩。

静力压桩机工作时无振动、无噪声，但机械本身笨重、价格高、移动不方便。

灌注桩机扩大了桩的直径和长度（深度），提高了地基的承载能力。

### 1. 桩架

桩架是支持桩身和桩锤，沉桩过程中引导桩的方向，并使桩锤能沿着要求的方向冲击的打桩设备。由于桩架结构要承受自重、桩锤重、桩及辅助设备等重量，所以要求有足够的强度和刚度。在打桩过程中，移动打桩设备及安装桩锤等所需时间较长，所以选择适当的桩架，可以缩短辅助工作时间，可按照桩锤的种类、桩的长度、施工条件选择。

桩架要求稳定性好，主机重心低，接地面积较大，桩机在行走移位及打桩过程中具有较强的抗倾覆稳定性，并能保证打桩有较高的入桩垂直度；施工桩位灵活，快速找准桩位；桩架可挂各种锤头，如导杆锤、筒式锤、液压锤等；桩机连接部位简单可靠，转场时桩机安装和拆卸极为方便。桩架按照行走方式主要有轨道式、履带式、步履式、走管式。本节主要介绍履带式和步履式桩架。

（1）履带式桩架

履带式桩架可不用铺设轨道，在地面上自行运行。按工作时支承形式分主要有悬挂式和三点式履带桩架。

1）悬挂式履带桩架是以履带式起重机为底盘，配置起重臂悬吊桩架的立柱，并与可伸缩的支撑相连接而成。由于桩架、桩锤及桩的总重量较大，应对选用起重机的吨位进行核算，必要时可增加配重。这种桩架横向承载能力较弱，且由于立柱必须竖直不能倾斜安装，故不能打斜桩。

2）三点式履带桩架的立柱是由两个斜撑杆和下部托架构成的，中间立柱及两侧斜撑构成三个支持点，故称三点式。三点式也是以履带起重机为底盘，但要拆除起重臂杆，增加两个斜撑杆，斜撑的下支座为两个液压支腿，可进行调整。立柱可以倾斜，以适应打斜桩的需要。三点式在性能方面优于悬挂式，因三点式的工作幅度小，故稳定性好，另外横向载荷能力大。悬挂式履带桩架如图10-53所示，三点式履带桩架如图10-54所示。

（2）步履式桩架

步履式桩架一般采用全液压步履式底盘配立柱及斜支撑组成，利用步履式底盘四个支腿升降液压缸和长、短船行走机构及回转台，能实现桩机自身的快速、灵活转移。长、短船接地面积大、接地比压小，施工场地适应能力强，对桩方便快捷，操作简单，可大大缩短施工辅助作业时间，减轻工人的劳动强度，拆装简单、方便，可自行起落导向立柱，安全可靠，主机能利用自身底盘自装自卸，无须大吨位吊车配合，转场搬运方便、快捷、费用低。能与多种型号的柴油锤、液压锤和螺旋钻具等配套，组成各种规格型号的柴油打桩机（图 10-55）、液压打桩机、CFG 长螺旋钻机（图 10-56）等，广泛适用于各种桩基础工程施工。

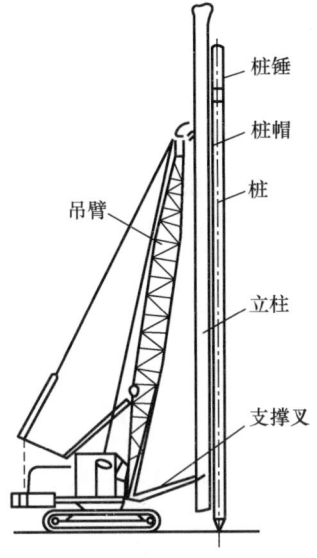

图 10-53 悬挂式履带桩架

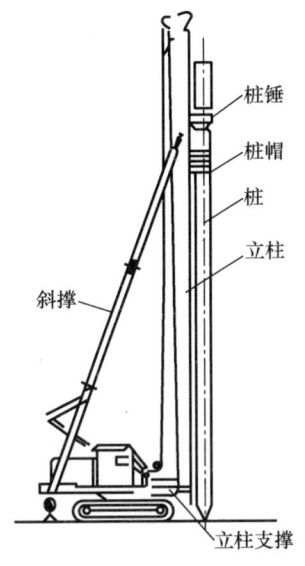

图 10-54 三点式履带桩架

图 10-55 柴油打桩机

图 10-56 长螺旋钻机

## 2. 柴油桩锤

柴油桩锤是柴油打桩机的主要装置，按构造不同分为导杆式和筒式两种。

（1）筒式柴油锤

图 10-57 为 MH72B 型筒式柴油锤构造图。它由锤体、燃油供应系统、润滑系统、冷却系统和起落架组成。

筒式柴油桩锤是特殊的二冲程发动机（图 10-58），工作原理为：桩锤借助桩架的卷扬机将上活塞吊至一定高度,上活塞提升时完成吸气和燃油泵吸油过程;上活塞下落时一部分动能用于对缸内的空气进行压缩,使其达到高温高压状态;另一部分动能则转化成冲击的机械能,对下活塞进行强力冲击,使桩下沉,与此同时,下活塞顶部球碗中的燃油被冲击成雾状;雾化了的柴油与高温高压空气混合,自行燃烧、爆发膨胀,一方面下活塞再次受到冲击二次打桩,另一方面推动上活塞上升,增加势能;上活塞继续上升越过进、排气口时,进、排气口打开,排出缸内的废气,当上活塞跳越过燃油泵曲臂时,燃油泵吸入一定量的燃油,以供下一个工作循环向缸内喷油;丝杠活塞继续上行,汽缸内容积增大,压力下降,新鲜空气被吸入缸内;上活塞上升到一定高度,失去动能,又靠自重自由下落,下落到进、排气口前,将缸内空气扫出一部分至缸外,然后继续下落,开始下一个工作循环。

(2) 导杆式柴油锤

导杆式柴油锤是公路桥梁、民用及工业建筑中常使用的小型柴油锤。根据柴油锤冲击部分(气缸)的质量可分为 $D_1$-600、$D_1$-1200、$D_1$-1800 三种。它的特点是整机质量轻,运输安装方便,可用于打木桩、板桩、钢板桩及小

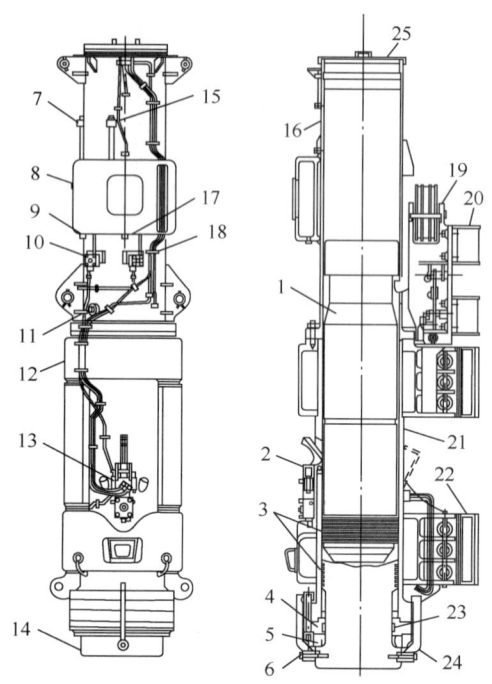

图 10-57 MH72B 型筒式柴油锤构造图
1—上活塞;2—燃油泵;3—活塞环;4—外端环;5—橡胶环;6—橡胶环导向;7—燃油进口;8—燃油箱;9—燃油排放旋塞;10—燃油阀;11—上活塞保险螺栓;12—冷却水箱;13—润滑油泵;14—下活塞;15—燃油进口;16—上气缸;17—润滑油排放塞;18—润滑油阀;19—起落架;20—导向卡;21—下气缸;22—下气缸导向爪卡;23—铜套;24—下活塞保险卡;25—顶盖

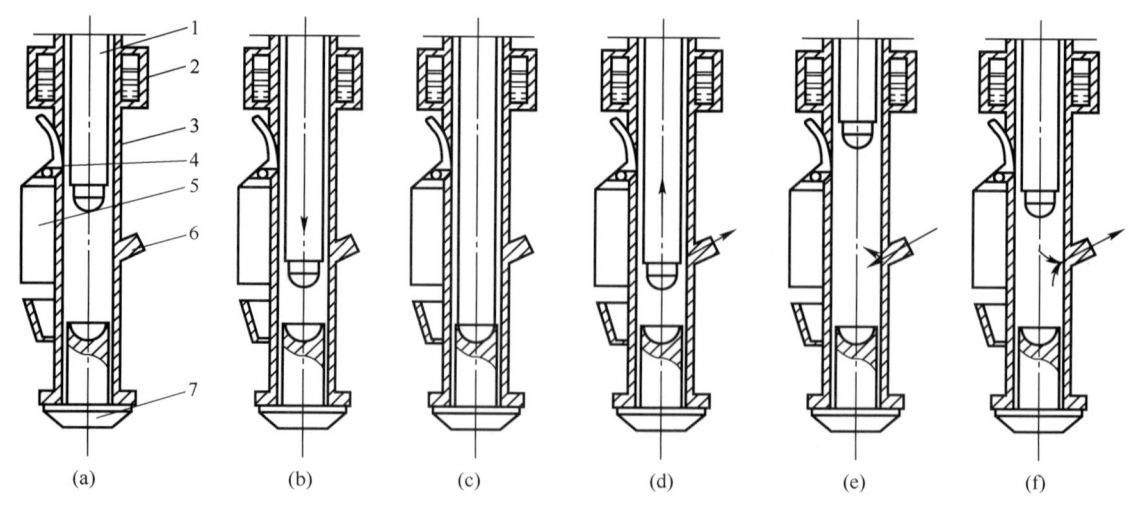

图 10-58 筒式柴油锤工作原理
(a) 压缩;(b) 冲击雾化;(c) 燃烧(爆发);(d) 排气;(e) 吸气;(f) 扫气
1—上活塞;2—柴油箱;3—上气缸;4—燃油泵曲臂;5—燃油泵;6—进、排气孔;7—锤座

型钢筋混凝土桩，也可用来打砂桩与素混凝土桩的沉管。导杆式柴油锤（图10-59）由活塞、缸锤、导杆、顶横梁、起落架和燃油系统组成。

导杆式柴油桩锤工作原理（图10-60）基本与二冲程柴油发动机相似。工作时卷扬机将气缸提起挂在顶横梁上。拉动脱钩杠杆的绳子，挂钩自动脱钩，气缸沿导杆下落，套住活塞后，压缩缸内的气体，气体温度迅速上升 [图10-60(a)]。当压缩到一定程度时，固定在气缸4 [图10-60(b)] 的撞击销11推动曲臂7旋转，推动燃油泵柱塞，使燃油从喷油嘴5喷到燃烧室12。呈雾状的燃油与燃烧室内的高温高压气体混合，立即自燃爆炸 [图10-60(c)]，一方面将活塞下压，打击桩下沉，另一方面使气缸跳起，当气缸完全脱离活塞后，废气排出，同时进入新鲜空气 [图10-60(d)]。当气缸再次下落时，一个新的循环开始。

### 3. 振动桩锤

（1）构造组成

利用高频振动（700～1800次/min）所产生的力量，将桩沉入土层的机构称为振动沉桩机，通常简称为振动桩锤。它可以把桩沉入土层，也可以把桩从土层中拔起。振动桩锤主要由原动机（电动机、液压马达）、激振器、支持器和减振器组成。振动桩锤的优点是工作时不损伤桩头、噪声小、不排出任何有害气体、使用方便，可不用设置导向桩架，使用普通起重机吊装即可工作，不仅能施工预制桩，而且也适合施工灌注桩。图10-61所示为国产DZ-8000型振动桩锤。

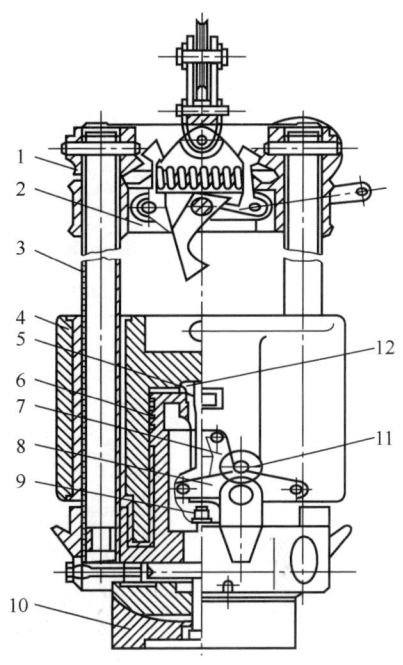

图10-59 导杆式柴油打桩锤构造图
1—顶横梁；2—起落架；3—导杆；
4—气缸锤；5—喷油嘴；6—活塞；
7—曲臂；8—油门调整杆；9—液压泵；
10—桩帽；11—撞击销；12—燃烧室

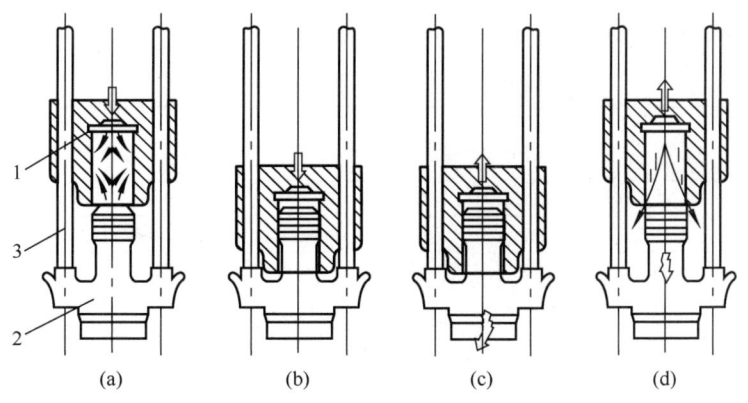

图10-60 导杆式柴油打桩锤工作原理
(a) 压缩；(b) 供油；(c) 燃烧；(d) 排气、吸气
1—缸锤（气缸）；2—活塞；3—导杆

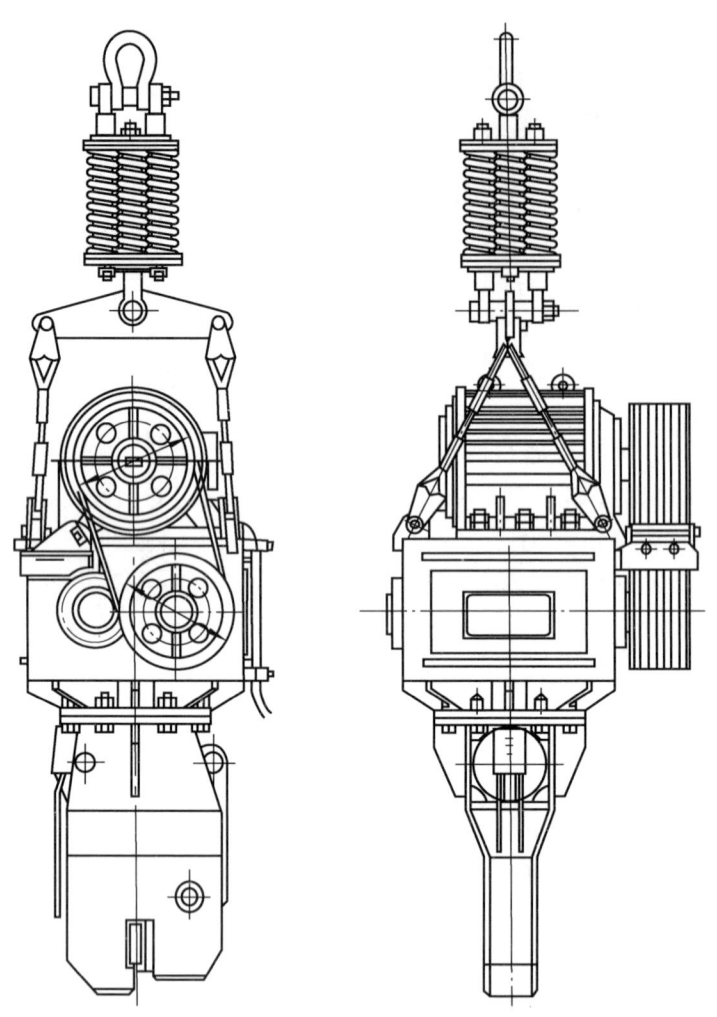

图 10-61 国产 DZ-8000 型振动桩锤

（2）主要技术性能参数

振动桩锤的型号及主要技术性能参数见表 10-16。

振动桩锤的型号及主要技术性能参数　　　　表 10-16

| 性能参数＼型号 | DZ22 | DZ90 | DZJ60 | DZJ90 | DZJ240 | VM2-4000E | VM2-1000E |
|---|---|---|---|---|---|---|---|
| 电动机功率（kW） | 22 | 90 | 60 | 90 | 240 | 60 | 394 |
| 静偏心力矩（N·m） | 13.2 | 120 | 0～353 | 0～403 | 0～3528 | 300、360 | 600、800、1000 |
| 激振力（kN） | 100 | 350 | 0～477 | 0～546 | 0～1822 | 335、402 | 669、894、1119 |
| 振动频率（Hz） | 14 | 8.5 | — | — | — | | |
| 空载振幅（mm） | 6.8 | 22 | 0～7.0 | 0～6.6 | 0～12.2 | 7.8、9.4 | 8、10.6、13.3 |
| 允许拔桩力（kN） | 80 | 240 | 215 | 254 | 686 | 250 | 500 |

## 4. 静压桩机

使用静力将桩压入土层中的机械称为静压桩机。根据施加静力的方法和原理和不同，它可分为机构式和液压式两种。

图 10-62 所示为 YZY-500 型静压桩机，它由支腿平台结构、行走机构、压桩架、配重块、起重机、操作室等部分组成。

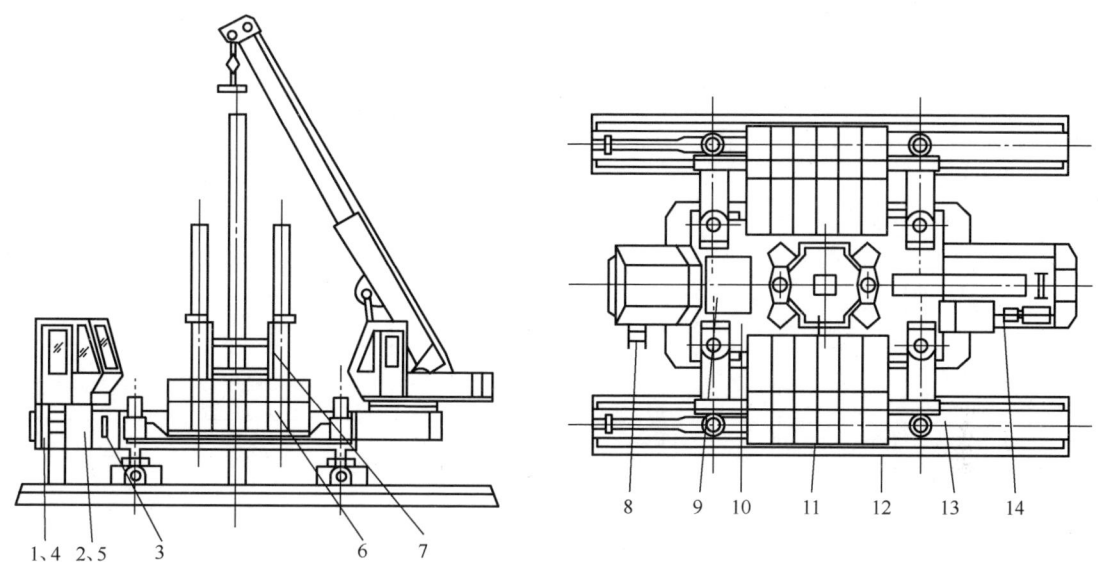

图 10-62 YZY—500 型静压桩机构造示意图

1—操作室；2—液压总装室；3—油箱系统；4—电气系统；5—液压系统；6—配重块；7—竖向压桩架；8—楼梯；9—踏板；10—支腿平台结构；11—夹持机构；12—长船行走机构；13—短船行走及回转机构；14—起重机

图 10-63 所示为 YZY—400 型静压桩机，它与 YZY—500 型静压桩机构造上的主要区别在于长船与短船相对平台的方向转动了 90°。

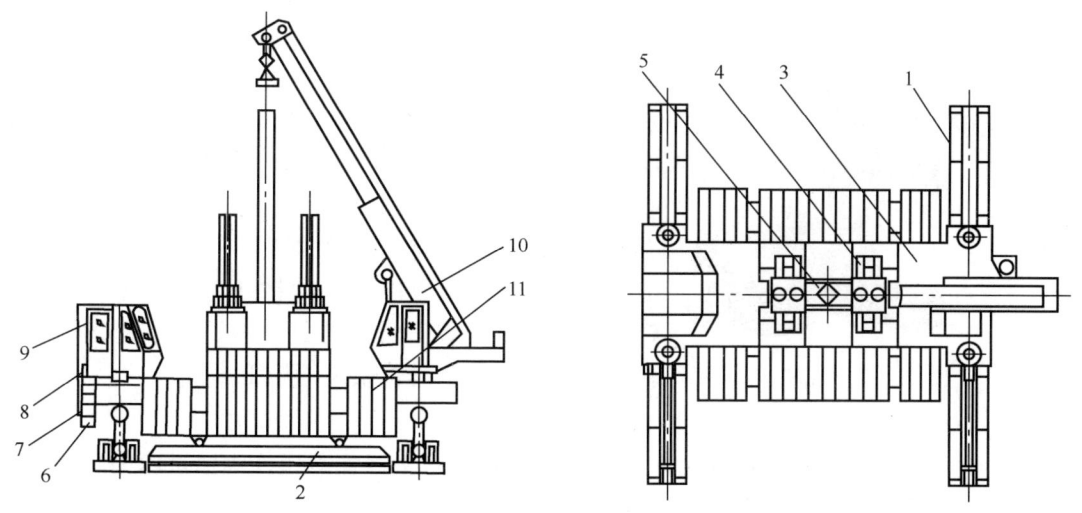

图 10-63 YZY—400 型静压桩机

1—长船；2—短船回转机构；3—平台；4—导向机构；5—夹持机构；6—梯子；7—液压系统；8—电气系统；9—操作室；10—起重机；11—配重梁

技术性能参数

YZY 系列静压桩机主要技术性能参数见表 10-17。

**YZY 系列静压桩机主要技术性能参数**　　表 10-17

| 性能参数 | 型号 | YZY200 | YZY280 | YZY400 | YZY500 |
|---|---|---|---|---|---|
| 最大压入力（kN） | | 2000 | 2800 | 4000 | 5000 |
| 单桩承载能力（参考值）（kN） | | 1300～1500 | 1800～2100 | 2600～3000 | 3200～3700 |
| 边桩距离（m） | | 3.9 | 3.5 | 3.5 | 4.5 |
| 接地压力（MPa）长船/短船 | | 0.08/0.09 | 0.094/0.12 | 0.097/0.125 | 0.09/0.137 |
| 压桩桩段截面尺寸（长×宽）（m×m） | 最小 | 0.35×0.35 | 0.35×0.35 | 0.35×0.35 | 0.4×0.4 |
| | 最大 | 0.5×0.5 | 0.5×0.5 | 0.5×0.5 | 0.55×0.55 |
| 行走速度（长船）(m/s) | 伸程 | 0.09 | 0.088 | 0.069 | 0.083 |
| 压桩速度（m/s）慢（2缸）快（4缸） | | 0.033 | 0.038 | 0.025/0.079 | 0.023/0.07 |
| 一次最大转角（rad） | | 0.46 | 0.45 | 0.4 | 0.21 |
| 液压系统额定工作压力（MPa） | | 20 | 26.5 | 24.3 | 22 |
| 配电功率（kW） | | 96 | 112 | 112 | 132 |
| 工作吊机 | 起重力矩（kN·m） | 460 | 460 | 480 | 720 |
| | 用桩长度（m） | 13 | 13 | 13 | 13 |
| 整机质量 | 自重质量（kg） | 80000 | 90000 | 130000 | 150000 |
| | 配重质量（kg） | 130000 | 210000 | 290000 | 350000 |
| 拖运尺寸（宽×高）（m×m） | | 3.38×4.2 | 3.38×4.3 | 3.39×4.4 | 3.38×4.4 |

### 5. 旋挖钻机

图 10-64　旋挖钻机

旋挖钻机（图 10-64）是一种适合建筑基础工程中成孔作业的建筑机械，主要适于砂土、黏性土、粉质土等土层施工，广泛应用于市政建设、公路桥梁、高层建筑等基础工程。配合不同钻具，适用于干式（短螺旋）、湿式（回转斗）及岩层（岩心钻）的成孔作业，旋挖钻机具有装机功率大、输出扭矩大、轴向压力大、机动灵活、施工效率高及多功能等特点。目前旋挖钻机已被广泛应用于各种钻孔灌注桩工程。通过更换不同的工作装置可进行钻孔桩、地下连续墙、预制桩、咬合桩、全套管钻进等施工。

（1）工作原理

旋挖钻孔施工是利用钻杆和钻斗的旋转，以钻斗自重并加液压作为钻进压力，使土屑装满钻斗后提升钻斗出土。通过钻斗的旋转、挖土、提升、卸土和泥浆置换护壁，反复循环而成孔。其成桩工艺为：旋挖钻机就位→埋设护筒→钻头轻着地后旋转开钻→当钻头内装满土砂料时提升出孔外→旋挖钻机旋回，将其内的土砂料倾倒在土方车或地上→关上钻头活门，旋挖钻机旋回到原位，锁上钻机旋转体→放下钻头→钻孔完成，清孔并测定深度→

放入钢筋笼和导管→进行混凝土灌注→拔出护筒并清理桩头沉淤回填,成桩。

(2) 构造组成

旋挖钻机的结构如图 10-65 所示。旋挖钻机一般采用液压履带式伸缩底盘、自行起落可折叠钻桅、伸缩式钻杆、带有垂直度自动检测调整、孔深数码显示等,整机操纵一般采用液压先导控制、负荷传感,具有操作轻便、舒适等特点。主、副两个卷扬可适用于工地多种情况的需要。旋挖钻机就位后,先通过变幅机构对钻桅姿态和钻孔作业半径进行调整对孔,即可开始钻孔作业。在钻孔作业过程中,主卷扬浮动,动力头液压马达经减速机减速及大、小齿轮减速后带动钻杆旋转,同时加压液压缸经动力头向钻杆提供垂直向下的加压力,实现钻进作业。待钻具内钻渣容量达到规定后,动力头的驱动马达停止运转,主卷扬回转,提升钻具至地面;转台回转至地面卸渣位置卸渣;转台回位至钻孔位置,主卷扬回转,下放钻具至孔底,开始下一个循环作业。

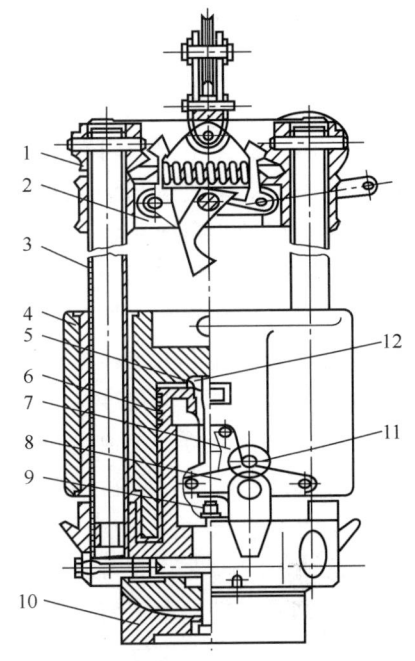

图 10-65 旋挖钻机整体结构
1—钻具;2—连杆;3—动力头;4—加压液压缸;5—钻杆;6—钻桅;7—钻桅变幅液压缸;8—三脚架;9—动臂;10—动臂变幅液压缸;11—驾驶室;12—主卷扬

旋挖钻机三种常用的钻头结构为:短螺旋钻头、单层底旋挖钻斗、双层底旋挖钻斗。旋挖钻头以短螺旋钻头为主,它主要靠螺旋叶片之间的间隙来容纳从孔底切削下来的土、砂砾等,这种钻头结构简单、造价低。地层较好时,使用它也可达到好的效果,如果地下砂砾石较多或含水较多时,在提钻时很容易掉块,钻进效率低,甚至不能成孔。

在地下水位较高或含砂砾较多的地层,多数旋挖钻机采用单层底旋挖钻斗钻进,用静压泥浆护壁,这种钻孔工艺明显优于短螺旋钻头钻孔。最早的旋挖钻斗是单层底,在底下方有两扇对称的仅可向斗内打开的合页门。当钻斗钻进时,孔底切削下来的土、砂经合页门压入斗内;在提钻时,在斗内土砂的重力作用下,两扇门向下关闭,以阻止砂土漏回孔内。由于这种重力作用不是十分可靠,常发生合页门关闭不严,造成砂土漏回孔内,降低了钻进效率,影响孔底清洁度。

双层底的旋挖钻斗是在原单层底钻斗的基础上开发的。特点是 2 层底可以相对回转一个角度,以实现斗底进土口的打开与关闭。即在顺时针旋转切削时,底部的进土口为开放状态,当钻完一个回次后,将钻斗逆时针旋转一个角度,致使进土口强行关闭,从而使切削物完整地保存在斗内。

旋挖钻机的钻杆采用 4 节或 5 节伸缩内锁式钻杆。钻杆与动力头采用长牙嵌内锁式连接方式。顶端与上滑动板用无齿回转支承相连,下端带有弹簧缓冲,上端用可滑转万向节与主卷钢丝绳相连,下端采用方形截面杆通过销轴与钻头相连,每只钻头应与方形截面杆相配,具有互换性。

动力头是钻机工作的动力源,它驱动钻杆、钻头回转,并能提供钻孔所需的加压力、提升力，能满足高速甩土和低速钻进两种工况。动力头驱动钻杆、钻头回转时应能根据不同的土壤地质条件自动调整转速与扭矩，以满足不断变化的工况。国内的动力头为液压驱动，齿轮减速，可实现双向钻进和抛土作业，主要由回转机构、动力驱动机构及支撑机构等组成。回转机构主要由齿轮与钻杆互锁的套管、回转支承、密封件等组成。另外，支撑机构由滑槽、支座上盖与液压缸连接件等组成，均为焊接结构件，应充分考虑其内部润滑，并应有润滑油高度显示。

旋挖钻机的变幅机构一般采用两级变幅液压缸，平行四边形连杆机构。上端一级变幅液压缸两端具有万向节，便于调整。钻桅截面形式为梯形截面，钻桅下端有液压垂直支腿，上端有两套滑轮机构，上下两端均可折叠，钻桅左右可调整角度为±5°，前倾可调整角度为5°，后倾可调整角度为15°。

旋挖钻机的卷扬有主副卷两种。卷扬的结构采用卷扬减速机，具有卷扬、下放、制动功能，卷筒自行设计，主卷扬应具有自由下放功能，且实现快、慢双速控制。主、副卷扬应配有压绳器。

旋挖钻机的底盘一般为液压驱动、轨距可调、刚性焊接式车架、履带自行式结构。底盘主要包括车架及行走装置，行走装置主要由履带张紧装置、履带总成、驱动轮、导向轮、承重轮、托链轮及行走减速机等组成。

（3）技术性能参数

旋挖钻机的额定功率一般为125～450kW，动力输出扭矩为120～400kN·m，最大成孔直径可达1.5～4m，最大成孔深度为60～90m，可以满足各类大型基础施工的要求。旋挖钻孔机型号与技术性能参数见表10-18。

旋挖钻孔机型号与技术性能参数　　表10-18

| 性能参数 \ 型号 | | SWDM42 | SWDM06 | SWDM36 | YTR100 | YTR420 | XR220D | XRS1050 | SR280R |
|---|---|---|---|---|---|---|---|---|---|
| 最大输出转矩（kN·m） | | 418 | 60 | 418 | 105 | 420 | 220 | 390 | 285 |
| 最大钻孔深度（斗钻工法）（m） | | 105（6节）/85（5节） | 28（4节）/19（3节） | 96（6节）/77（5节） | 50 | 120 | 标配67.5 | 标配86 | — |
| 最大钻孔直径（带套管/不带套管）(m) | | 2/3 | 0.7/1 | 2/2.5 | 1.5 | 3 | 2 | 2.5 | — |
| 最大加压力（kN） | | 340 | 100 | 340 | 120 | 350 | 200 | 240 | 230 |
| 最高工作转速（r/min） | | 6～24 | 8～35 | 6～24 | 8～35 | 6～20 | 7～22 | 7～18 | 7～30 |
| 主卷扬钢丝绳直径（mm） | | 40 | 20 | 40 | 26 | 42 | — | — | 32 |
| 主卷扬最大单绳拉力（kN） | | 450 | 80 | 360 | 145 | 450 | 230 | 400 | 256 |
| 副卷扬最大单绳拉力（kN） | | 110 | 30 | 110 | 60 | 120 | 80 | 100 | 110 |
| 桅杆可调角度（°） | 侧向倾角 | ±4 | ±5 | ±5 | 3 | 3 | ±4 | ±4 | ±6 |
| | 前倾角度 | 5 | 5 | 5 | 3 | 5 | 5 | 5 | 5 |
| | 后倾角度 | 15 | 90 | 90 | — | — | 15 | 15 | — |
| 发动机型号 | | 康明斯QSX15-C540-T2 | ISUZU QSX15-C540-T2 | 康明斯QSX15-C540-T2 | 潍柴WP6G175E22 | 康明斯QSX-15 | 康明斯QSL-325 | 康明斯QSM11-C400 | — |

## 6. 成槽机

成槽机又称开槽机，是施工地下连续墙时由地表向下开挖成槽的机械装备。作业时根据地层条件和工程设计在土层或岩体开挖成一定宽度和深度的空形槽，槽中放置钢筋笼再灌注混凝土而形成地下连续墙体。

成槽机有冲击钻铣削式、多头钻铣削式、液压铣削式、冲抓斗式等。成墙厚度可为 400～1500mm，一次施工成墙长度可为 2500～2700mm。为了保证成槽的垂直度，成槽机设有随机监测纠偏装置。

(1) 铣削式成槽机

1) 成槽机的主要部件如图 10-66 所示。
2) 技术参数

成槽机一般铣削深度 30～50m；
成槽机最大铣削深度可达 130m 左右；
成槽机铣削刀盘轮转速 0～30rpm；
铣削成槽厚度 0.6～3.2mm；
成槽机铣削扭矩 81～135kN·m；
吸力泵泵送能力 450～700m³/h；
铣削式成槽机配置功率 270～634kW

3) 铣削式成槽机工作原理

铣削式成槽机利用液压马达驱动刀盘破碎岩土，依靠泵吸反循环排渣，以及通过地面泥砂处理、泥浆再回送到槽段。具体工作是这样的：沉重的成槽机架确保成槽工作的稳定性，机架底部设置有两套镶有合金刀头的鼓轮组成的刀盘。工作时两鼓轮旋转方向相反，经两个铣削鼓轮破碎的岩土，由吸泥泵、输送管输送到地面上的泥浆处理装置内。泥浆经处理后，粗渣由运输车运出工地排放，处理过的泥浆再送回到槽段内。地面还设有膨润土补充装置，如此连续工作，一直达到成槽的设计标高。成槽机所有液压设备的压力油都是由吊机动力包供给的。成槽机鼓轮驱动是低速大扭矩液压马达。成槽机铣削量是由机架上的液压缸来实现。铣削切削压力有一定的控制范围，一般在 160～200kN。导向架上还装有纠偏测量仪确保成槽的精度。成槽机机架始终由起重机悬吊状态。切削进刀由机架上的长行程液压缸控制。

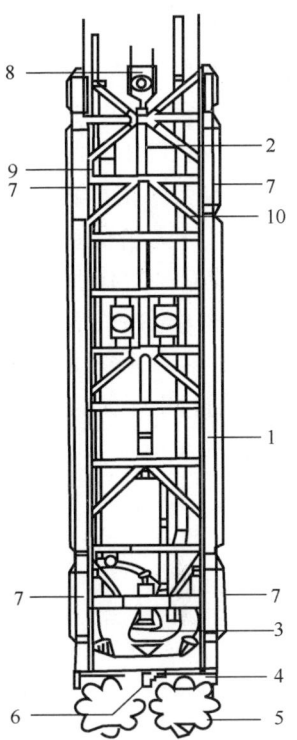

图 10-66 成槽机主要部件
1—成槽机架；2—切削进给液压缸；3—泥浆泵；4—齿轮减速箱；5—刀盘轮；6—吸泥箱；7—纠偏板；8—滑轮；9—液压软管；10—泥浆软管

(2) 液压抓斗

常用的液压抓斗成槽机按结构形式分：悬吊式、导板式（半导式）和倒杆式（全导式）。悬吊抓斗由于刃口闭合力大，成槽深度大，同时配有自动纠偏装置可保证抓斗的工作精度，是大中型地下连续墙施工的主要机械。导板式抓斗成槽机由于结构简单、成本低，使用也比较普及。倒杆式抓斗有一个可伸缩的折叠式导杆作导向，可以保证成槽的垂直度。由于导杆的长度有限，成槽深度一般不超过 40m，应用并不广泛。

钢丝绳悬吊式液压抓斗（图 10-67）采用吊车的钢丝绳进行升降，通过安装于抓斗上部的液压缸驱动加紧机构来完成抓斗的闭合。BAUER 公司的 DHG 系列钢丝绳悬吊液压抓斗配用的 BS 系列吊车。液压抓斗挖掘岩土是用 1～4 个液压缸来驱动，抓斗的闭合力可达到 800～1800kN，因此其生产效率高，挖掘深度大。这类抓斗配基础工程专用吊车，如德国 BAUER 公司的 DHG60 型钢丝绳悬吊液压抓斗配用的 BS655 吊车，配置有 2 个拉力各为 160kN 的卷筒，当用抓斗正常挖掘时，抓斗使用两个卷筒的钢丝绳。当遇到较硬岩层，抓斗无法有效抓取时，两个卷筒的钢丝绳则分别由抓斗和冲击重锤使用。尤其是遇到软硬交替地层作业时，这种结构设计让操作非常方便。为了在使用中为掌握垂直精度，可为钢丝绳悬吊式液压抓斗配置测斜仪。为了提高抓斗工作稳定性，在抓斗的上下、左右及前后共装有 8 块可调整的导向板，抓斗上装有控制前后左右倾斜的电子装置，根据倾斜程度，通过电子装置对导向板予以调整，能够保证较高的垂直精度。

图 10-67　钢丝绳抓斗

意大利 soilmec 公司为代表的半导杆式抓斗，抓斗可进行±180°调向，一正一反两个抓槽来进行纠偏，例如，BH-8 和 BH-12 型抓斗，能够通过±180 度的抓斗旋转来调整抓挖时的偏斜，如图 10-68 所示。

（3）成槽施工原则

1）成槽机垂直度控制

① 成槽过程中利用成槽机的显示仪进行垂直度跟踪观测，做到随挖随纠，达到 0.3% 的垂直度要求。

② 合理安排每个槽段中的挖槽顺序，使抓斗两侧的阻力均衡。

③ 成槽结束后，利用超声波监测仪检测垂直度，如发现垂直度没有达到设计和规范要求，及时进行修正。

2）成槽挖土

挖槽过程中，抓斗出入槽应慢速、稳当，根据成槽机仪表及实测的垂直度及时纠偏。在抓土时槽段两侧采用双向闸板插入导墙，使导墙内泥浆不受污染。

3）槽深测量及控制

图 10-68　半导杆式抓斗成槽机

① 挖槽时应做好施工记录，详细记录槽段定位、槽深、槽宽等，若发生问题，及时分析原因，妥善处理。

② 槽段挖至设计高程后，应及时检查槽位、槽深、槽宽等，合格后方可进行清底。

③ 成槽过程中利用成槽机的显示仪进行槽深跟踪观测，做到随挖随纠，达到设计要求。

④ 槽深采用标定好的测绳测量，每幅根据其宽度测 2~3 点，同时根据导墙标高控制挖槽的深度，以保证设计深度。

⑤ 清底应自底部抽吸并及时补浆，清底后的槽底泥浆比重不应大于 1.15，沉淀物淤积厚度不应大于 100mm。

4）槽段分段部位控制

槽段划分应综合考虑工程地质和水文地质情况、槽壁的稳定性、钢筋笼重量、设备起吊能力、混凝土供应能力等条件。槽段分段接缝位置应尽量避开转角部位，并与诱导缝位置相重合。

5）导墙拐角部位处理

成槽机械在地下墙拐角处挖槽时，即使紧贴导墙作业，也会因为抓斗斗壳和斗齿不在成槽断面之内的缘故，而使拐角内留有该挖而未能挖出的土体。为此，在导墙拐角处根据所用的挖槽机械端面形状相应延伸出去 3m，以免成槽断面不足，妨碍钢筋笼下槽。

## （六）混凝土机械

按照混凝土工程的施工工序，混凝土机械归纳为三大类：

（1）混凝土搅拌机械：按配合比准备各种混凝土的原材料，并均匀拌合成新鲜混凝土的生产设备，包括混凝土搅拌机、混凝土搅拌楼等。

（2）混凝土运输机械：新鲜混凝土从制备地点，送到建筑结构的成型现场模板中去的机械，包括混凝土搅拌车、混凝土输送泵等。

（3）混凝土振捣密实成型机械：使混凝土密实地填充在模板中或喷涂在构筑物表面，使之最后形成建筑结构或构件的机械。

**1. 混凝土搅拌运输车**

混凝土搅拌运输车（图 10-69）是运输混凝土的专用车辆，在运输过程中装载混凝土的搅拌筒能缓慢旋转，可有效地防止混凝土的离析，从而保证混凝土的输送质量。

图 10-69 混凝土搅拌运输车

（1）混凝土搅拌运输车的构造组成

混凝土搅拌运输车是由汽车底盘和搅拌装置构成的，其构造如图 10-70 所示。

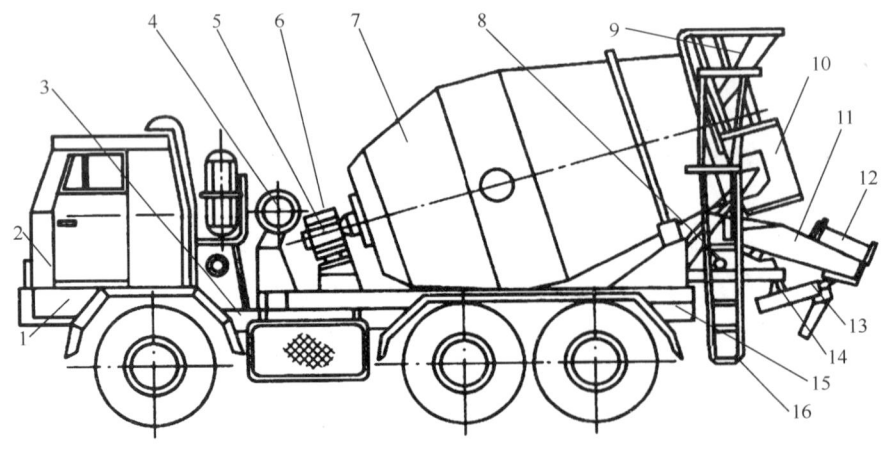

图 10-70 混凝土搅拌运输车构造示意图
1—液压泵；2—取力装置；3—油箱；4—水箱；5—液压马达；6—减速器；7—搅拌筒；
8—操纵机构；9—进料斗；10—卸料槽；11—出料斗；12—加长斗；13—升降机构；
14—回转机构；15—机架；16—爬梯

（2）混凝土搅拌运输车的技术性能参数

混凝土搅拌运输车生产厂和机型较多，现以某企业机型为例介绍其主要技术性能参数，见表 10-19。

十、常见施工机械的工作原理、类型及技术性能

混凝土搅拌运输车的型号及主要技术性能参数　　　　　　　　　表 10-19

| 性能参数 | | 产品名称<br>型号 | 欧曼 12m³（国Ⅲ）<br>HDJ5253GJBAU | 东风 10m³（国Ⅲ）<br>HDJ5252GJBDF | 广汽日野 10m³<br>HDJ5256GJBGH |
|---|---|---|---|---|---|
| | | 车辆总重量（kg） | 25000 | 25000 | 25000 |
| 外形尺寸 | | 总长（mm） | 9996 | 9390 | 9000 |
| | | 总宽（mm） | 2500 | 2500 | 2500 |
| | | 总高（mm） | 3900 | 3898 | 3960 |
| 拌筒性能参数 | | 拌筒几何容积（m³） | 19.23 | 15.64 | 15.64 |
| | | 拌筒有效容积（m³） | 12 | 10 | 10 |
| | | 填充率（%） | 62.4 | 64 | 64 |
| | | 进料速度（m³/min） | ≥3 | ≥3 | ≥3 |
| | | 出料速度（m³/min） | ≥2 | ≥2 | ≥2 |
| | | 剩余率（%） | ≤1.0 | ≤1.0 | ≤1.0 |
| | | 坍落度（mm） | 50～210 | 50～210 | 50～210 |
| | | 拌筒转速（rpm） | 0～14 | 0～17 | 0～17 |
| | | 拌筒倾斜角（°） | 10 | 13 | 13 |
| 驱动系统 | | 减速机（泵） | 原装进口件 | 原装进口件 | 原装进口件 |
| | | 液压回路 | 闭路循环 | 闭路循环 | 闭路循环 |
| 供水系统 | | 水箱容积（L）/供水方式 | 500/电动水泵/气压式 | 500/电动水泵/气压式 | 500/电动水泵 |
| 整车性能及参数 | | 轴距（mm+mm） | 3975+1350 | 3800+1350 | 3640+1410 |
| | | 最高车速（km/h） | 78 | 75 | 90 |
| | | 最小转弯直径（m） | / | 16.5 | 17 |
| | | 离合器 | / | 膜片拉式 | 单片干式 |
| | | 变速器 | / | 9 前进、机械手动 | 9 前进、机械手动 |
| | | 驱动形式 | 6×4 | 6×4 | 6×4 |
| | | 转向机构 | 动力转向 | 动力转向 | 循环球式 |
| | | 制动器 | 气压双回路 | 气压双回路 | 气压双回路 |
| | | 轮胎 | 12.00-20，12.00R20 | 11.00-20/12.00-20/12.00R20 | 11.00-20/295/80R22.5 |
| | | 底盘 | BJ5253GMFJB-S | dci340-30（雷诺） | YC1250FS2PM |
| 发动机参数 | | 型号 | WP10.336 | MDB3 | P11C-VUJ |
| | | 形式 | 四冲程、水冷直接喷射附涡轮增压及中置冷却器柴油机 | 风冷电控柴油机 | 直列、水冷、四冲程、增压中冷 |
| | | 缸数及排列 | 直列六缸 | 直列六缸 | 直列六缸 |
| | | 总排量（L/kW） | 9.726/247 | 11.12/250 | 10.52/259 |

## 2. 混凝土泵及泵车

混凝土泵是指将混凝土从搅拌设备处通过水平或垂直管道，连续不断地输送到浇筑地点的一种混凝土输送机械。这种输送方法既能保证质量，又能减轻劳动强度，既可水平输送，也可垂直输送，特别是在场地狭窄的施工现场，更能显示其优越性。

混凝土泵按移动方式分为固定式、拖式、汽车式、臂架式等，按构造和工作原理分为活

塞式、挤压式和风动式。其中活塞式混凝土泵又因传动方式不同而分为机械式和液压式两类。

（1）混凝土泵及泵车的构造组成

1）液压活塞式混凝土泵

液压活塞式混凝土泵是目前工程中应用最普遍的一种，如图10-71所示。活塞泵送系统如图10-72所示，包括主液压缸、水箱、输送缸、摆缸、S管阀及料斗等部分。图示为S管阀摆到输送缸9的位置，此时高压油进入主液压缸1的无杆腔和主液压缸7的有杆腔，带动活塞3向左运动并从料斗吸入混凝土料，而活塞10向右运动，混凝土料经S管阀排出并被输送到机外。当S管阀摆到输送缸2的位置时，高压液压油进入主液压缸7的无杆腔和主液压缸1的有杆腔，则输送缸9吸料而输送缸2排料，这样周而复始运动，最终将料斗的混凝土料压入到输送管并输送到指定施工点。活塞式混凝土泵的排量，取决于混凝土缸的数量和直径、活塞往复运动速度和混凝土缸吸入的容积效率等，常见的控制主液压缸和摆缸循环换向的方式有电控换向和液控换向两种。

图10-71 液压活塞式混凝土泵

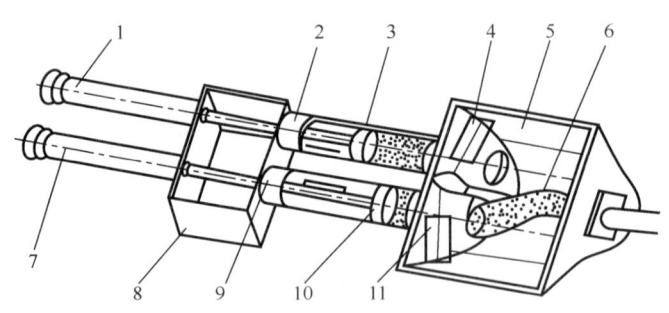

图10-72 活塞泵送系统结构示意图

1、7—主液压缸；2、9—输送缸；3、10—活塞；4、11—摆缸；5—料斗；6—S管阀；8—水箱

液压活塞式混凝土泵按型式分为：固定式混凝土泵（HBG）——把泵固定安装在设计好的机架上面，使机架与泵一体固定；拖式混凝土泵（HBT）——行动方便，泵安装在可以拖动行走的底盘上；车载式混凝土泵（HBC）——泵被安装在机动车辆底盘的混凝土泵。图10-73所示为HBT80型混凝土泵的构造示意图。

液压活塞式混凝土泵常用型号有HB60、HB80、HB100等。

2）混凝土输送泵车

混凝土输送泵车（图10-74）是将液压活塞式混凝土泵安装在汽车底盘上，并用液压折叠式臂架管道来输送混凝土，从而构成汽车式混凝土输送泵，其构造如图 10-75 所示。在车架的前部设有转台，其上装有可折叠的液压臂架，它在工作时可进行变幅、曲折和回转动作。

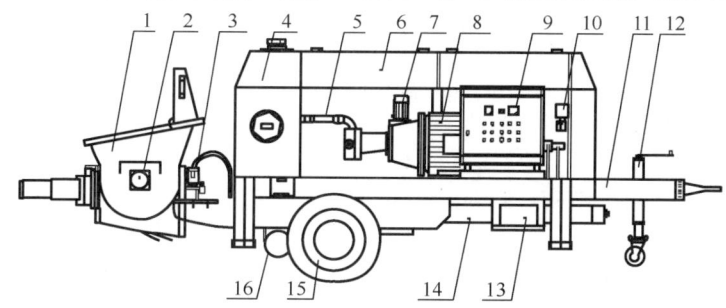

图 10-73　HBT80 型混凝土泵的结构示意图
1—料斗总成；2—马达及搅拌机构；3—摆动机构；4—油箱总成；5—液压系统；6—机棚总成；
7—水冲洗电机；8—动力装置；9—电气系统；10—润滑系统；11—机架总成；12—支承机构；
13—工具箱；14—泵送主油缸；15—行走轮；16—水冷却器

图 10-74　混凝土输送泵车

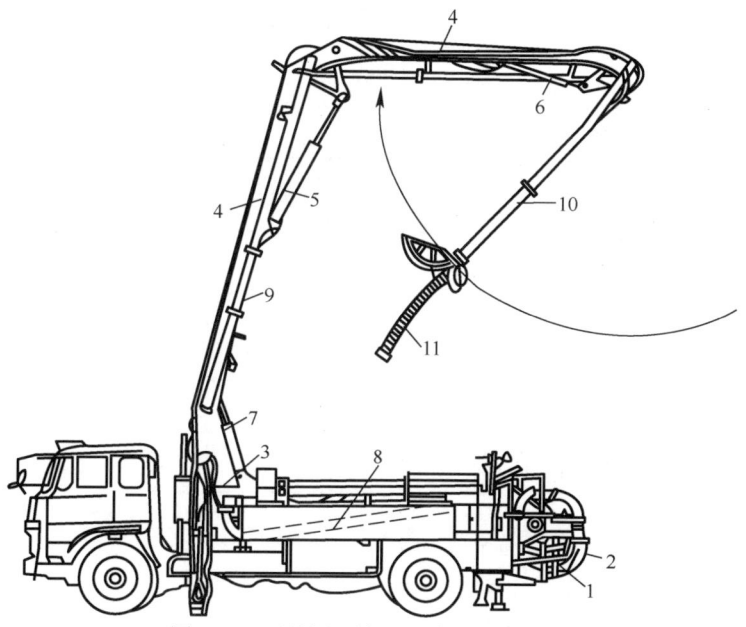

图 10-75　混凝土输送泵车构造示意图
1—混凝土泵；2—输送泵；3—布料杆回转支撑装置；4—布料杆臂架；
5、6、7—控制布料杆摆动的液压缸；8、9、10—输送管；11—橡胶软管

(2) 混凝土泵及输送泵车的技术性能参数

某企业生产的"S阀"混凝土拖式泵主要技术参数见表10-20。

**HBT-S阀系列拖式泵主要技术参数** 表10-20

| 拖泵型号 | 理论泵送排量 (m³/h) | | 出口压力 (MPa) | | 最大输送距离 (m) | | 混凝土缸径×行程 (mm×mm) | 电机(柴油机)功率 (kW) | 外形尺寸 (mm) | 主机质量 (kg) |
|---|---|---|---|---|---|---|---|---|---|---|
| | 高压 | 低压 | 高压 | 低压 | 水平 | 垂直 | | | | |
| HBT60S1413-90 | 40 | 60 | 13 | 7.5 | 1000 | 240 | 195×1400 | 90 | 6300×2040×2050 | 6500 |
| HBT60S1816-110 | 43 | 71 | 16 | 9.5 | 1200 | 280 | 200×1800 | 110 | 6500×2040×2050 | 7100 |
| HBT80S1813-110 | 51.4 | 114 | 13 | 5.28 | 1000 | 240 | | 110 | | |
| HBT60S1413-112R | 37 | 62.2 | 13 | 7.5 | 1000 | 240 | 195×1400 | 112 | 6300×2040×2490 | 7000 |
| HBT60S1816-133R | 44 | 68 | 16 | 9.5 | 1200 | 280 | 200×1800 | 133 | 6415×2045×2490 | 7250 |
| HBT60S1816-161R | 44 | 72 | 16 | 9.5 | 1200 | 280 | | 161 | | 7300 |
| HBT80S1813-161R | 71 | 124 | 13 | 5.28 | 1000 | 280 | | 161 | | |
| HBT80S2118-161R | 53.4 | 86 | 18 | 10.78 | 1400 | 320 | 200×2100 | 161 | 7090×2045×2490 | 7500 |

某企业37m、39m臂架泵车主要技术参数见表10-21。

**臂架式混凝土输送泵车的型号及主要技术性能参数** 表10-21

| 性能参数 | | 型号 | HDT5281THB-37/4 | HDT5291THB-37/4 | HDT5281THB-39/4 | HDT5291THB-39/4 |
|---|---|---|---|---|---|---|
| 工作状态主要技术参数 | | 理论输送量(m³/h) | 125 | 125 | 125 | 125 |
| | | 泵送能力指数(MPa·m³/h) | 586 | 586 | 586 | 586 |
| | | 理论泵送压力(MPa) | 8.5 | 8.5 | 8.5 | 8.5 |
| | | 料斗容积(L) | 700 | 700 | 700 | 700 |
| | | 上料高度(m) | 1.37 | 1.37 | 1.37 | 1.37 |
| | | 分配阀形式 | S管阀 | S管阀 | S管阀 | S管阀 |
| | | 最大布料半径(m) | 32.6 | 32.6 | 34.7 | 34.7 |
| | | 最大布料高度(m) | 36.6 | 36.6 | 38.7 | 38.7 |
| | | 最大布料深度(m) | 25.5 | 25.5 | 27 | 27 |
| | | 布料杆打开高度(m) | 8.45 | 8.45 | 8.83 | 8.83 |
| | | 前支腿横跨距(mm) | 7058 | 7058 | 6800 | 6800 |
| | | 后支腿横跨距(mm) | 6848 | 6848 | 7000 | 7000 |
| | | 支腿纵跨距(mm) | 6790 | 6790 | 7432 | 7432 |
| | | 输送管管径(mm) | 125 | 125 | 125 | 125 |
| | | 尾胶管长度(m) | 4 | 4 | 4 | 4 |
| | | 布料杆旋转范围(°) | 370 | 365 | 365 | 365 |
| | | 臂架节数 | 4 | 4 | 4 | 4 |
| | | 各节臂架旋转角度(°) | 92/180/180/270 | 92/180/180/270 | 91/180/180/270 | 91/180/180/270 |
| | | 远控距离(m) | 33 | 33 | 33 | 33 |
| | | 遥控距离(m) | 200 | 200 | 200 | 200 |
| 行驶状态主要技术参数 | | 最高车速(km/h) | 85 | 90 | 85 | 90 |
| | | 最小转弯半径(m) | 8.8 | 8.8 | 8.8 | 8.8 |
| | | 制动距离(m) | 7 | 7 | 7 | 7 |
| | | 接近角(°) | 16 | 16 | 16 | 16 |

续表

| 性能参数 | 型号 | HDT5281THB-37/4 | HDT5291THB-37/4 | HDT5281THB-39/4 | HDT5291THB-39/4 |
|---|---|---|---|---|---|
| 行驶状态主要技术参数 | 离去角（°） | 11 | 11 | 11 | 11 |
| | 底盘型号 | 日本五十铃CYZ51Q | 豪泺ZZ5307N4647C | 日本五十铃CYZ51Q | 豪泺ZZ5307N4647C |
| | 第一、二轴距（mm） | 4595 | 4600 | 4595 | 4600 |
| | 第二、三轴距（mm） | 1310 | 1350 | 1310 | 1350 |
| | 前轮距（mm） | 2065 | 2022 | 2065 | 2022 |
| | 后轮距（mm） | 1850 | 1830 | 1850 | 1830 |
| | 发动机最大输出功率（kW） | 265（1800r/min） | 247（2200r/min） | 265（1800r/min） | 247（2200r/min） |
| | 发动机最大输出扭矩（n·m） | 1422（1100r/min） | 1350（1100~1600r/min） | 1422（1100r/min） | 1350（1100~1600r/min） |
| | 最大爬坡度（%） | 37 | 35 | 37 | 35 |
| | 燃油消耗量限值（L/100km） | 36.6 | 34 | 36.6 | 34 |
| | 外形尺寸（长×宽×高）（mm×mm×mm） | 12000×2490×3800 | 12000×2490×3850 | 12500×2490×3950 | 12500×2490×3950 |
| | 满载总质量（kg） | 28000 | 29000 | 28000 | 29500 |

## （七）小型施工机械机具

小型施工机械机具种类很多，包括装修设备、小型焊接设备、小型木工机具、手持电动工具等，在此只介绍如下三种常用小型设备。

### 1. 电焊机

电焊机是建筑施工现场广泛使用的焊接设备之一，大部分使用交流电焊机，型号多使用BX1-315、BX1-250、BX1-500等（图10-76至图10-78）。

图10-76 BX1-315型电焊机

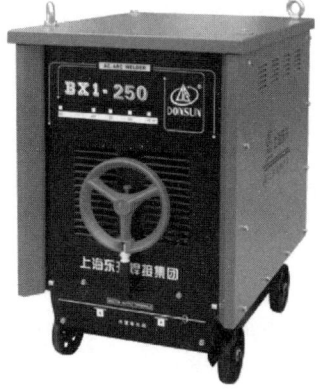
图10-77 BX1-250型电焊机

图10-78 BX1-500型电焊机

交流电焊机实质上是一种特殊的降压变压器，在焊条引燃后电压急剧下降，一般交流电焊机接入电网的电压为单相380V。为了保证焊接过程频繁短路（焊条与焊件接触），要求电压能自动降至趋近于零,以限制短路电流不致无限增大而烧毁电源。为了满足引弧与安全的需要,空载(焊接)时,要求空载电压约为60~80V,这既能顺利起弧,又比较安全。焊接起弧以后,要求电压能自动下降到电弧正常工作所需的电压,即为工作电压,约为20~40V,此电压也为安全电压。焊接时,电弧两端的电压应在工作电压的范围内,电弧长度长时,电弧电压应高些;电弧长度短时,则电弧电压应低些。因此,弧焊变压器应适应电弧长度的变化而保证电弧的稳定。

交流电焊机使用时要正确接线,即电焊机的外壳与二次线侧应可靠地保护接零或接地,防止外壳露点或高压窜入低压造成触电危险。电焊机的电源线应为三芯橡皮软线,要经常检查导线电缆的绝缘是否有损伤,使设备处于良好的技术状态。

交流电焊机的焊接电流是可调节的,为了适应不同材料和板厚的焊接要求,焊接电流能从几十安培调到几百安培,并可根据工件的厚度和所用焊条直径的大小任意调节所需的电流值。电流的调节一般分为两级:一级是粗调,常用改变输出线头的接法(Ⅰ位置连接或Ⅱ位置连接),从而改变内部线圈的圈数来实现电流大范围的调节,粗调时应在切断电源的情况下进行,以防止触电伤害;另一级是细调,常用改变电焊机内"可动铁芯"(动铁芯式)或"可动线圈"(动圈式)的位置来达到所需电流值,细调节的操作是通过旋转手柄来实现的,当手柄逆时针旋转时电流值增大,手柄顺时针旋转时电流减小,细调节应在空载状态下进行。各种型号的电焊机粗调与细调的范围,可查阅铭牌上的说明。

交流电焊机的使用应严格执行现行行业标准《施工现场临时用电安全技术规范》JGJ 46—2005和安全操作规程,使用前,应检查并确认一次线、二次线接线正确,必须装有防护罩,输入电压符合电焊机的铭牌规定。一次线不大于5m,二次线不大于30m。设有专用开关箱。电焊钳应有良好的绝缘和隔热能力。电焊钳握柄必须绝缘良好,握柄与导线连接应牢靠,接触良好,连接处应采用绝缘布包好并不得外露。在负荷运行中,焊接人员应经常检查电焊机的升温,如超过A级60℃,B级80℃时,必须停止运转并降温。焊接现场10m范围内,不得堆放油类、木材、氧气瓶、乙炔发生器等易燃、易爆物品。

### 2. 简易木工电锯

简易木工电锯主要是施工现场使用的简易木工圆盘电锯,如图10-79所示。

电锯由工作台、电动机、传动皮带、圆锯盘、防护罩、电器系统等组成,常用的锯片直径为400mm左右,最大锯切厚度125mm左右,电机功率3kW。主要用于施工现场木材加工使用。使用时必须安装牢固,台面平整,锯片安装稳固,无裂纹、无连续断齿;使用专用电闸箱;锯片防护罩、锯片上方防护挡板、分料器等安全装置必须完好有效;安装验收后方可使用。使用中严格执行操作规程,电气线路符合绝缘防火要求,配备消防器材,确保使用安全。

### 3. 水泵的用途、类型和主要参数

水泵是把原动机的机械能转变为所抽送物动能从而达到抽送物体目的的机器,是一种用来移动液体、气体或特殊流体介质的装置。水泵的分类方法很多,按安装方式的不同有

立式和卧式之分；按工作方式可分为柱塞泵、离心泵、射流泵、螺杆泵等；按介质不同可分为清水泵、污水泵、泥浆泵、耐蚀泵等。

在建筑施工中，消防、基坑降水、施工供水、排水等都需要使用水泵，以下主要介绍常用的离心式水泵、潜水泵。

（1）离心式水泵

离心泵依靠旋转叶轮对液体的作用把原动机的机械能传递给液体。水泵开动前，先将泵和进水管灌满水，水泵运转后，在叶轮高速旋转而产生的离心力的作用下，叶轮流道里的水被甩向四周，压入蜗壳，叶轮入口形成真空，水池的水在外界大气压力下沿入水管被压入该空间。压入的水又被叶轮甩出经蜗壳进入出水管。在离心泵叶轮旋转下，水便可源源不断地从低处扬到高处。如图10-80、图10-81所示。

图10-79　简易木工圆盘电锯

图10-80　立式离心水泵　　　　图10-81　卧式离心式水泵

图10-82　潜水泵

（2）潜水泵

潜水泵是电机与水泵直联一体潜入水中工作的提水机具，潜水泵大体上可以分为清水潜水泵、污水潜水泵、海水潜水泵（有腐蚀性）三类。具有结构简单、效率高、噪声小、运行安全可靠、安装维修方便的优点。适用于建设施工地下排水以及农业水排灌、工业水循环、城乡居民饮用水供应等。潜水泵启动前需要向泵里灌水才能使用。如图10-82所示。

## (八) 市政用设备

### 1. 盾构机

根据《全断面隧道掘进 术语和商业规格》GB/T 34354—2017 中的定义，盾构机是在钢壳体保护下完成隧道掘进、出渣、管片拼装等作业，由主机和后配套设备组成的全断面推进式隧道施工机械设备。其集机、电、液、传感、光、信息等技术于一体，涉及地质、土木、机械、液压、电气、测量、控制、力学等多学科，是目前世界上最具前沿技术的隧道施工机械。其广泛应用于地铁、铁路、公路、市政、水电等隧道工程（图10-83）。

图 10-83 盾构机

盾构机施工的优点有：开挖速度快、施工质量好、劳动强度低、安全可靠，受地形、地貌、江河水流等地表条件限制小，施工时对周围地层扰动小，对地表沉降、构筑物影响小，地表占地小，对地面交通、地下管线等影响小，节省拆、改、搬迁费用，无空气、噪声、振动问题，在地下施工不受天气影响，适用于软土、砂卵石、软岩，直至硬岩等各种地层，在长距离、大深度、高水压等地下施工时，施工成本经济，盾构机构筑的隧道抗震性好。缺点是因盾构机本身长度就有 100 多米，再加上进出工作井，不适用于短距离、浅埋深隧道施工。另外盾构机技术含量高，设备设计、制造复杂、难度大、造价高，施工时准备时间长。

盾构机的分类方式比较多，根据开挖面的敞开程度可分为全敞开式、部分敞开式、封闭式；根据全断面形状可分为圆形全断面盾构机和异形（如矩形、椭圆形、马蹄形等）全断面盾构机，通常所用的盾构机默认为圆形盾构机；根据地层土质分类可分为硬岩盾构、软岩盾构、软土盾构、硬软岩土盾构（复合盾构）；根据盾构机横截面的大小可分为超小型盾构（$A<1m$）、小型盾构（$1m\leq A<3.5m$）、中型盾构（$3.5m\leq A<6m$）、大型盾构（$6m\leq A<14m$）、超大型盾构（$14m\leq A<18m$）、特大型盾构（$18m\leq A$）。目前应用最广泛的是土压平衡盾构机和泥水平衡盾构机两种。

另外，在开挖长距离隧道时，为满足不同地层结构施工，将不同形式的盾构机进行组合，主要功能部件装在一台盾构机上，开挖过程中可根据土层结构进行功能或工作方式转换的盾构机称为复合式盾构机。比较简单的复合式盾构机就是在软土盾构机的刀盘上安装能切削岩层的刀具，或者在盾构内安装碎石机，将硬岩开挖工具与软土盾构机相结合，能在硬岩和软土层交替作业。

（1）盾构机主要分类

1）全敞开式

全敞开式盾构机施工时，整个开挖面是敞开的，无封闭隔板，施工人员直接面对开挖面，能直接看到全部开挖面，可以对开挖面工况、地质变化情况进行直接观测，随时对开挖面发生的情况采取应对措施。当在地层中遇到大石块、桩等障碍物时，比较容易处理。其可以向需要的方向超挖，容易进行纠偏，便于曲线施工。另外其造价低，设备结构简单。其主要适用于能自立和较稳定的土层施工，对于不稳定的土层应采取措施，防止开挖面坍塌。

2）部分敞开式

部分敞开式盾构机施工时，开挖面是部分敞开的，施工人员直接面对和看到部分开挖面，开挖时一般是从顶部开始向下逐层开挖，或者采用九宫格开挖。这种方法主要适用于地质条件较好，开挖面能维持稳定或在临时支撑的辅助措施下能维持稳定的情况。

3）封闭式

封闭式盾构机是在盾构机的切口环和支撑环之间增设一道密封的隔舱板，盾构机施工时，开挖面的土层与隔舱板之间形成相对密封的泥土舱，里面充满刀具切削下来的泥土，通过刀盘切削增加土量与舱内出土机械（螺旋输送机或排泥泵）出土量实现对泥土的压力控制，使其与开挖面土层的土、水压力保持动态平衡，从而使开挖面土层保持稳定，不出现坍塌。盾构机施工时，开挖面与施工人员是完全隔离的，施工人员不能直接观察开挖面的掘削状况，需要通过各种传感器装置来间接掌握开挖面的掘削状况。封闭式盾构机主要有泥水平衡式盾构机（图10-84）、土压平衡式盾构机（图10-85）两大类型。

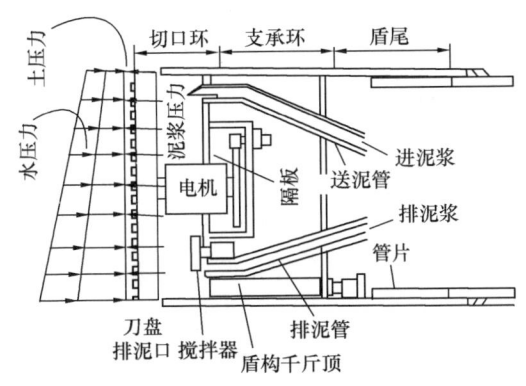

图10-84　泥水平衡盾构机工作原理

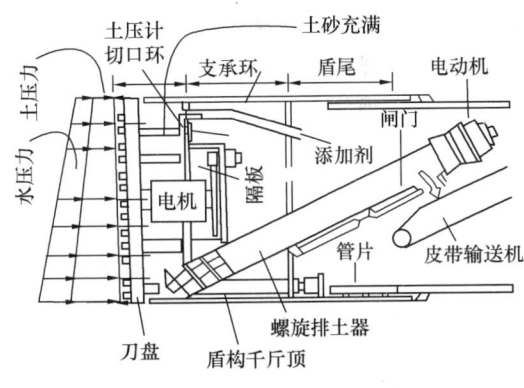

图10-85　土压平衡盾构机工作原理

① 土压平衡盾构机

土压平衡盾构机是以渣土为主要介质平衡隧道开挖面地层压力，通过螺旋输送机出渣的盾构机。

土压平衡盾构机主要由刀盘和刀具、盾体、主驱动单元、人舱、推进系统、管片拼装机、管片输送装置、螺旋输送机、土仓、带式输送机、辅助系统、液压系统、电气系统、数据采集系统、导向系统等组成。

主要优点：因没有泥水平衡盾构机的泥水系统，故设备少，现场占地面积小，因此成本低；排出的大多是泥土，排土的效率比泥水盾构高；几乎适应所有地层结构，特别是含砾石率高的大砾石地层。

缺点：因没有泥水的浸透和润滑作用，开挖时摩擦阻力大，因此刀盘扭矩大，功耗大；与泥水盾构法相比，施工时对周围地层扰动大，地层隆起或沉降较泥水盾构略大，但随着检测技术的进步，也得到了有效控制。

目前我国已经生产出了直径超 16m 级的超大型泥水和土压平衡盾构机（图 10-86）。

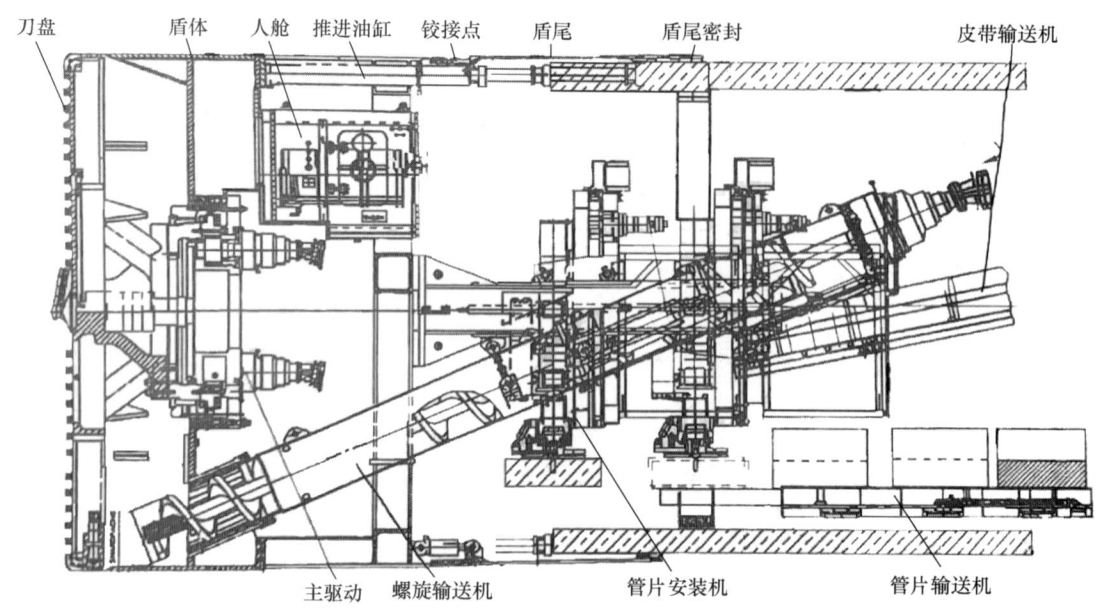

图 10-86 土压平衡盾构机结构简图

② 泥水平衡盾构机

泥水平衡盾构机是以泥浆为主要介质平衡隧道开挖面地层压力、通过泥浆输送系统出渣的盾构机。其主要由刀盘和刀具、盾体、主驱动单元、人舱、推进系统、管片拼装机、管片输送机、泥水仓、泥浆循环系统、辅助系统、电气系统、数据采集系统、导向系统等组成（图 10-87）。

主要优点：由于采用泥水压力抵抗地层中的土压力、地下水压力，同时泥水会渗入地层形成不透水的泥膜，所以对地层扰动小，沉降小；适用于高低下水压力；由于泥水渗入地层后浸泡作用，致使土层松软，刀盘的扭矩变小，盾体与地层的摩擦力也变小，适用于大直径盾构施工；适用的土质范围比较宽，适用于软黏土层、带水细砂层、砂砾层、固结淤泥层及含甲烷气体的特殊层等，最适用于洪积层砂性土。

缺点：由于需要泥水制备、循环、处理系统，工序、设备复杂，施工成本较高、占地面积大；通过泥水出渣，出土效率低。不适用于硬黏土层，硬黏土粘度大，容易粘附在刀盘、槽口、出土管道上，致使刀盘空转，槽口及出土管道堵塞，导致地层隆起、沉降。不适用于松散卵石层，松散卵石层空隙大，难以形成泥膜，泥水损失量也大，导致泥水压力低且不稳定，开挖面不稳定。

（2）盾构机主要结构组成

盾构机一般由盾构主机、后配套设备及附属设备组成。主机一般包括掘削装置、盾构壳体（盾体）、动力装置、出料装置、推进装置、管片装置、控制系统、信息系统等。

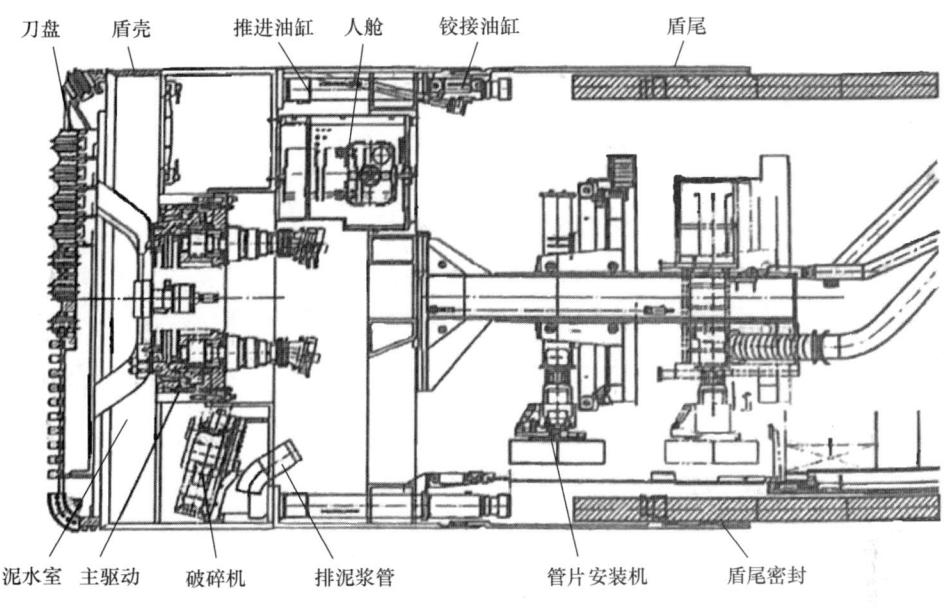

图 10-87 泥水平衡盾构机结构简图

(3) 各组成部分的作用

1) 刀盘

刀盘是设置在盾构机最前端，通过旋转或其他运动方式带动刀具对地层进行全断面开挖的钢结构和刀具的总称。

2) 刀具

刀具是装在刀盘结构架体上，对地层进行切削或破碎的刃具。刀具主要分为切削刀和滚刀两大类。

3) 盾体

盾体是用于保护人员安全和内部设备的周边壳体，又称为护盾。其可分为前盾、中盾、后盾，通常又称为切口环、支撑环、盾尾。

4) 主驱动单元

主驱动单元实驱动刀盘旋转或其他运动方式的装置。其主要有液压驱动和电动机驱动两类。

5) 人舱

人舱是供人员进、出土仓或泥水仓的气压过渡仓。舱室可以并联、串联或分开布置。

6) 土仓

土仓是土压平衡盾构机开挖面与隔板之间的仓室。

7) 泥水仓

泥水仓是泥水平衡盾构机开挖面与隔板或前隔板之间的仓室。

8) 推进系统

推进系统是用来推动全断面盾构机前进的系统，是主要由推进液压缸、阀组、泵站、行程测量装置等组成的液压系统。

9) 管片拼装机

管片拼装机是用于管片抓取、平移、旋转、提升等多个自由度运动的机械装置，可分为机械式和真空吸盘式。

10）管片输送装置

管片输送装置是用于储存管片和步进式前移管片的装置。

11）螺旋输送机

螺旋输送机是采用螺旋叶片将渣土从土仓向后方输送的传动装置。

12）带式输送机

带式输送机是利用摩擦驱动，以皮带连续运输渣土的输送机，主要由机架、输送带、托辊、滚筒、张紧装置、动力装置等组成。

13）刮板输送机

刮板输送机是用刮板链牵引，在槽内运送渣土的输送机。

（4）盾构机维修保养

盾构机重量大、构造复杂，维修保养较为繁杂，其维修保养可总结为八个字"清洁、润滑、紧固、调整"。

清洁：主要是针对盾尾底部管片安装区、主轴承内密封处、皮带机、推进油缸活塞表面等重要地方进行清洁。

润滑：对运动部件加注润滑油脂，防止磨损。这也是日常保养的重要内容，注意不得使用非指定的油、油脂及润滑油。

紧固：主要是针对有连接处的螺栓、销轴、皮带等进行紧固，防止松动。

调整：根据盾构机上各设备的使用情况进行必要的维护。比如对于有些容易损坏的传感器进行必要的防护；根据掘进姿态对推进油缸的靴板进行调整等，使盾构保持良好的工作作态。

盾构机的保养一般分为日保养、周保养、月保养、季度保养、半年保养、年保养，各保养的侧重点不同。对于特殊系统、设备，还有使用前和使用后的维保工作。

盾构机的主要维修保养项目：

1）掘削机构的维修保养：主要针对刀盘、刀具检查磨损、脱落情况，对连接螺栓进行紧固，对回转接头主要是进行清洁、密封和润滑。

2）盾体铰接装置与推进油缸的维修保养：主要对铰接装置与推进油缸进行清洁、检查漏水、漏浆等影响密封的情况，加注油脂，调节铰接密封。

3）螺旋输送机、皮带输送机的维修保养：螺旋输送机主要检查驱动及液压管路有无漏油，添加润滑脂，检查磨损情况。皮带输送机主要检查各滚子和边缘引导装置转动情况，检查皮带磨损、松紧及走偏情况，检查变速箱油位等。

4）管片拼装系统的维修保养：主要检查管片吊机、管片输送小车、管片拼装机工作情况。

5）注浆系统、后配套平台拖车的维修保养：主要检查注浆系统管路、砂浆罐、砂浆出入口、各阀门等是否堵塞，检查后配套平台拖车系统是否正常。

# 参 考 文 献

[1] 刘亚臣，李闫岩. 工程建设法学 [M]. 大连：大连理工大学出版社，2009.
[2] 刘勇. 建筑法规概论 [M]. 北京：中国水利水电出版社，2008.
[3] 徐雷. 建设法规 [M]. 北京：科学出版社，2009.
[4] 全国二级建造师执业资格考试用书编写委员会. 建设工程法规及相关知识 [M]. 北京：中国建筑工业出版社，2011.
[5] 胡兴福. 建筑结构（第二版）[M]. 北京：中国建筑工业出版社，2012.
[6] 韦清权. 建筑制图与 AutoCAD [M]. 武汉：武汉理工大学出版社，2007.
[7] 游普元. 建筑材料与检测 [M]. 哈尔滨：哈尔滨工业大学出版社，2012.
[8] 何斌，陈锦昌，王枫红. 建筑制图（第六版）[M]. 北京：高等教育出版社，2011.
[9] 张伟，徐淳. 建筑施工技术 [M]. 上海：同济大学出版社，2010.
[10] 洪树生. 建筑施工技术 [M]. 北京：科学出版社，2007.
[11] 姚谨英. 建筑施工技术管理实训 [M]. 北京：中国建筑工业出版社，2006.
[12] 双全. 施工员 [M]. 北京：机械工业出版社，2006.
[13] 潘全祥. 施工员必读 [M]. 北京：中国建筑工业出版社，2001.
[14] 编写组. 建筑施工手册（第四版）[M]. 北京：中国建筑工业出版社，2003.
[15] 夏友明. 钢筋工 [M]. 北京：机械工业出版社，2006.
[16] 杨嗣信，余志成，侯君伟. 模板工程现场施工 [M]. 北京：人民交通出版社，2005.
[17] 梁新焰. 建筑防水工程手册 [M]. 太原：山西科学技术出版社，2005.
[18] 李星荣，魏才昂. 钢结构连接节点设计手册（第2版）[M]. 北京：中国建筑工业出版社，2007.
[19] 李帼昌. 钢结构设计问答实录 [M]. 北京：机械工业出版社，2008.
[20] 吴欣之. 现代建筑钢结构安装技术 [M]. 北京：中国电力出版社，2009.
[21] 杜绍堂. 钢结构施工 [M]. 北京：高等教育出版社，2005.
[22] 魏鸿汉. 建筑材料（第四版）[M]. 北京：中国建筑工业出版社，2012.
[23] 孟小鸣. 施工组织与管理 [M]. 北京：中国电力出版社，2008.
[24] 韩国平. 施工项目管理 [M]. 南京：东南大学出版社，2005.
[25] 林立. 建筑工程项目管理 [M]. 北京：中国建材工业出版社，2009.
[26] 张立群，崔宏环. 施工项目管理 [M]. 北京：中国建材工业出版社，2009.
[27] 郭汉丁. 工程施工项目管理 [M]. 北京：化学工业出版社，2010.
[28] 傅水龙. 建筑施工项目经理手册 [M]. 南昌：江西科学技术出版社，2002.
[29] 本书编委会. 施工员一本通 [M]. 北京：中国建材工业出版社，2007.
[30] 全国二级建造师执业资格考试用书编写委员会. 建设工程施工管理 [M]. 北京：中国建筑工业出版社，2011.
[31] 焦宝祥. 土木工程材料 [M]. 北京：高等教育出版社，2009.
[32] 李松林. 混凝土设计与施工简明手册 [M]. 北京：中国电力出版社，2011.
[33] 朱张校. 工程材料 [M]. 北京：高等教育出版社，2006.
[34] 孙鼎伦，陈全明. 机械工程材料学 [M]. 上海：同济大学出版社，1991.

# 参考文献

[35] 吴宗泽. 机械零件设计手册 [M]. 北京：机械工业出版社，2003.
[36] 陈再捷. 建筑施工起重机械使用技术与安全管理 [M]. 天津：天津科技出版社，2008.
[37] 裘建娜，赵云秀. 建设工程项目管理 [M]. 北京：中国铁道出版社，2020.
[38] 吴巧玲. 盾构构造及应用 [M]. 北京：人民交通出版社，2017.